氧　　枪

（第 2 版）

刘志昌　刘天壮　编著

北　京
冶 金 工 业 出 版 社
2017

内 容 提 要

本书共10部分。在简要介绍了氧气炼钢的优点、氧枪的种类以及我国氧枪的发展史之后，详尽介绍了转炉氧枪、平炉氧枪、电炉氧枪、氧燃枪的基本结构特点、类型和使用方法，并阐述了氧枪的设计和水冷、氧枪射流的试验测定、氧枪喷头的制造、氧枪操作和安全使用等内容。其中转炉氧枪是本书的重点，这一部分详细介绍了钢厂最为关心的锥体氧枪的设计、制造、应用和技术经济效益。此外，氧枪设计是本书的另一个重点，读完本书之后，读者可以尝试完成氧枪的设计和计算。

本书适合从事钢铁冶金生产的工程技术人员、科研院所的科研人员以及大专院校的师生参考阅读。

图书在版编目(CIP)数据

氧枪/刘志昌，刘天壮编著．—2版．—北京：冶金工业出版社，2017.1

ISBN 978-7-5024-7121-7

Ⅰ.①氧…　Ⅱ.①刘…　②刘…　Ⅲ.①吹氧管
Ⅳ.①TF724.3

中国版本图书馆CIP数据核字(2015)第295775号

出 版 人　谭学余
地　　址　北京市东城区嵩祝院北巷39号　邮编　100009　电话　(010)64027926
网　　址　www.cnmip.com.cn　电子信箱　yjcbs@cnmip.com.cn
责任编辑　杨盈园　陈慰萍　美术编辑　吕欣童　版式设计　孙跃红
责任校对　郑　娟　责任印制　李玉山
ISBN 978-7-5024-7121-7
冶金工业出版社出版发行；各地新华书店经销；固安华明印业有限公司印刷
2008年3月第1版，2017年1月第2版，2017年1月第1次印刷
169mm×239mm；12.25印张；292千字；179页
48.00元

冶金工业出版社　投稿电话　(010)64027932　投稿信箱　tougao@cnmip.com.cn
冶金工业出版社营销中心　电话　(010)64044283　传真　(010)64027893
冶金书店　地址　北京市东四西大街46号(100010)　电话　(010)65289081(兼传真)
冶金工业出版社天猫旗舰店　yjgycbs.tmall.com

序

氧枪是氧气炼钢至关重要的吹氧工具。无它即无吹氧炼钢工艺，有如人之呼吸管道，没有气管即无生命。

氧枪简言之虽不过是几根管子，但必须具有许多高难的特殊性能。必能使高压氧流变为高冲击氧流而穿入液体钢池，必能承受1649℃以上的热力生存不败，必须操作方便而安全。其性能优劣决定炼钢操作之难易及生产速度，直接关系到炼钢的经济效益。其在炼钢工业上之重要性，可想而知。

转炉吹氧炼钢萌芽于1948年，20世纪50年代为初步发展时期，60～70年代为成长阶段，至80～90年代为强盛阶段。氧枪则相伴而生，相依而长，转炉炼钢工艺之不断进步，多由氧枪之不断改良所致。

1980年以前，中国之炼钢工艺以平炉为主。转炉初从欧洲进口，所用氧枪多由使用钢厂自行设计以锻造加工制成，性能不高而枪龄短。是年初，美国氧枪制造家白瑞金属公司人员到中国访问，在鞍钢等处作技术交流展示其以铸造法制成之多孔中心水冷喷头。刘君志昌高瞻远瞩认识到发展高级氧枪，非由专业人士研发不可。本人以协助祖国快速发展钢铁工业为怀，表示全力支持。

刘君于1981年在鞍山热能研究院设备研制厂创建氧枪研究及制造队伍，在中国初次以铸造法制造3孔中心水冷喷头。

氧枪基本结构，由喷头、枪身及枪尾三部分结合而成，以喷头为核心。喷头具有变氧流之高压力为高冲力之缩-张形（近拉瓦尔）孔道，并有复杂水冷渠道使喷头冠面受到大量高速水冷而能承受2760℃之高热。枪身由3根同心钢管组成。内管输氧，3管间之环形夹缝供冷却水出进之用。3管须能互相滑动，单独伸缩，应付枪身各部因温度变化所引起之长度变化。枪尾装置氧气及冷水管道之进出接口，使用特制之快速连接法兰以缩短换枪时间。

刘君吸取世界各国氧枪工艺知识，不断研究揣摩。喷头设计制造由单孔到多孔，由两层分流到两层双流。适应中国之各种炉型及冶炼方法。20多年形成数十种喷头规格，使中国氧枪喷头系列化，使用者及制造者皆有所依据。

刘君在氧枪及喷头方面，不断创新，其锥体枪身即为一例。黏枪是转炉炼钢不能避免的问题，清除黏结在枪身上炉渣是十分困难而危险的工作，常常损坏枪身。刘君发明锥体枪身，使所黏炉渣自行脱落，是一大创新。

铸造喷头虽能解决中心水冷问题，但喷头面部晶体巨大、紧密度小，容易发生裂纹，不如锻制晶体细小紧密耐用。因此有新工艺出现，采锻、铸二者之长，结合锻制喷头面与铸制喷头心。

一般的锻制喷头，面心仍为铜质。刘君之子刘天怡博士创造铜面钢心之结合喷头，锻制铜面，铸制钢心。此种喷头具有较大之“刚硬度”（rigidity），使喷头不因受热日久而变形，永葆设计之优良性能，又因不走样而不产生局部应力引起裂纹，役龄而得以增高。同时又节省高价铜料，降低喷头成本。此项创新影响深远。

现在刘君将30多年之经验及集存资料编辑成书，详尽说明氧枪之设计、制造、检验及应用各方面，并附难得之工程图解百幅，详解了氧枪，为钢铁工业的发展做出了重要贡献。

回忆1980年本人偕同白瑞公司经理来华访问，有幸结识刘君。20年来通信各有百封以上，自美寄送刘君之工程图纸亦在百幅以上。今见此书即将付梓，诚为一大快事。

河北省，元氏县

张一中

于美国宾州匹兹堡

第2版前言

《氧枪》一书于2008年由冶金工业出版社出版之后，在氧枪设计计算、转炉炼钢工艺参数优化、氧气炼钢新技术等炼钢操作实践方面，为炼钢厂一线从事技术工作的科技人员提供了指导和帮助，受到了广大读者的欢迎。

《氧枪》出版7年来，作者在转炉大锥度锥体氧枪、转炉中心水冷氧枪、鱼雷罐化铁装置、铁水罐化铁装置等技术领域，做了创新设计和科学试验，取得了满意的效果。故在本书再版之际，补充了上述内容以及关于转炉氧枪中心氧管及进氧支管的材质的论述。

作者还将继续做氧枪技术工作，欢迎广大读者在氧气炼钢技术领域，进行广泛交流，为把我国建成钢铁强国而共同奋斗！

作　者

2015年5月

第2版前言

[illegible]

第1版前言

本书主要介绍炼钢水冷氧枪。消耗式氧枪国内外应用得较少，本书未做介绍。

氧枪是氧气炼钢的喷氧设备，它是随着氧气炼钢的发展，而发明、发展起来的。

人类应用钢铁已有5000年以上的历史，在我国古代，劳动人民用碳质燃料还原铁矿石直接炼成一种海绵状态的钢，俗称“抄铁法”，也叫“搅拌法”。再将海绵铁在炉火中渗碳、加热、锻造成工具。世界其他国家应用钢铁也有较悠久的历史。但在坩埚内应用铁矿石、煤和熔剂在液体状态下生产钢的历史还不足200年。现代的炼钢法是由贝氏麦在1856年发明空气鼓风转炉开始的，采用的是酸性炉衬。为了处理高碳生铁，1878年出现了碱性炉衬的托马斯炼钢法。西门子-马丁炼钢法，通常称为平炉炼钢法，大约在同时代发展起来。平炉炼钢法利用蓄热室预热空气在炉内燃烧，产生并反射足够的热量精炼固体废钢和铁水。

第二次世界大战后，由于化学工业的迅速发展，深冷技术有了突破，制氧机大型化，廉价的大量氧气的生产，导致了各种氧气炼钢法的发展。第一炉用一支氧枪从炉子上部吹入纯氧吹炼钢水于1948年3月在瑞士获得成功，1949年10月在奥地利的林茨（Linz）成功地炼出了第一炉钢，并在1952年和1953年先后在林茨和多纳维茨（Donawitz）两钢厂投入工业生产。这就是氧气顶吹转炉炼钢法，又称“LD炼钢法”，在美国叫“BOF法”或“BOP法”。氧气顶吹平炉炼钢法、氧气底吹转炉炼钢法、转炉顶底复合吹炼法（LD-OB）、卡尔多（Kaldo）

炼钢法和回转炉（Rotor）炼钢法等众多的氧气炼钢法相继问世。与此同时，电炉吹氧炼钢法也在世界各国得到普遍发展。不管是转炉、平炉、还是电炉，吹氧炼钢都离不开氧枪，因此，氧枪是氧气炼钢的关键设备。各种炼钢法的出现，都离不开氧枪的参与，而氧枪技术的不断进步，则促进了氧气炼钢技术的不断完善和发展。

我国的氧气炼钢始于1962年，当时的石景山钢铁厂建了一座3t的小型试验氧气顶吹转炉，采用单孔氧枪吹氧。在取得经验和相关数据后，于1964年末建成了3座30t氧气顶吹转炉炼钢车间，先采用单孔氧枪，后创造出中国特有的单三式3孔氧枪。1965年上海第一钢铁厂建成的3座30t转炉也采用了同样的氧枪。

1965年鞍钢第三炼钢厂改建成200t×2双床平炉，采用了张角为25°的6孔平炉氧枪。

1967年太钢第二炼钢厂从奥地利引进的50t转炉，首次从国外引进了ϕ159mm全套转炉氧枪设备。

1970年鞍钢第三炼钢厂150t转炉建成投产，这是我国第一座自行设计制造的大型氧气顶吹转炉，大转炉氧枪也由我国设计制造。其后攀钢和本钢的120t转炉也陆续建成投产。

1971年鞍钢第二炼钢厂改建成300t氧气顶吹平炉，采用ϕ133mm张角30°的6孔平炉氧枪。随后，我国的各大平炉钢厂陆续改建成氧气顶吹平炉，采用ϕ114mm、ϕ121mm的平炉氧枪。

1985年建成的上海宝钢，其300t转炉ϕ406.4mm的氧枪由日本引进，这是我国目前最大的转炉氧枪。

1987年首钢第二炼钢厂由比利时引进的210t转炉，采用ϕ355.5mm分体式氧枪，换枪很方便。

1981年由作者倡议并建立的我国第一条氧枪生产线，开始了我国氧枪的标准化、系列化的科研、设计和生产。

我国的转炉，多达16种炉型，是世界上转炉型号最多的国家。因此，我国的转炉氧枪也是型号最多的，现有氧枪型号达22种之多。

本书全面地介绍了各种氧枪枪体和喷头的结构设计与计算、氧枪的水冷、喷头的各种制造方法。书中氧枪和喷头的结构图多达100余幅，是目前已问世的同类书籍中最多的，也是最全面的，多数是作者35年来从事氧枪设计工作的总结，以及目前世界上最先进的氧枪结构类型的介绍。

国内外已出版的氧枪专著，以及炼钢书籍中有关氧枪内容的章节，理论方面论述的内容居多，生产应用方面的内容较少。本书侧重于生产应用、结合现场实际的氧枪设计以及氧气炼钢的吹炼效果。

本书适用于炼钢厂从事炼钢工艺和生产技术的科技人员、科研设计单位从事氧枪研究和设计的工程技术人员，以及大专院校的老师和同学，作为参考书籍。

由于水平所限，书中的疏漏和不足之处，敬请炼钢界的朋友们予以指正。

作　者

2007年12月

目　　录

0 绪　论

0.1 氧气炼钢的优点

与其他炼钢方法相比，氧气炼钢法具有一系列的优越性，因此，在全世界得以迅速发展。

（1）吹炼速度快，生产效率高。平炉废钢矿石法，是靠矿石中的 FeO 扩散至钢液中氧化杂质炼钢，速度慢、炼钢时间长。一座 300t 的平炉，每炉钢的熔炼时间为 8～12h，年产钢为 15 万～18 万吨。改为氧气顶吹炼钢法，用氧枪直接将氧气吹入熔池，每炉钢的熔炼时间缩短为 4～5h，年产钢达 40 多万吨，生产率提高了 1 倍多。而一座 300t 的氧气顶吹转炉，年产钢竟达 200 多万吨，创造了世界奇迹。电弧炉采用吹氧强化冶炼，可将熔炼时间由 4h 缩短到 1～1.5h，生产率也可提高 1 倍以上。

在氧气顶吹转炉吹炼过程中，Si 的氧化速度为（0.16%～0.04%）/min，Mn 的氧化速度为 0.13%/min，而 C 的氧化速度最高可达 0.4%～0.6%/min，平炉的脱碳速度仅为（0.15%～0.40%）/h。

（2）钢的质量好。氧气炼钢由于炉温高，炉渣造得好，脱 P、脱 S 的能力较强，氧气对于 P 又有直接燃烧气化功能，可以炼出 P、S 较低的钢。氧气炼钢的钢中夹杂物要比矿石法熔炼的低。氧气顶吹转炉钢比空气转炉钢的气体夹杂含量低，氧含量为 0.00015%～0.00065%，氮含量为 0.002‰～0.004‰，钢的深冲性能延展性能抗失效性能、抗脆裂折断性能、焊接性能好。因此，采用氧枪吹炼出的钢质量好。

（3）钢的品种多。氧气炼钢除了能生产普通低碳钢外，还可以吹炼超低碳钢、工业软钢，也可以生产中、高碳钢，由于炉温高，还能生产各种合金钢，如不锈钢、轴承钢、弹簧钢、石油管和调质低合金钢等。由于钢质好，可以生产各种高级优质钢和特殊钢。

（4）能耗少，成本低。平炉吹氧后油耗大幅度降低，如鞍钢 300t 氧气顶吹平炉，油耗仅为 30kg/t，虽然氧气消耗增加了，但综合能耗降低了。双床平炉甚至不用油炼钢。电炉吹氧后电耗大幅度降低。氧气顶吹转炉不用外加燃料炼钢，宝钢的 300t 转炉，利用转炉煤气发电，成为全国第一家负能炼钢厂。

转炉采用溅渣护炉技术后，转炉炉龄大幅度提高，国外创造了 36000 炉甚至更高的转炉炉龄长寿纪录。我国大中型转炉炉龄平均提高 3～4 倍，转炉利用系数提高2%~3%，吨钢耐火材料降至0.195~0.277kg，转炉耐火材料消耗相应降低25%~50%，大大降低了炼钢成本。

（5）易于实现钢厂的全连铸。氧气顶吹转炉炼钢生产周期短，冶炼时间均衡，有利于与连铸相匹配，容易实现多炉连浇，提高连铸机的作业率，实现全厂的全连铸。

（6）适合机械化、自动化生产，改善工人的劳动条件。由于氧气炼钢时间短，生产效率高，钢水成分和出钢温度容易调整，设备又简单，因此，容易进行自动化控制和检测，实现生产过程的机械化和自动化，改善工人的劳动条件。

（7）基建投资省、建设速度快。氧气顶吹转炉炉体结构简单，重量轻，厂房占地面积小，因此投资省、建设速度快。

0.2 氧枪的种类

氧枪的种类较多，分类如下：

（1）按冷却方式分。

1）水冷氧枪。水冷氧枪是氧气顶吹炼钢法的主要设备，枪身内通高压水冷却，使用寿命长。氧气从中心或环缝通过喷头喷入熔池。通常所说的氧枪就是指水冷氧枪。

2）气冷氧枪。气冷氧枪一般由两层套管组成，中心管喷吹氧气或富氧气体、氮气、氩气、氧气加石灰粉等。两层套管之间的环缝通以冷却介质，通常为碳氢化合物，因为碳氢化合物在高温的炼钢环境下发生裂解，吸收大量的热，冷却氧枪，使之不被烧坏。冷却介质也有使用CO_2或其他气体的。气冷氧枪通常用于底吹转炉、侧吹转炉（我国特有）、顶底复合吹炼转炉及侧吹平炉上。

3）非冷却的自耗式氧枪。自耗式氧枪结构简单，为管状，由管内向炉中喷吹氧气，由于不能冷却，在炼钢炉内的高温条件下逐渐氧化、烧损、变短，当烧短到一定长度时，不能继续使用而报废。为了减缓烧损速度，延长使用寿命，较好的自耗式氧枪采用耐高温的氧化物（如氧化锆）制造。国内大量使用的自耗式氧枪是使用32mm管或38mm管吹氧，为了减缓烧损速度，有的钢厂在钢管外面包上一层耐火泥，也有的钢厂在钢管内外采用渗铝工艺。自耗式氧枪主要应用于电炉生产。

本书主要论述的是水冷氧枪。

（2）按炉子种类分。

1）转炉氧枪。转炉氧枪应用于氧气顶吹转炉和顶底复合吹炼转炉，其特点是供氧量大、氧气流股向熔池高速喷射，搅拌能力强，吹氧时间短。

2）平炉氧枪。平炉氧枪主要应用于氧气顶吹平炉和双床平炉，其特点是氧孔张角大、孔数多、供氧量小、枪位低、喷溅小、吹炼时间长。

转炉氧枪与平炉氧枪的区别见表0-1。

表0-1 转炉氧枪与平炉氧枪的区别

基本参数	转炉氧枪	平炉氧枪
氧枪结构	中心进氧，环缝进水，外围回水	中心进水，外围回水，环缝进氧
喷头孔型	拉瓦尔形	直筒形
氧气出口速度 Ma	超音速 $Ma=1.6\sim2.3$	音速 $Ma=1$
孔数	少，1~6孔	多，6~8孔
张角	小，8°~18°	大，20°~75°
枪位	高，0.8~1.8m	低，150~200mm最好为钢渣界面
供氧量	大，150t炉为30000m^3/h	小，300t炉双枪为6000m^3/h
枪数	单枪	多枪，2~4支

3）电炉氧枪。电炉氧枪可以从炉顶、炉门或炉墙插入炉内吹氧，其特点是孔数多、张角大、供氧量小、吹炼时间长，与平炉氧枪相似。

（3）按喷头孔数分。

1）单孔氧枪。单孔氧枪通常为拉孔尔形喷孔，大多应用于小型转炉，在多孔氧枪未发明之前，中型转炉也应用单孔氧枪。

2）多孔氧枪。多孔氧枪的孔数从3孔到12孔皆有应用，但最具代表性的是3孔氧枪。3孔氧枪的喷头又可分为：

①单三式喷头。这是我国特有的一种喷头结构形式，它具有1个共同的喉口，3个氧孔为直筒形，结构简单，加工方便。

②近三喉式喷头。喷头的3个氧孔具有各自的喉口和扩张段，便于加工，对氧枪的性能也没有太大的影响。

③三喉式喷头。喷头的每个氧孔都有收缩段、喉口和扩张段，是3孔氧枪中喷头的代表性结构。其加工较为复杂，性能较好。

（4）按喷头孔型结构分。

1）拉瓦尔形喷头。此喷头的特点是压力能可有效的转变为动能，氧气出口速度快，穿透能力强，形成稳定的超音速射流，氧枪性能好。

2）直筒形喷头。此喷头的特点是结构简单，加工方便，适用于平炉氧枪和电炉氧枪，氧气出口速度慢，衰减快，射流不稳定。

3）螺旋形喷头。此喷头的特点是氧气出口呈旋转气流，搅拌好，化渣快，喷溅小，但结构复杂，加工困难，寿命短。

（5）按喷吹物质分。按喷吹物质分，氧枪有喷吹氧气、喷吹氧气-燃料和喷吹微粒三种。其中喷吹氧气-燃料的氧枪通常称为氧燃枪，也称“烧嘴”。其由于燃料不同，又可分为氧气-煤气烧嘴、氧气-天然气烧嘴、氧气-柴油烧嘴、氧气-重油烧嘴等。喷吹微粒（石灰粉）的氧枪由氧气带动石灰粉或其他造渣粉剂一齐喷入炉内，可加速化渣速度，缩短冶炼时间。

（6）按氧枪喷头的制造方法分。

1）铸造喷头。此喷头的特点是结构合理，制作成本较低，但喷头的纯度、密度、导热性能等指标不高，氧枪寿命较短。

2）锻造喷头。此喷头的特点是材质致密，纯度高，导热性能好，喷头寿命较长，但生产成本高，钎焊焊缝较多，存在安全隐患。

3）锻铸结合喷头。喷头由锻造的头冠（铜面）和铸造的内体（铜心或钢心）两部分组成。此喷头的特点是结构合理，件数少，头冠纯度高，密度高，喷头寿命较长，但锻件和铸件结合部位加工精度要求较高，焊接工艺复杂。

（7）按氧枪性能分。按氧枪性能分，氧枪可分为普通氧枪和双流氧枪（二次燃烧氧枪）。双流氧枪是当代氧枪的最新技术，它又可以分为下列 4 种结构形式：

1）双流道氧枪。氧枪为四层管结构，主氧流和副氧流可以单独控制。

2）双流道双层氧枪。主氧流和副氧流分布于两层平面，而且可以单独控制。

3）分流氧枪。主氧流和副氧流虽然不能单独控制，但因结构简单，具有双流氧枪二次燃烧的优点，而易于推广，目前在全国应用的大多数双流氧枪，都是这种结构形式。

4）分流双层氧枪。主氧流和副氧流分布于两层平面，但不能单独控制。

0.3　我国氧枪发展史

我国的近代钢铁工业始于 1890 年，当时的湖广总督张之洞组建了汉阳钢铁厂。1917 年在上海建立了私营和兴炼钢厂。1931 年日本侵占我国东北，建立了鞍山、本溪等地的钢铁工业，20 世纪 50 年代，我国的钢铁工业得到了恢复和发展。

氧气炼钢开始于 1962 年，石景山的钢铁厂建设了一座 3t 的试验氧气顶吹转炉，采用单孔氧枪吹氧。1964 年末又建立 3 座 30t 氧气顶吹转炉车间，就是后来的首钢第一炼钢厂。这是我国第一家顶吹转炉炼钢厂，采用单孔氧枪炼钢。1970 年 7 月开始 3 孔氧枪的试验工作，经过不断实践、总结、改进，创造出一种我国特有的 ϕ39mm－3×ϕ26mm－8°单三式 3 孔氧枪。

1965 年上海第一钢铁厂也建成三座 30t 氧气顶吹转炉炼钢车间，同样走了一条从单孔氧枪到单三式 3 孔氧枪的发展道路，后来采用三喉式 3 孔氧枪。

1965 年 11 月 20 日，鞍钢第三炼钢厂容量 380t 的第 20 号平炉被改建成 200t×2 的双床平炉，每床平炉采用一支 ϕ127mm、张角 25°的 6 孔氧枪，也使用过 ϕ140mm、张角 25°的 4 孔氧枪。这是我国第一座双床平炉，建成较早，各项技术经济指标也较好，可惜于 1968 年 1 月被拆掉。

1967 年，我国从 LD 转炉的发祥地奥地利引进了两座 50t 氧气顶吹转炉和一座 50t 三相电弧炉，准备采用双联炼钢。这是我国第一次从国外购买转炉炼钢全套设备，50t 转炉所用的外径 ϕ159mm 的氧枪是由奥地利钢联设计制造的，这也是我国第一次从国外购买炼钢氧枪全套设备。该氧枪的进水管、回水管和进氧管全都安装在一组三角形的法兰上，拆卸、安装这组三角形法兰，则进水管、回水管和进氧管随之离开、合上。氧枪喷头也进口了两种，分别为锻造喷头和锻压组装式喷头。

有了 30t、50t 的样板炉，借鉴转炉在设计、制造和生产工艺方面的经验，20 世纪 60 ~ 70 年代，我国从 1958 年以来建立的一大批中国特有的空气侧吹转炉，相继改建成了氧气顶吹转炉。

1971 年 9 月，鞍钢第二炼钢厂容量为 300t 的 19 号平炉被改建成氧气炼钢平炉。氧枪从炉头插向熔池，与钢水面成 26° 倾角，氧枪轴线与平炉纵线偏前 480mm，南北炉头各一支氧枪，在进油方向吹氧，两支氧枪随换向交替使用。氧枪长 11.4m，三层钢管分别为 ϕ133mm × 9mm、ϕ102mm × 4mm、ϕ76mm × 4mm。喷头试用过单孔和 3 孔铸造喷头。

斜吹产生强烈的喷溅，使炉顶及前后墙熔蚀严重，炉体寿命低，维修困难。1972 年 3 月被改建成氧气顶吹平炉，氧枪全长 5.1m，外径 ϕ133mm，在两个边二门位置各放置一支氧枪。由于顶吹氧技术、工艺的不断改进和完善，氧气顶吹平炉取得了显著的经济效益，鞍钢第二炼钢厂陆续改建为氧气顶吹平炉炼钢厂。

随着鞍钢顶吹氧气平炉技术的成功，上海第三钢铁厂平炉车间、武钢第一炼钢厂和马鞍山钢铁公司第一炼钢厂于 1972 ~ 1973 年陆续改建成氧气顶吹平炉炼钢厂，包钢炼钢厂、天津第一炼钢厂、鞍钢第一炼钢厂、湘钢炼钢厂也逐渐实现了氧气顶吹炼钢工艺。上述钢厂分别采用外径 ϕ114mm、ϕ121mm、ϕ133mm 的平炉氧枪。

1970 年 7 月 1 日，鞍钢第三炼钢厂 1 号 150t 转炉建成投产，这是我国第一座自行设计制造的大型氧气顶吹转炉，氧枪枪体由 ϕ219mm × 9mm、ϕ180mm × 6mm、ϕ133mm × 6mm 三层钢管组成，喷头为单孔锻造喷头，后来采用 4 孔锻造喷头。1973 年 2 号 150t 转炉投产，1984 年 12 月 3 号 180t 转炉投产。鞍钢三炼钢拆除了由苏联设计的全部平炉，成为转炉炼钢厂。180t 转炉氧枪外径为 ϕ299mm，喷头为 4 孔铸造喷头。这是我国自行设计的最大的氧枪。

四川省攀西地区具有丰富的钒钛宝藏，在崇山峻岭中建设的攀枝花钢铁公司，于 1970 年高炉出铁，1971 年三座 120t 氧气顶吹转炉投产，采用外径为 ϕ219mm 的氧枪。

1974 年 11 月 18 日，本溪钢铁公司第二炼钢厂三座 120t 氧气顶吹转炉投产，同样采用 ϕ219mm 氧枪。

上海宝山钢铁公司总厂是我国投资最多的建设项目，全套设备和技术由日本新日铁及德国等引进。炼钢厂的300t转炉于1985年9月20日投产，这是我国目前最大的氧气顶吹转炉。氧枪全长24m，外径406.4mm，由日本后藤合金株式会社设计制造，这是我国目前最大的氧枪。

首钢第二炼钢厂从比利时引进的二手设备210t转炉于1987年8月6日投产，采用的氧枪为分体式，氧枪枪尾为一体，枪身和喷头为一体，换枪很方便，这种氧枪结构是我国第一次引进。

1986年12月，鞍钢在拆除双床平炉以后，第二炼钢厂又由300t氧气顶吹平炉改建为100t×2双床平炉。每床炉体设置一支顶吹氧枪，两床隔墙的上方又安置一支助燃枪。其作用是使精炼床的火焰更有效地加热于加热床的废钢。

我国的钢铁工业由于受苏联的影响，钢厂所用的备品备件都是自给自足。20世纪80年代以前，我国的各钢厂所用的氧枪喷头，都是钢厂自行设计，并用紫铜棒车削加工制造的。这种喷头不但成本高、性能差、寿命低，而且没有统一的标准，因而使用效果不好。

1980年，美国最大的氧枪生产厂——白瑞金属公司（Berry Metal Company）来华访问，并在北京、鞍钢、武钢等地与我国的科技人员进行了技术交流，使我们看到了世界先进的氧枪技术，领略到氧枪专业生产厂的优越性。这使我们坚信，欲使氧枪技术走出低谷，必须建立氧枪专业化制造厂。

1981年，由作者倡议，并得到了美国白瑞公司研究部主任张一中博士的支持，在鞍山热能研究院的运筹下，由冶金部投资，建立了我国第一条氧枪专业化生产线——鞍山热能研究院设备研制厂。从此，我国的炼钢氧枪在科研、设计、生产和应用上开始了新纪元。

1 转炉氧枪

1.1 转炉氧枪的基本结构

氧枪主要由喷头、枪体和枪尾三部分组成。

1.1.1 喷头

喷头是氧枪最重要的组成部分，是氧枪基本结构的核心，它的质量决定氧枪的性能。有关喷头的内容将在第 1.3 节、第 1.4 节中专门论述。

1.1.2 枪体

枪体是由三根同心圆管所组成。它将带有供氧、供水和排水通路的枪尾与喷出氧气的喷头连接成一个整体，组成空心管状的氧枪，如图 1-1 所示。

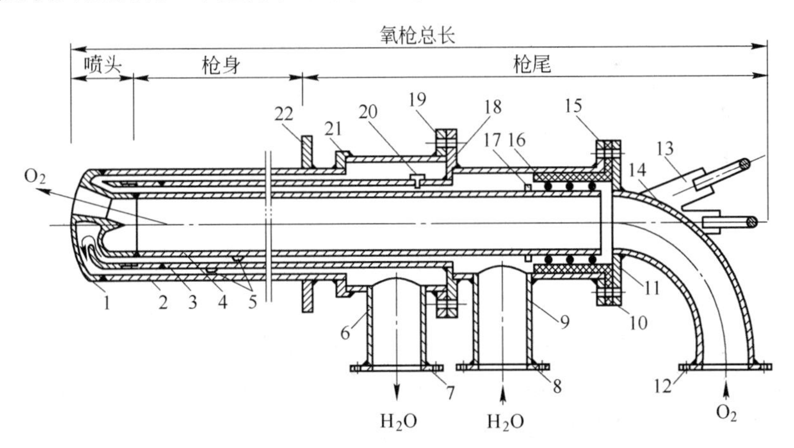

图 1-1　转炉氧枪基本结构

1—喷头；2—外管；3—中管；4—内管；5—限位筋；6—回水支管；7—回水法兰；8—进水法兰；9—进水支管；10—密封法兰；11—氧气上法兰；12—进氧法兰；13—吊环；14—进氧支管；15—氧气下法兰；16—密封橡胶圈；17—防脱落凸块；18—进水上法兰；19—进水下法兰；20—止动凸块；21—过渡环；22—安装座圈

双流道氧枪因多了一组供氧通路，其枪身是由四根同心圆管所组成，如图 1-2 所示。

三根同心圆管通常为热轧无缝钢管，材质为 20 号钢或锅炉钢管。对于转炉氧枪而言，内管是氧气的通路，氧气从枪尾的供氧管流经内管由喷头喷吹入金属

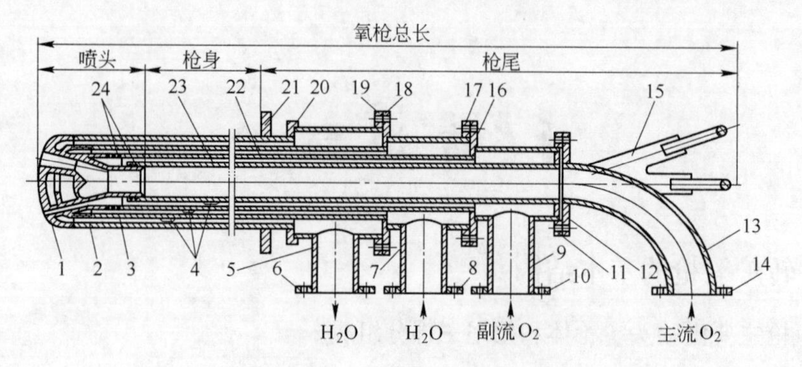

图1-2　转炉双流道氧枪的基本结构

1—喷头；2—外管；3—中管；4—限位筋；5—回水支管；6—回水法兰；7—进水支管；8—进水法兰；9—副流氧气支管；10—副流氧气法兰；11—主氧下法兰；12—主氧上法兰；13—主氧支管；14—主氧支管法兰；15—吊环；16—进水上法兰；17—进水下法兰；18—回水上法兰；19—回水下法兰；20—过渡环；21—安装座圈；22—副流氧管；23—主流氧管；24—密封橡胶圈

熔池。内管与枪尾的连接有两种方式：一种是采用法兰固定连接，一种是采用O形橡胶圈滑动连接。内管与喷头的连接相应地采取O形圈滑动连接及焊接固定连接。外管与枪尾的连接采用焊接或法兰螺栓固定连接，与喷头的连接采用焊接。中层管是分隔氧枪的进、出冷却水之间的隔管，中层管与枪尾的连接采用法兰或焊接固定连接，与喷头的连接采用套管式滑动连接，氧枪冷却水由枪尾进水管通过内管与中层管之间的环行通路进入枪体，下降至喷头后，充分冷却，快速流过喷头内表面，转向180°经中层管与外管之间的环状通路上升至枪尾，经回水管流出。

对于平炉氧枪而言，内管是氧枪的进水通路，内管与中层管之间的环状通路是氧气通路，中层管与外层管之间的环状通路是氧枪的回水通路。平炉氧枪由于枪位低，受热强度比转炉氧枪大得多，所以要采用中心水冷式结构。

由于工作条件与平炉类似，大多数电炉氧枪也采用平炉氧枪式的中心水冷结构。也有的电炉氧枪采用中心进氧的转炉式氧枪结构。

氧枪枪体的设计必须坚持两个原则：

（1）组成氧枪的三层同心套管在氧枪组装过程中，必须伸缩自如。这是因为氧枪的喷头需要经常更换，喷头与枪体切割或焊接都要一层一层进行，只有伸缩自如才能保证氧枪方便地组装和拆卸。

（2）设计出的氧枪在使用过程中要能消除外层管因热胀冷缩对里面两层钢管所产生的内应力。氧枪在吹炼过程中由于氧气对钢中杂质的氧化放出大量热量，致使它的工作环境高达2500℃以上，所以尽管枪体内有高压水在冷却，但氧枪外层管的表面温度仍然达到500℃以上，使其受热伸长。实测表明，一支有效长度4.73m的氧枪（鞍钢第二炼钢厂300t平炉氧枪）在使用过程中能伸长

32mm，但里面的两层管由于受到高压水的充分冷却，其温度变化甚微，因而不能伸长。这样，如不采取措施，枪体就要产生一个很大的压应力。反之，提枪时由于外层管冷却收缩，枪体又要产生一个很大的拉应力。如果氧枪的三层钢管被焊死或固定死，那么由于枪体内应力不断作用的结果，则在氧枪的薄弱环节（通常是枪体与喷头连接的铜钢焊缝处）就要产生裂纹，造成“疲劳”破坏。因此，设计出的氧枪枪体必须保证氧枪在外层管伸长或收缩时，枪体内的两层钢管也能伸缩自如，而且还必须保证高压水和高压氧气不在三层钢管及其连接处相互串通和渗漏。

根据炉子大小和吹炼需要，氧枪的三层钢管从喷头到枪尾要有足够的长度。氧枪外管通常是标准无缝钢管，它的外径表示氧枪的额定尺寸。由于进水和出水通道之间的压差很小，所以中层管可以用较薄的钢管。早期的一些氧枪设计规定，氧管从喷头到枪尾全部采用铜管，也有一些设计在前端组装件中用一段短铜管。现在的氧枪，在设计计算中严格限制氧气在氧管中的流速，安全已无问题，所以现在普遍采用标准无缝钢管做为氧管的标准材料。

为了保证氧枪在圆周方向上具有均匀的进、出水环行通路，氧枪的三层钢管必须有良好的同心度。这就要在内管和中层管的外壁上焊上限位筋。限位筋沿管体长度方向，按一定距离布置，通常每 1.2m 长左右放置一组，每组三根，按圆周方向呈 120°均布，如图 1-3 所示。

限位筋虽小，但它很重要，却又往往被人们所忽视。氧枪制造、使用中出现的问题使我们不得不对它加以重视。首先是限位筋的尺寸，设计过紧，氧枪的装配和检修、拆卸困难；设计过松，氧枪三层管的同心度不好，影响水冷。其次是限位筋的形状，矩形的不好，要设计成两头呈楔形，如图 1-4 所示，这样装配方便，使用安全。平炉氧枪的内管与中层管之间是进氧通道，曾经发生过由于局部氧气流速过快，在矩形限位筋的进氧端面发生氧气回火烧枪事故。限位筋要进行刨、铣加工，不要用钢棍锤打锻造，以保证制造精度。

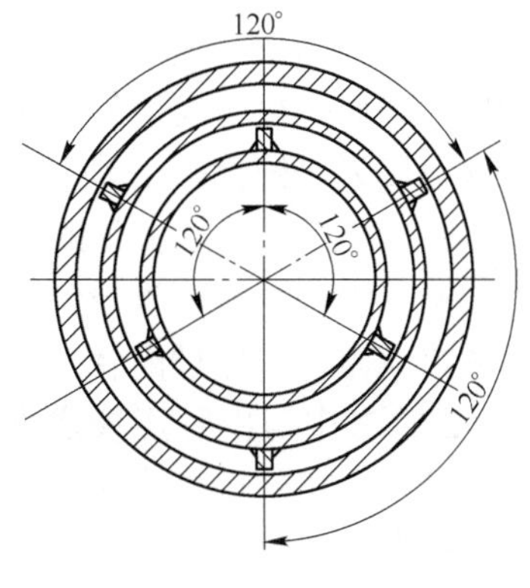

图 1-3 限位筋的布置

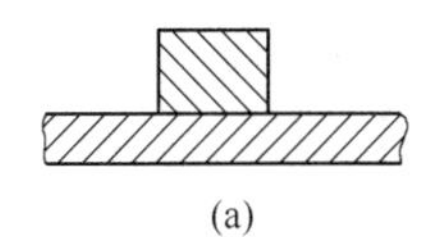
(a)

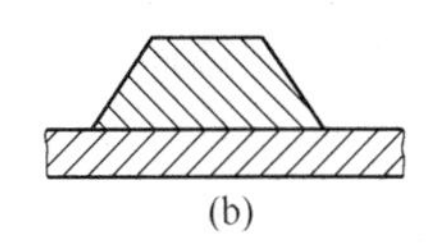
(b)

图 1-4 限位筋的形状

（a）方形限位筋；（b）梯形限位筋

为了保证氧枪的使用安全，在氧枪组装之前，要对氧气流通的钢管，即转炉氧枪内管、平炉和电炉氧枪的内管外表面与中层管的内表面，用四氯化碳进行脱脂（去除油污）处理，以防氧气与油脂燃烧，发生烧枪事故。氧枪使用安全第一，万万不可忽视。

1.1.3 枪尾

枪尾的结构比较复杂，是氧枪研究、设计和制造的重点部位。枪尾的结构形式主要有焊接和铸造两种。

1.1.3.1 焊接枪尾

焊接结构的氧枪枪尾在我国被广泛应用。焊接式转炉枪尾结构如图 1-5 所示。这种枪尾结构基本是由法兰、圆管和 O 形密封橡胶圈组成的组合体。

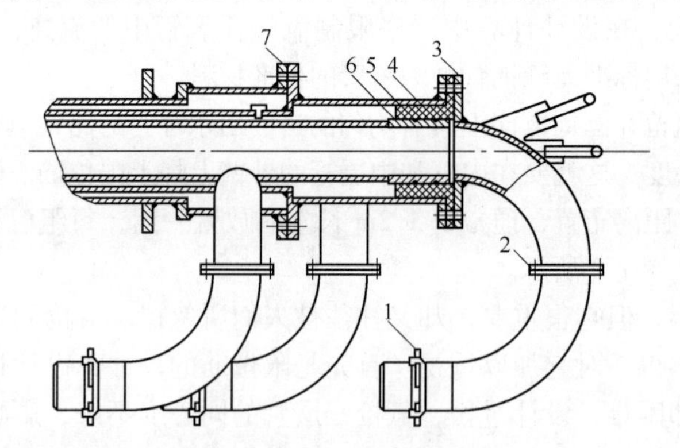

图 1-5 焊接式转炉枪尾结构

1—快速接头；2—氧气支管法兰；3—氧气上法兰；4—密封法兰；5—密封橡胶圈；6—密封套；7—水冷法兰

以转炉氧枪为例说明。内管为氧管，进氧部位为一段 180°的大弯管，方便检修，通过一组法兰把大弯管分为两部分，氧枪检修时把其拆下。氧气中如果有杂质，高速流经大弯管时，与管壁相撞击，容易产生火花而燃烧，发生氧枪爆炸事故。因此，大型转炉氧枪，为确保其使用安全，这一段大弯管都采用紫铜管，例如宝钢 300t 转炉氧枪。内管与中层管通过第二组法兰进行连接。法兰的功能除连接外，还要起到使三层钢管保持同心度的作用。第二组法兰有两种设计：一种设计是内管与中层管固定死，内管与中层管之间的热应力位移通过内管与喷头内管之间设置的 O 形橡胶圈来实现；另一种设计是法兰之中与内管连接之处有 O 形橡胶圈实现热应力位移。中层管与外管之间通过第三组法兰进行连接，中层管与外管之间的位移通过中层管与喷头的中层管之间的滑动来实现。这种滑动连接不会像 O 形橡胶圈那样密封得好，但中层管只是作为进水与回水之间的隔板，有一点渗漏也无关紧要。第三组法兰也可以取消，中层管和外管通过连接环焊死。

氧枪的进水管焊接在第二组法兰和第三组法兰之间的圆管上，为了减少水的阻力损失，这一段圆管要比枪身部位的中层管直径粗 20mm 以上。同样的道理，第三组法兰的下面也要焊一段比氧枪外管粗 20mm 以上的圆管，这一段圆管与外管都焊接在一过渡连接圆环上。氧枪的回水管焊接在第三组法兰下面的加粗圆环上。

焊接枪尾的优点是结构简单、组装方便、成本低廉，缺点是枪尾的长度较长。

1.1.3.2 铸造枪尾

铸造结构的氧枪枪尾在国外被广泛应用，其基本结构如图 1-6 所示。

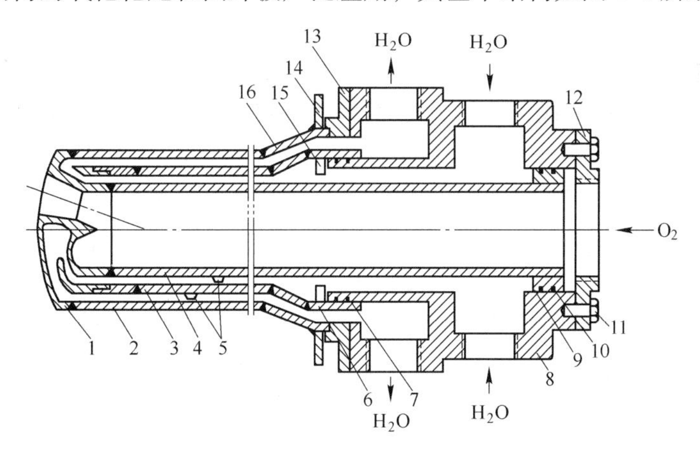

图 1-6 铸造枪尾结构

1—喷头；2—外管；3—中管；4—内管；5—限位筋；6—回水密封管；7，10—密封胶圈；8—枪尾主体；9—密封管；11—螺栓；12—上法兰；13—下法兰；14—安装座圈；15—止脱凸块；16—过渡管

铸造枪尾用的材料是青铜或黄铜。氧枪的氧气内管及其不锈钢的延长管，通过镶嵌密封环连接在枪尾中心部位，并与进水室相密封。进水室与回水室之间铸有间隙，并使压降为最小，氧枪中层管与镶嵌在间隙上的 O 形密封环相连接。氧枪外管通过卡箍式接头与枪尾相连接。氧枪的进氧管、进水管和回水管通过快速连接装置与枪尾相连接；氧气、进水、回水软管可以垂直安置，也可以水平安置，取决于氧枪的安装结构及运输条件。

铸造枪尾的优点是可以尽可能地缩短枪尾的高度，进水管和回水管可以布置在同一水平面上，这对于氧枪上部空间十分紧张的钢厂来说，非常重要，例如老式平炉钢厂改建为顶吹平炉，就要求枪尾的设计尽可能地短。铸造枪尾的缺点是结构复杂，采用铜料制作，成本高、不经济。

氧枪枪尾的设计结构，决定了氧枪的结构类型；氧枪喷头的设计结构，决定了氧枪的用途；氧枪的整体结构设计和制造质量，决定了氧枪的性能；氧枪的质量、水冷强度和操作水平，决定了氧枪的寿命。

除了喷头、枪体和枪尾三部分最基本的结构外，氧枪附属部件还有将氧枪固定在移动小车上的连接板、吊装氧枪的吊环、进氧和进回水的橡胶软管（或金属软管）以及快速接头（或连接法兰）等。

1.2　转炉氧枪的结构

由于受传统的设计模式、加工制造水平、原材料以及使用要求等多种因素的影响，转炉氧枪的结构多种多样，现在逐一加以介绍。

1.2.1　老式氧枪

20 世纪 60 ~ 70 年代，我国开始了氧气顶吹转炉的建设，30t、50t、150t 转炉相继投产。氧枪设计采用了一种老式的氧枪结构，以鞍钢第三炼钢厂 150t 转炉氧枪为代表成为当时的氧枪标准设计。其后，全国各地自行设计的转炉，基本上采用了这种氧枪结构。

老式转炉氧枪结构如图 1-7 所示。三层钢管分别为 ϕ219mm × 10mm、ϕ180mm × 7mm、ϕ133mm × 4.5mm。枪尾由三组法兰组成。第一组法兰连接进氧支管，氧枪检修时将进氧支管拆下，便于氧枪的检修。第二组法兰由三片组成，中间一片法兰和下面一片法兰之间缠有石棉盘根，当法兰拧紧时，压缩石棉盘根，使氧管和进水管之间密封，这是老式氧枪结构的最大特点。第三组法兰是枪尾与氧枪外管的连接法兰。氧枪喷头为早期孔间没有水冷的锻造喷头。氧枪中层的隔水管插在喷头里，与喷头端面内壁留有一定缝隙，冷却水流经喷头，绕过中层管返回枪尾。

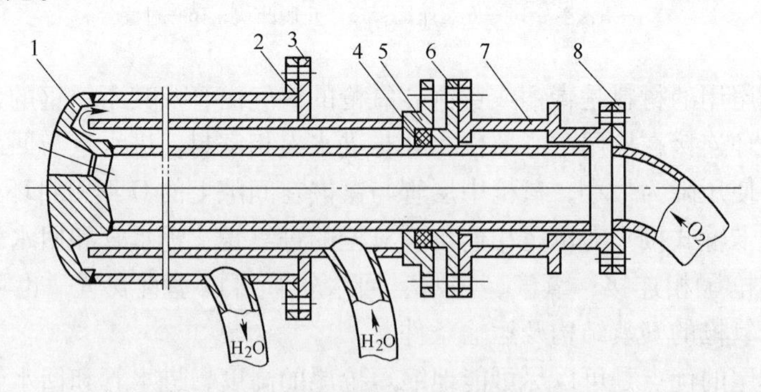

图 1-7　老式转炉氧枪结构

1—喷头；2—进水下法兰；3—进水上法兰；4—浸油石棉盘根；
5—氧气密封下法兰；6—氧气密封中法兰；7—氧气密封上法兰；8—进氧法兰

老式结构氧枪曾经在鞍钢第三炼钢厂 150t 转炉和 180t 转炉、本溪钢铁公司第二炼钢厂 120t 转炉、攀枝花钢铁公司炼钢厂 120t 转炉长期使用。国内各钢铁设计院也为众多的中小转炉设计了老式结构的氧枪。

老式结构氧枪石棉盘根密封结构，在氧枪更换喷头检修时很费事，操作起来很麻烦。打开第二组法兰，把石棉盘根一圈一圈地塞进去，然后拧紧法兰。法兰拧不紧时渗水，起不到密封作用。法兰拧得太紧时，钢管伸缩困难，内应力很大，容易引起喷头焊缝疲劳破坏。石棉盘根含有油质，在氧枪使用过程中存在安全隐患。由于老式氧枪的结构不合理，在各种新型结构氧枪陆续出台后，老式结构氧枪逐渐被淘汰。

1.2.2　进氧、进水、回水一体式氧枪

这种结构的氧枪是 1976 年太原钢铁公司第二炼钢厂从奥地利引进的。这是我国第一次从国外引进氧枪设备，是随同 50t 转炉、50t 电炉一起进口的。氧枪全套设备以及阀门、仪表等附属设备，全部由奥钢连设计制造。

50t 转炉进氧、进水、回水一体式氧枪如图 1-8 所示。氧枪枪体的三层钢管分别为 ϕ159mm、ϕ133mm、ϕ95mm，枪尾部分的外管加粗为 ϕ177.8mm。氧枪全长 15310mm。

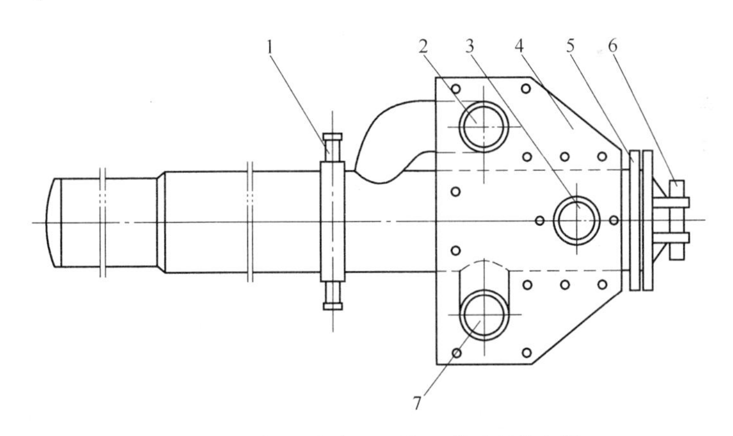

图 1-8　进氧、进水、回水一体式转炉氧枪

1—氧枪固定装置；2—回水管；3—进氧管；4—一体式连接板；5—法兰；6—吊环；7—进水管

这种氧枪最大的特点是将进氧支管、进水支管和回水支管安装在一块梯形的连接板上。而氧气软管、进水软管和回水软管安装在另一块同样大小、位置相同的梯形连接板上。当氧枪需要安装或拆卸时，只需将两块连接板上的螺栓安上或拆开即可，氧枪即与软管安装或分离，比较方便。它不像其他结构的氧枪，氧枪与氧气软管、进水软管和回水软管要分别进行安装和拆卸。

枪尾部分的中心氧管端部焊有一段 160mm 长的黄铜管，黄铜管的外面套上

两组人字形的橡胶密封圈，密封圈的上下各有圆环与枪尾固定，并通过螺纹将密封圈压紧。中心氧管的伸缩就是通过这套装置完成的。

氧枪中层管的伸缩是通过喷头部位的滑动段进行滑动连接来实现的。

氧枪喷头进口分两种：一种是普通锻造喷头，一种是组装式喷头。

这种氧枪的缺点是枪尾十分笨重，加工精度要求较高，新枪的组装困难较大，更换喷头也不方便，换枪时的拆卸也比较费力。因此，除太钢外，并没有在其他钢厂推广应用。

1.2.3　枪尾部位大橡胶圈密封结构氧枪

这种结构的氧枪，在我国应用较早，20 世纪 60 ~ 70 年代，已在首钢等厂应用。

枪尾部位大橡胶圈密封结构转炉氧枪如图 1-9 所示。这种氧枪结构的最大特点是采用两组粗大的 O 形橡胶圈，橡胶圈的两边是两片与橡胶圈形状相匹配的密封法兰，通过螺栓拧紧，达到内管与中层管、中层管与外管之间相密封的目的。

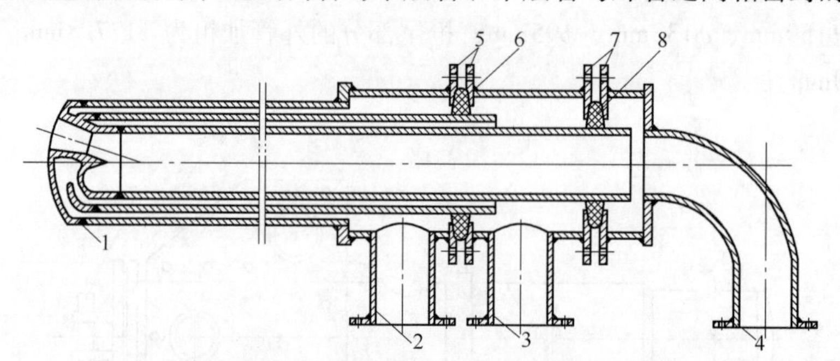

图 1-9　枪尾部位大橡胶圈密封结构转炉氧枪

1—喷头；2—回水支管；3—进水支管；4—进氧支管；5—水冷法兰；
6—密封大胶圈；7—氧气法兰；8—氧气密封大胶圈

这种氧枪的最大优点是密封可靠，带有凹槽的密封法兰的加工精度要求不高，氧枪枪尾的组成部件结构简单，制作方便，成本低廉。氧枪组装及更换喷头时，拆卸也比较方便。因此，它在转炉钢厂及一些平炉钢厂都得到了比较广泛的应用。

在橡胶圈的里面，与橡胶圈滑动的一段管件，最好采用不生锈的材质，比如不锈钢管加工件、黄铜管加工件等。这样氧枪的密封效果比较好，氧枪的性能能够得到保证，枪尾的寿命也比较长。但是，有些钢厂为了降低制造成本，也有采用普通钢管的，这样，氧枪的密封效果和使用寿命就要受到一定的影响。

枪尾部位大橡胶圈密封结构氧枪的缺点是胶圈裸露在外，容易沾灰，也容易受到火焰和高温热气的烘烤，造成胶圈的破损和老化，影响氧枪的密封效果和使用性能。针对它的缺点和不足，对密封法兰的设计加以改进，两片法兰加工成密封的结构，把大橡胶圈包在里面，这样橡胶圈就不会受到火焰热气的威胁，但进灰仍然难以避免。

这种氧枪的另一个不足之处是，在更换喷头时，要把枪尾的法兰全部打开，喷头部位的三层钢管，要分别进行切割和焊接，更换喷头也比较麻烦。

1.2.4 喷头部位O形橡胶圈密封结构氧枪

这种结构的氧枪20世纪80年代中期才在我国首次应用，是作者为攀钢炼钢厂120t转炉设计的双流道四层钢管氧枪中，首次采用的。

四层钢管的双流道氧枪，结构复杂。如果按照传统的结构方式设计制造，四层钢管一层一层地焊接，每层钢管之间既要安装牢固，又要进行合理的滑动而不能漏水漏气，枪尾的密封结构将十分复杂和笨重，以后喷头的更换将十分困难和费时。如果将每层钢管之间的滑动和密封，移至喷头部位采用O形橡胶圈的结构形式，枪尾采用法兰将钢管固定死，枪尾的结构被大大简化，氧枪的密封也得到了保证。

后来，这种密封结构在普通氧枪上被采用，由于其结构简单、性能优越，很快在全国推广。

喷头部位O形橡胶圈密封结构转炉氧枪结构如图1-10所示。在喷头的氧管上，车削了三道凹形槽，每道槽中放入一个小的O形橡胶圈。在氧枪的氧管上焊上一段“氧气密封滑动段”。喷头与氧枪装配时，带有三道橡胶圈的喷头氧管插入氧枪上的氧气密封滑动段。氧气密封滑动段要求用不锈钢材质。喷头氧管与氧气密封滑动段之间的配合尺寸，要求很严，是这种氧枪结构的关键部位，加工精度在0.10~0.20mm之内，粗糙度在3.2以上。凹形槽的加工精度和粗糙度要求也十分严格，与O形橡胶圈的尺寸配合也十分讲究。喷头氧管与氧气密封滑动段之间的配合过紧，O形橡胶圈的置入困难，或造成滑动应力过大，枪体或喷头的局部焊缝容易开裂。配合过松，又容易密封不严，造成漏水漏气。必须保证氧气

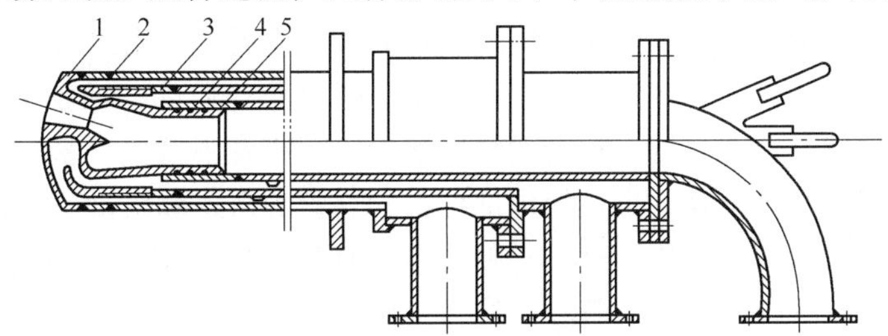

图1-10 喷头部位O形橡胶圈密封结构转炉氧枪
1—喷头；2—更换喷头的焊缝；3—冷却水滑动管；
4—密封胶圈；5—氧气密封管

和冷却水之间有良好密封。在保证密封的同时，还要保证喷头氧管与氧气滑动段之间滑动自如，避免造成氧枪的热应力破坏。

图1-10中的进水滑动管与喷头的中层管之间，也是采用滑动连接，两个管子之间的配合尺寸，也要有一定的加工精度和粗糙度，但要求不是很严，因为是冷却水的隔水管，稍有渗漏，也无关紧要，只要保证滑动自如即可。为了方便喷头与枪体的更换，喷头的外管要焊接一段钢管，这段钢管与氧枪枪体相焊接，即完成了氧枪的组装。

这种氧枪的枪尾设计了两组法兰。第一组法兰有三片。第一片法兰连接氧气支管，氧气支管一般较长，为方便氧枪检修，法兰打开时，可以把氧气支管拿开。第二片法兰与氧枪内管相连接，氧气检修时，可以把氧枪内管抽出。第三片法兰连接进水支管和氧枪中管及第二组法兰中的第一片法兰，这两片法兰可以把氧枪中管抽出。第二组法兰中的第二片法兰与回水支管和氧枪外管相连接。这样，氧枪的各个部件都可以根据需要进行拆卸。

从总体上讲，这种氧枪的结构是非常合理的。更换喷头时，只需将图1-10中两处的焊缝切割开，将旧喷头拔出，将新喷头插入，再将两处的焊缝焊好即可，十分快捷。由于这种氧枪结构简单，更换喷头方便，性能又好，作者为其他钢厂设计新氧枪或对旧氧枪进行改造时，都采用了这种氧枪结构，全国的大多数钢厂也争相效仿，因此这种氧枪结构很快在全国推广应用。

由于这种氧枪在更换喷头时，枪尾不用打开，因此，枪尾的第二组法兰也可以不用，采用连接环焊上即可。第一组法兰也只采用两片，因为大型氧枪的氧气支管很长，更换喷头吊运氧枪时不方便，需要打开法兰，将氧气支管卸下。采用两组法兰的氧枪，设计科学、合理，采用一组法兰的氧枪，结构简单、实用。

1.2.5 枪尾部位内置O形橡胶圈密封结构氧枪

这种结构的氧枪在我国应用较少。美国白瑞（Berry）金属公司设计的氧枪多采用这种结构。

氧枪结构如图1-1所示。在枪尾的氧管上，设置了一段密封管，密封管上车削了两道或三道凹形槽，每道槽中放入一个小的O形橡胶圈，橡胶圈的外面安置与法兰连接的密封合金衬管，衬管的材质多为黄铜或者不锈钢。密封管、橡胶圈和合金衬管三个部件配合，形成枪尾部位中心氧管的密封和滑动。密封管和密封合金衬管的加工精度和作用原理，与喷头部位O形橡胶圈密封结构氧枪相同。这种氧枪的中心氧管与喷头的氧管要焊接在一起。

这种氧枪枪尾通常设计两组法兰，中层管通过法兰与枪尾连接。中层管在喷头部位也是采用滑动连接。

这种氧枪结构紧凑，造型美观。但更换喷头时，枪尾的法兰必须打开，中心氧管需要伸出，进行旧喷头的切割和新喷头的焊接，然后复位，安装枪尾法兰。由于氧枪较长，操作不便，所以这种结构的氧枪在我国未能推广应用。

1.2.6　分体式转炉氧枪

卢森堡阿尔贝德公司（ARBED）采用这种氧枪设计。我国首钢第二炼钢厂从比利时引进的210t转炉氧枪，即为分体式氧枪。分体式氧枪也称对接式氧枪。

分体式氧枪如图1-11所示。普通氧枪的枪尾、枪身和喷头三部分是焊接在一起的，形成一个整体。分体式氧枪的最大特点是枪身和喷头为一体，枪尾为一体，中间是断开的，通过枪尾上的上法兰和枪身上的下法兰，用特制的大型螺栓，将氧枪固定成一个整体。

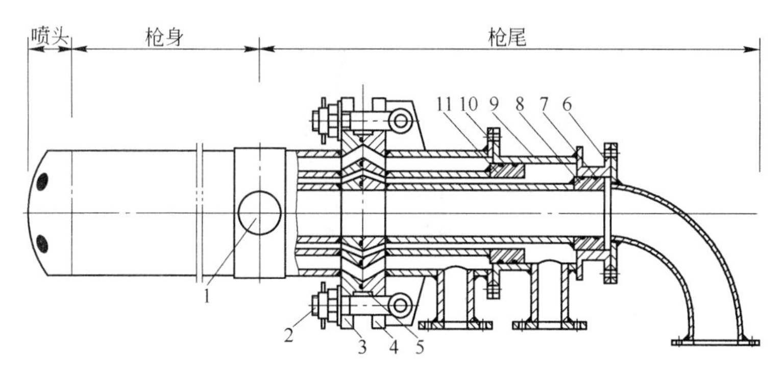

图1-11　分体式转炉氧枪

1—吊枪轴；2—锁紧大螺栓；3—密封下大法兰；4—密封上大法兰；5—密封胶圈；6—进氧下法兰；7—氧气密封胶圈；8—氧气密封管；9—进水管；10—进水密封胶圈；11—水冷密封管

连接分体氧枪的上法兰和下法兰，沿圆周方向，密密麻麻的全钻满了进水孔和回水孔。上法兰与氧气支管、进水支管、回水支管、内管、中管、外管和连接枪身与枪尾的大型螺栓等部件组成了氧枪枪尾。氧枪枪尾中还包括大型密封精制法兰、7个O形橡胶圈、密封衬管等多种部件。这些部件能使氧枪枪尾拆卸自如，密封良好，并消除热应力。氧枪枪尾固定在氧枪升降小车上，与氧气胶管、进水管和回水管相连接。更换氧枪时，枪尾不动，氧气胶管、进水胶管和回水胶管不用拆卸，只需把连接上法兰和下法兰的两支大型螺栓打开，即可以把枪身卸下吊走。

氧枪枪身是由下法兰、中心氧管、中层管、外管和限位筋等部件组成。氧管与喷头的连接采用了三组O形橡胶圈滑动连接，中层管与喷头的连接也是滑动连接，只是外管与喷头的外管相焊接。

分体式氧枪换枪时，由于只拆卸两支大螺栓，换枪十分方便快捷，可以节约很多换枪时间，提高转炉作业率，增加钢的产量。另外，由于枪尾和枪身分离，氧枪枪身在吊装、运输和更换喷头时也更方便。

一座转炉通常需要配备 7 支左右的氧枪。而对于分体式氧枪，每座转炉只需要配备两支枪尾，固定在氧枪小车上，一支使用，一支备用。枪身需要配备 7 支左右，周转使用。不像普通氧枪，每支氧枪必须有枪尾，这样，就节省了氧枪的制作费用。

分体式氧枪的上法兰和下法兰体积较大，最好采用不锈钢材质，需要专门铸造，加工难度较大。分体式氧枪的对接法兰如图 1-12 所示。

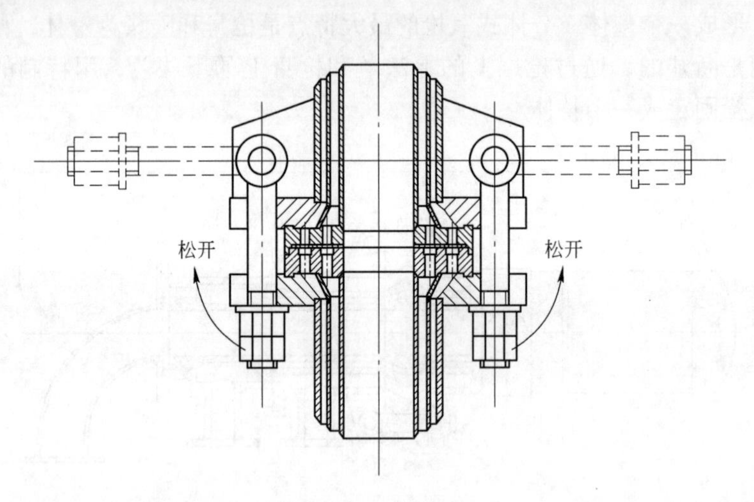

图 1-12　对接法兰

欧洲分体式双流氧枪对接法兰如图 1-13 所示，上法兰与枪尾形成一个整体，

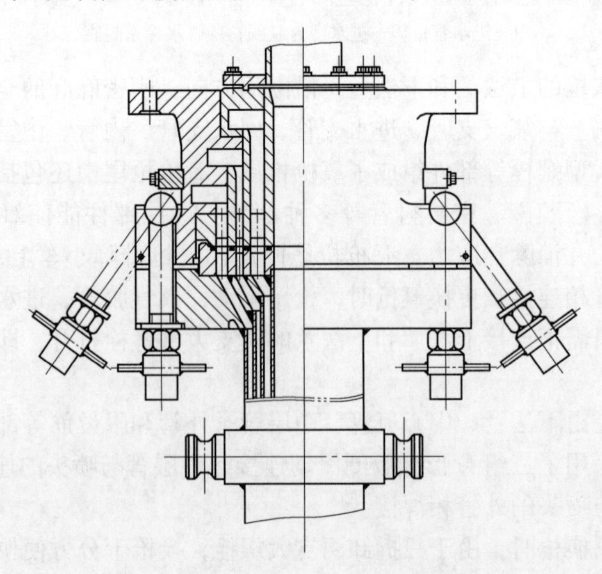

图 1-13　欧洲分体式双流氧枪对接法兰

采用铸造部件，虽然结构复杂，但长度很小，可降低转炉厂房的高度。

分体式氧枪枪身的吊运需要特制一副专用吊具，专用吊具及氧枪的吊装过程如图 1-14 所示。

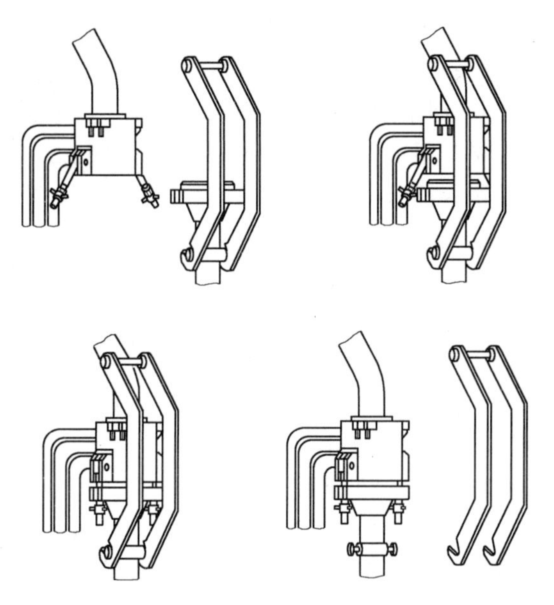

图 1-14　分体式氧枪的吊装过程

1.2.7　插接式转炉氧枪

插接式转炉氧枪如图 1-15 所示。氧枪枪尾的进氧支管、进水支管和回水支管固定在氧枪枪尾特制的上金属板上，转炉上的进氧金属软管、进水金属软管和回水金属软管固定在氧枪升降小车的特制下金属板上。进氧金属软管、进水金属软管和回水金属软管的上方，分别连接进氧内插头、进水内插头和回水内插头。进氧内插头、进水内插头和回水内插头上，分别布置三道 O 形橡胶密封圈。氧枪的进氧支管、进水支管和回水支管的下方，分别连接进氧外插头、进水外插头和回水外插头。

换枪时，把新氧枪吊过来，放入氧枪升降小车，慢慢下落，将氧枪枪尾上的进氧外插头、进水外插头和回水外插头，分别与固定在氧枪升降小车下金属板上的进氧内插头、进水内插头和回水内插头，相互插进，然后将氧枪上的上金属板和小车的下金属板固定，即完成换枪。

下一次换枪时，先将上金属板和下金属板之间的固定装置卸开，即可以把旧氧枪吊走。

整个换枪过程十分方便、快捷、安全。因此，插接式转炉氧枪是所有转炉氧枪结构中最先进的。

但是，插接式转炉氧枪的制作精度要求很高。因为插接过程是刚性连接，所以进氧的外插头与内插头、进水的外插头与内插头、回水的外插头与内插头的位置要有很高的尺寸精度。另外，进氧的外插头与内插头之间、进水的外插头与内插头之间、回水的外插头与内插头之间的装配尺寸也要有很高的精度和光洁度。保证三个外插头和内插头之间的三道O形橡胶圈密封得好，保证氧气和冷却水不得有任何渗漏。

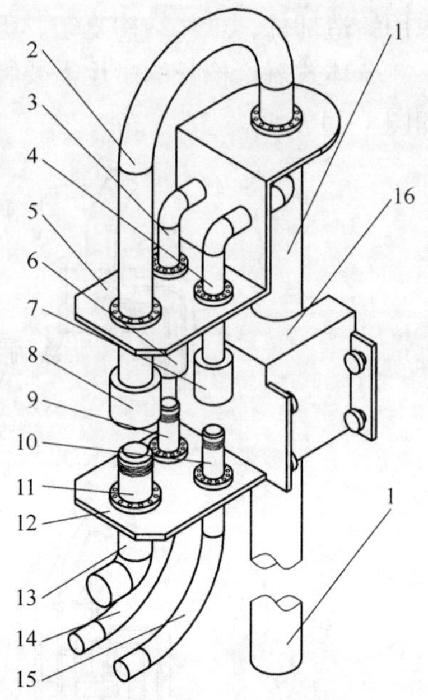

图1-15 插接式转炉氧枪

1—转炉枪身；2—枪尾进氧支管；3—枪尾进水支管；4—枪尾回水支管；5—枪尾上金属板；6—枪尾进水外插头；7—枪尾回水外插头；8—枪尾进氧外插头；9—进水内插头；10—回水内插头；11—进氧内插头；12—小车下金属板；13—进氧金属软管；14—进水金属软管；15—回水金属软管；16—氧枪升降小车

氧枪喷头的寿命是有限度的，低的几炉或几十炉，高的几百炉。喷头一旦损坏，就要更换氧枪。换枪时，转炉就要停止炼钢。可见，换枪时间的长短关系到转炉的作业率，关系到钢的产量。因此，换枪时间要尽可能缩短。

过去，转炉氧枪枪尾上的进氧支管、进水支管和回水支管上安装的是法兰，通过法兰，与升降小车上的进氧软管、进水软管和回水软管相连接。换枪时要把三组法兰的螺栓卸开，把旧枪吊走。新枪吊来后，先固定在升降小车上，再把三组法兰分别连接好。过程十分烦琐，换枪时间很长，短则1~2h，长则3~4h。后来，把法兰改换成一种插接式的快换接头，缩短了换枪时间。再后来，出现了分体式转炉氧枪，换枪时间进一步缩短。

插接式转炉氧枪的换枪时间只有几十分钟，是所有转炉氧枪结构中，换枪时间最短的。因此可以说，插接式转炉氧枪是最先进的转炉氧枪。

插接式转炉氧枪是近年来我国从欧洲引进成套炼钢设备时带来的，为我国改造老式的转炉氧枪提供了范例。

1.2.8 转炉大锥度锥体氧枪

1.2.8.1 黏枪及其影响

氧枪在吹炼时，枪身部位经常黏满钢渣，在一般情况下，钢渣黏得较薄，提枪时钢渣会自行脱落。但是，转炉一旦化渣不好，枪身上的钢渣就会黏得很厚、很牢，提枪时不会脱落，此现象称为黏枪。

目前，全国各转炉炼钢厂都已普遍采用了溅渣护炉技术。溅渣护炉就是利用顶吹氧枪将高压氮气吹入炉内，将炼钢过程中产生的留于炉内部分的炉渣吹溅到转炉炉壁上，从而达到修补炉衬的目的。

过去的经验是造好渣不黏枪。那时要往炉内加入一些萤石、铁矾土等稀释炉渣的材料。现在溅渣护炉的造渣工艺不允许加入萤石等稀释炉渣的材料，有的钢厂连铁矾土也不允许加入。为了达到良好的溅渣护炉效果，在炼钢的过程中，炉渣就要造得有一定的黏稠度，并且要加入“溅渣球”等含氧化镁及其他熔点较高的材料，对炉渣进行调质处理。炉渣的黏渣效果好了，吹溅到转炉炉衬上，才能达到保护修补炉衬的目的。

由于炉渣较黏，在吹炼过程中，氧枪外层钢管就不可避免地黏附钢渣。如果不能及时将其清除，随着冶炼炉数的增加，氧枪上的黏渣会越来越厚，如同滚雪球一样，致使氧枪因为黏渣太厚而不得不更换。甚至因为氧枪黏渣过厚而提不出氧枪氮风口，这时唯一的解决办法就是将氧枪黏枪部位，用火焰切割枪割断，将断氧枪提出炉外，更换新氧枪。

据统计，采用溅渣护炉技术后，氧枪消耗成本增加了 3 ~ 4 倍，然而影响最大的还不是氧枪消耗的增加，而是由于需要频繁更换氧枪，炼钢生产的连续性被破坏，打乱了正常的生产节奏。处理黏枪时，转炉的生产就要停下来，降低了转炉的作业率，影响了钢的产量。

目前的转炉炼钢工艺，氧枪黏枪已是普遍的问题。黏在氧枪上的不光是炉渣，多数情况是一种钢渣混合物。黏枪了就要进行处理，否则就会越黏越重。炉顶上本来就很热，灰尘又大，氧枪从炉中提出来，黏在氧枪上的钢渣火红烤人，因此处理黏枪是转炉工人最辛苦的劳动，又热又累。黏在氧枪上的钢渣混合物，清除十分困难，敲也不好敲，剥也不好剥。钢渣黏得较厚时就得用氧气将钢渣切割出缝隙，用撬棍撬掉。钢渣黏得较高时，撬下来的钢渣很容易砸伤人。用氧气切割，稍不小心，很容易损坏氧枪枪体，把氧枪割漏的事故时有发生。处理黏枪，经常发生烤伤、烫伤、碰伤等事故，因此带有一定危险性。

黏枪也给转炉工人造成思想负担，产生怕黏枪的心理，促使操枪工进行吊吹，吊吹的结果即延长了吹氧时间，降低了氧气的利用率，也影响了升温、降碳、化渣等炼钢工艺效果，给冶炼工艺带来一系列负面影响。

氧枪黏枪不可避免，因此有的钢厂设置了专门处理黏枪的工人。每炉吹炼完毕，氧枪一提出炉外，就把黏在氧枪上的钢渣清理掉，然后在氧枪枪身上，涂上一层特制的避免黏枪的涂料。这种方法很麻烦，不是处理黏枪的好方法。

处理黏枪采用较多的方法是安置刮渣器。首钢第二钢厂从比利时引进的 210t 转炉氧枪，带来的刮渣器，是我国氧枪上应用最早的刮渣器。该刮渣器形如抱闸，带利刃的两个半圆形的刮刀将氧枪枪身紧紧抱住，提枪时，刮刀将黏在枪身上的钢渣刮掉。

随着转炉溅渣护炉技术的推广和氧枪黏枪现象的发生，国内一些钢厂和设计单位也推出了刮渣器。刮渣器按其结构，可分为固定式转炉刮渣器和活动式转炉刮渣器。固定式氧枪刮渣器容易将氧枪卡住，未被推广应用。活动式氧枪刮渣器应用比较灵活，在一些钢厂被推广应用。武钢第二炼钢厂开发的氧枪刮渣器，结构合理，刮渣效果较好，检修维护简便，已被多家钢厂采用。

通过对一些钢厂的调查走访后发现：采用氧枪刮渣器后，如果黏枪不严重、黏的是炉渣，刮渣器是行之有效的；如果枪体表面黏上了钢，或者黏成了一个大坨，刮渣器就刮不掉了，仍然需要进行火焰切割处理。刮渣器的另一个缺点是容易造成氧枪枪身变形。氧枪上黏的钢渣温度很高，氧枪里面虽然有强制水冷，但氧枪外层钢管表面温度还是在600℃以上，有些变软，而刮渣器的力量又很大，因此极易造成枪身变形。

避免黏枪的最好方法就是采用本书要论述的锥体氧枪。锥体氧枪的结构如图1-16所示，靠近喷头的下部枪身呈锥形，上粗下细，钢渣黏不住，喷溅在枪身上的钢渣，顺着锥形枪身，自行滑入炉中，操作工人俗称“脱裤子”。通常情况下，提枪后，枪身上溜光。

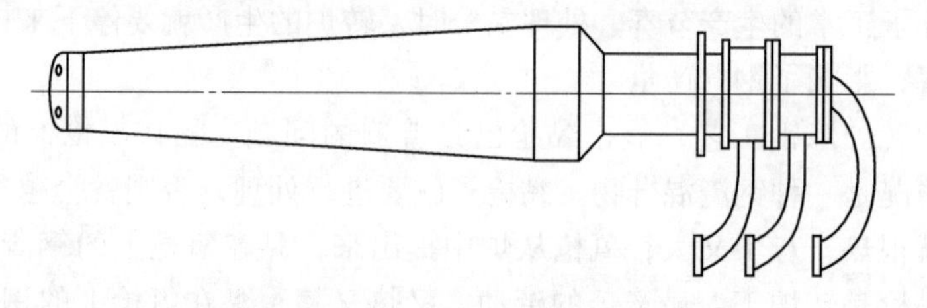

图1-16 转炉锥体氧枪

生产实践证明，采用锥体氧枪后，避免了由于黏枪而造成的生产延误和给工人造成的繁重体力劳动，也避免了由于担心黏枪进行吊吹，而给生产造成的不利影响。

1.2.8.2 转炉锥体氧枪的诞生及发展历史

锥体氧枪在我国的第一次应用是在20世纪90年代初。作者为当时的鞍钢第三炼钢厂150t转炉设计制作了两支锥体氧枪。氧枪外径219mm，锥体管长度7m，锥体管最大外径299mm，锥度23′。这两支锥体氧枪使用了很长一段时间，应用效果比较理想。使用期间，工人没有撬枪割枪，使用安全可靠。

1994年末，作者为本钢第二炼钢厂120t转炉设计制作了复合锥度分体式氧枪。应用原直形氧枪，喷溅黏渣严重，黏渣部位最长达8m。氮风口内径为450mm。综合两种因素，锥体长度设计为7.6m，锥度为18′，锥体最大直径为299mm。锥体部分的中层管也采用了相同的锥度，中层管最大外径260mm，内管直径133mm。

复合锥度分体式氧枪应用效果十分理想。1995 年 12 月，辽宁省冶金厅召开了鉴定会，鉴定结论："应用锥度分体式氧枪，杜绝了撬枪、割枪现象，氧枪黏渣易自动脱落，减轻了操作工人怕黏枪的心理负担，使操作稳定，减少了喷溅和黏烟罩现象，经济效益十分显著，深受炼钢工人的欢迎。"

1997 年，作者为包钢第一炼钢厂 80t 转炉，设计制作了锥体氧枪。氧枪三层钢管分别为 ϕ203mm×9mm、ϕ168mm×5mm、ϕ133mm×5mm。锥体管最大外径 273mm，锥度 20′，中层管最大外径 236mm，锥体管长 6m。锥体氧枪上炉之后得到了工人的一致好评。它免除了工人处理黏枪的辛劳，工人也不会因为黏枪而交不了班。因此，钢厂很快把全部氧枪改成了锥体氧枪。由于吹炼时钢渣的喷溅高度多数只有 4m 多，因此在后来提供的锥体管备件，锥体管的长度改为 5m，锥度增大为 24′。

2003 年，作者为包钢薄板厂（第二炼钢厂）210t 转炉设计制作了锥体氧枪。氧枪的三层钢管为 ϕ273mm×10mm、ϕ219mm×5mm、ϕ168mm×6mm。锥体管最大外径 ϕ377mm×10mm，锥体管长 7m，锥度为 25′，中层管最大外径 325mm。锥体氧枪上炉之后，取得了与第一炼钢厂同样良好的效果。

鞍钢第二炼钢厂在采用溅渣护炉技术后，由于造渣工艺的改变，氧枪黏枪十分严重。炉炉黏枪，黏枪高度通常为 3～4m，有时 5～6m，严重时黏 7～8m。炉炉需要割枪、撬枪，将黏在氧枪的钢渣处理掉。黏枪如果不进行处理，继续吹炼，将越黏越粗，以至提不出炉外，被迫将氧枪割掉。

为了解决黏枪问题，作者为鞍钢二炼钢设计制作了锥体氧枪。150t 转炉（实际装入量 200t）氧枪的三层钢管为 ϕ245mm×10mm、ϕ203mm×7mm、ϕ159mm×6mm，设计的锥度管长 6m，锥体管最大外径 377mm，锥度 38′，中层锥体管最大外径 325mm。180t 转炉（实际装入量 200t）氧枪的三层管为 ϕ299mm×12mm、ϕ245mm×8mm、ϕ194mm×6mm，设计的锥体管长 6m，锥体管最大外径 426mm，锥度 36′，中层锥体管最大外径 368mm。两种锥体氧枪的锥度都比较大。

生产实践证明，采用锥体氧枪后，锥体的下部还会黏上一薄层的钢渣，但不用处理，可以继续吹炼，当黏的钢渣较粗或较高时，就会全部脱落，枪身溜光。采用锥体氧枪，解决了氧枪的黏枪问题。

2005 年 6 月 10 日至 17 日，在鞍钢 3 号 180t 转炉上进行了锥体氧枪试验，一共冶炼 180 炉。

冶炼第一炉，黏枪高度 1.8m，厚约 20mm，未处理黏枪，继续吹炼第二炉。以后每炉吹炼黏枪高度没有多大变化，厚度稍有增加，至第六炉时，氧枪上所黏的钢渣全部脱落。第七炉时，氧枪上又开始黏渣，黏渣的情况与头几炉相似。黏枪多时或黏枪高度达到 5～6m 时，下一炉再吹炼，钢渣又全部脱落。试验形成了这样一个从黏枪到全部自行脱落的规律。

从试验开始到结束，没有动用氧气处理黏枪，彻底解决了氧枪黏枪的问题，给生产的稳定顺行带来了益处，减轻了工人的劳动强度，消除了由于处理黏枪而造成的人身伤害事故，同时氧枪黏的钢渣都掉入炉内，减少了冶炼过程的钢铁料损失。

承德铁水中含有钒钛等贵重金属，在炼钢之前，先在专用的提钒炉内，进行提取钒钛的冶炼。提钒之后的铁水称为“半钢”，兑入转炉内进行炼钢。

半钢中的Si、Mn等元素在提钒过程中已经氧化掉，C也被氧化掉一部分，内能不足，温度又低，因此，在冶炼过程中，化渣困难，导致黏枪十分严重。采用溅渣护炉技术后，氧枪黏枪已不可避免，几乎每炉都要处理黏枪。建厂二十多年来，清理氧枪黏枪一直是转炉上最热、最累、最危险的体力劳动。黏枪严重时，处理黏枪还会影响生产。

作者根据承钢100t转炉ϕ245mm氧枪的黏枪高度、各个部位的黏枪厚度、氧枪口的内径等参数进行了大锥度锥体氧枪的设计。锥形管全长6000mm，最大外径426mm、锥度52′，ϕ426mm的粗直管长1000mm，变径管长350mm。为了保证锥体氧枪的冷却效果，与外层锥形管相对应的中层管也设计成锥形。

锥形管采用无缝钢管锻压组装成型，制造质量要求较高。锥形氧枪上的喷头是带有锥度的五孔锻造喷头。

大锥度锥体氧枪试验在5号100t转炉上进行，采用半钢冶炼，留渣操作。从2008年9月11日至23日，由于喷头侧壁蚀损下线，一共冶炼了441炉。

每炉吹炼完毕提枪时，锥体部分有4m多长黏满钢渣，厚度约30mm。在放渣、取样、测温的过程中，氧枪提出炉外，枪身上的钢渣迅速冷却而发生龟裂。在“点吹”或溅渣的过程中，发生龟裂的钢渣层受热膨胀，与锥形管脱离，由于锥形管锥度较大，而掉入炉中，再次提枪时，枪身上溜光。多数炉次看不到钢渣壳的脱落过程，在炉里就掉了，个别炉次看到氧枪在提出炉口时，钢渣壳从枪身上滑落，坠入炉中。在试验的441炉中，基本上是一炉一光，极少炉次是两炉一光。

从试验开始到结束，没有动用氧气处理黏枪，彻底解决了氧枪黏枪问题，给生产的稳定顺利带来了益处，使工人摆脱了清理氧枪之苦，特别受到工人的欢迎。同时氧枪上黏的钢渣掉入炉内，减少了冶炼过程的钢铁损失。

试验的锻造喷头寿命较长，下线时氧孔周围熔蚀并不严重，基本完好，预示喷头的实际寿命会更长。

五孔锻造喷头的设计参数合理，化渣效果好，升温快，冶炼时间短。总体试验效果堪称完美。

承钢大锥度锥体氧枪在生产中全面推广应用之后，又在通钢、鞍钢、本钢、沙钢等厂，继续进行试验及生产应用，都取得了理想的效果。

生产实践证明，采用大锥度（变锥度）锥体氧枪，有效地解决了转炉氧枪黏枪问题。

1.2.8.3 锥形管的生产工艺与制造技术

A 锥形管的生产工艺

（1）采用厚壁钢管进行车削加工。早期的锥形管都是采用这种工艺生产的。首先将不同直径、壁厚30mm以上的直形无缝钢管，按内、外表面设计的锥度，在车床上车削加工成锥形管。然后两头再车削焊接坡口。最后根据需要的锥形管长度，将多根不同口径的锥形管焊接成一根锥形管。

这种加工工艺的优点是，生产工艺简单易行，只要有合适的车床，就能生产。其缺点是车削工作量大，加工速度慢；钢管2/3以上的重量都被车削掉了，浪费严重，生产成本较高；由于受钢管壁厚的限制，锥度不可能加工得太大，锥体氧枪的脱落效果受到了限制。

这种加工工艺已很少采用。

（2）热推法。将粗的无缝钢管，两头固定在旋转工作台上（比如用长车床改制而成)，用火焰或高频电加热的方式，从一头开始，边旋转边加热，同时用“顶头”顶住被烧红了的无缝钢管，“顶头”以一定的锥度前行，逐渐将直管加工成锥管。

这种加工工艺的优点是设备简单、省料、成本较低，但加工速度较慢。

（3）扩管机扩管工艺。扩管机是整套的成型设备，包括推管机、高频加热器和模具三部分。在河北省沧州地区有多家整套设备的生产厂家。扩管机原本是用来生产大口径无缝钢管的，它可以把无缝管扩径成所需口径的无缝钢管，以补充大口径无缝钢管型号的不足。

将模具由直形改为锥形，即可生产锥形管。生产一根长的锥形管需要用多块锥形模具推扩而成。首先将无缝管用高频加热器迅速回热，然后将锥形模具按由小号到大号的顺序用推管机推入管内扩管，将直形无缝管扩管成锥形管。

采用扩管机扩管工艺生产锥形管的厂家较多。

（4）大吨位油压机缩管工艺。采用大吨位油压机缩管工艺生产锥形管，管的密度高，外表面光滑，管子圆、平、直、尺寸精度四项指标都较好，而且能够生产出锥度大、变锥度高性能的锥形管。

但是，大吨位油压机属于大型设备，投资较高，所需模具体积大、数量多，生产费用也较高。

应采用大吨位油压机缩管工艺，生产大锥度、变锥度锥形管。

B 锥形管表面处理技术

锥形管的表面加工质量十分重要，要求锥形管圆、平、直，尺寸公差为±1mm/m，表面粗糙度要达到6.3以上。

锥形管由钢质的无缝钢管制成，与转炉中的钢水容易黏结或焊接在一起。为了避免钢质的锥形管表面黏钢，应对锥形管的表面进行技术处理。

将锥形管的表面抛光，然后对锥形管的外表面采用电镀、等离子喷涂、高温烧结等工艺，将铜、铝、镁、锰、锆、锌、镍等一种或多种有色金属及其氧化物，或将硅、硼、碳等非金属，固定在锥形管的表面，并渗透至表层 0.1 ~5mm 深，将钢质的锥形管与钢水隔开，从而避免锥形管表面黏钢。

1.2.8.4　大锥度变锥度锥体氧枪的设计

锥体氧枪的设计，是根据氧枪的黏枪高度来确定锥形部分的长度的。锥形管（见图 1-17）的长度通常要大于黏枪的高度。比如大型转炉钢渣的喷溅高度通常为 6m 左右，锥体部分的长度可设计为 7m；中型转炉的钢渣喷溅高度通常为 5m 左右，锥体部分的长度可以设计成 6m；小型转炉钢渣的喷溅高度通常为 3m 左右，锥体部分的长度可以设计成 4m。总之锥体部分的长度是根据各厂的实际情况来定的。锥形管的最大外径取决于氮风口的内径尺寸及锥体管的加工能力。

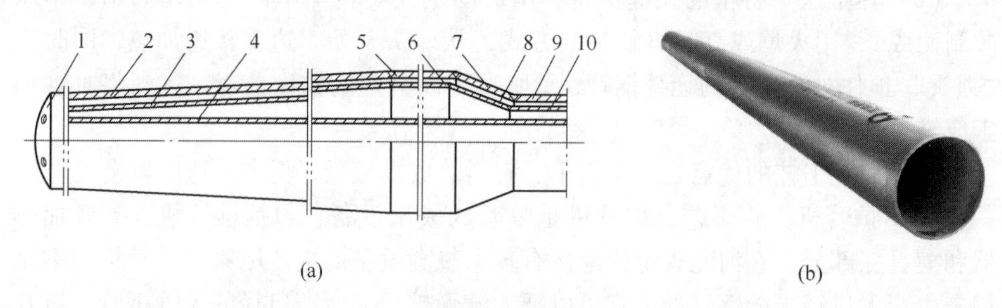

图 1-17　锥形管

1—喷头；2—外层锥形管；3—中层锥形管；4—氧枪内管；5—粗外管；6—粗中管；7—外层变径管；8—中层变径管；9—氧枪外管；10—氧枪中管

锥形管的大头通过变径管与枪身相连接。为了避免个别情况下，钢渣喷溅过高而达到变径管部位，造成钢渣不能脱落，在锥体管的大头与变径管之间，又设计了 1m 左右长的粗直管，这样就使钢渣的脱落更加顺利。

为了保证锥体氧枪的水冷强度，锥体部分的中层管也设计成锥形的。这样，虽然进水通道的断面积变大了，水的流速变慢，但回水通道的缝隙仍与原直形枪相同，回水的流速没有多大变化。进水变慢，水流的阻力减小，在水泵能力有富余的情况下，冷却水流量会增加，水冷强度得到了保证。中层锥体管的最大外径取决于外层锥体管的锥度和氧枪枪体的水冷需要。与外层锥体管相对应，中层锥体管也设计了一段粗直管。

外层锥形管和粗直管通过变径管与氧枪外管相连接。中层锥形管和粗直管通过变径管与氧枪中层管相连接。

外层锥形管的平均锥度为47′~1°6′，最大锥度为1°48′，足以保证钢渣的顺利脱落。锥体氧枪的最大锥度要根据转炉氧枪口径来设计。

1.2.8.5 大锥度变锥度锥体氧枪的产品系列

大锥度变锥度锥体氧枪产品系列见表1-1。

表1-1 大锥度变锥度锥体氧枪的产品系列

序号	氧枪型号	外层锥形管			中层锥形管			适用的转炉公称容量/t	也适用于
		小头外径/mm	大头外径/mm	长度范围/m	小头外径/mm	大头外径/mm	长度范围/m		
1	402 氧枪	402	630，660	6.6~7.5	351	560，600	6.3~7.2	250~350	406.4 氧枪
2	351 氧枪	351	560，600	6.2~7.2	299	480，500	5.9~6.9	200~249	355.6 氧枪
3	325 氧枪	325	530，560	6.0~6.8	273	457，480	5.7~6.5	200~220	
4	299 氧枪	299	480，500	5.3~5.8	245	426，457	5.0~5.7	150~199	
5	273 氧枪	273	457，480	5.3~6.0	219	402，426	5.0~5.9	120~149	
6	245 氧枪	245	426，457	5.3~6.2	203	377，402	4.9~5.6	100~119	
7	219 氧枪	219	402，426	5.3~6.0	180	325，351	4.8~5.5	80~99	
8	203 氧枪	203	377，402	5.1~5.8	168	299，325	3.8~4.5	60~79	200 氧枪
9	194 氧枪	194	351，377	4.1~4.8	159	273，299	3.5~4.1	60~79	
10	180 氧枪	180	325，351	3.8~4.4	152	273，299	3.1~3.8	50~60	
11	168 氧枪	168	299，325	3.4~4.1	133	245，273	2.5~3.8	30~50	
12	159 氧枪	159	273，299	2.9~3.6	133	245，273	2.5~3.3	30~50	152 氧枪
13	140 氧枪	140	245，273	2.7~3.5	108	219，245	2.4~3.2	15~20	
14	133 氧枪	133	219，245	2.9~3.6	102	203，219	2.6~3.3	10~15	
15	127 氧枪	127	219，245	2.4~3.1	95	180，194	2.1~2.8	6~10	121 氧枪
16	114 氧枪	114	219，245	2.7~3.4	89	180，194	2.4~3.1	5~10	
17	102 氧枪	102	203，219	2.6~3.0	76	168，180	2.3~2.7	3~10	108 氧枪

1.2.8.6 锥体氧枪操作工艺

锥体氧枪的操作工艺有以下两种：

（1）炼钢氧枪和溅渣氧枪分开。采用这种操作工艺，当炼钢氧枪吹炼完毕，提出炉外时，锥形管上通常黏了一薄层钢渣混合物，厚度约为30mm，长度约为1.5m，有时稍厚，有时稍长，但不会黏得太粗，几乎炉炉如此，不用清理氧枪。锥形管上所黏的钢渣偶尔也有全部脱落的时候。当溅渣氧枪溅渣完毕，提出炉外时，锥形管上黏上厚厚的一层钢渣，厚度约为100mm。因为黏的全部是炉渣，所以可以趁热清理掉，也可以等其冷却后开裂自行脱落。

（2）锥体氧枪既炼钢又溅渣。当吹炼完毕，氧枪提出炉外时，锥形管上黏了厚厚的钢渣。厚度约为120mm，高度约2～3m，有时更厚，有时更高，达到4～5m。在转炉放渣、取样、测温的过程中，锥体枪上所黏的钢渣，迅速冷却，收缩，发生龟裂，与锥形管表面产生缝隙。当锥体枪再次进入炉内，进行点吹或溅渣时，发生龟裂的钢渣受热膨胀，脱离锥体枪而掉入炉内。

如果外层锥形管上未采用表面处理技术进行处理，则锥形管上不能焊铁，否则所黏钢渣不能脱落。如果开吹时炉内无渣，下枪时要高枪位吹炼1min，以便初期渣尽快形成，避免枪身上焊铁。

1.2.8.7 锥体氧枪在使用中存在的问题

（1）转炉锥体氧枪回水温度升高。生产实践证明，大锥度锥体氧枪的使用是安全的，至今未发生过生产事故。但是，生产实践也证明，从直形氧枪改为大锥度锥体氧枪之后，普遍存在氧枪回水温度升高的问题。由于各厂氧枪的水冷条件不同，回水温度升高，有的十几度，有的二十几度。唯有鞍钢氧枪的回水温度没有发生变化，因为鞍钢氧枪的水冷强度非常高，其他各厂不具备这种条件。

回水温度升高，主要有下列原因：

1）与直形氧枪相比，大锥度锥体氧枪的受热面积增大了。小型氧枪增大了42%，大型氧枪增大了28%。

2）锥形管的受热角度增大了。国外试验数据表明，喷头端面的受热强度比枪身钢管大6倍多。锥枪与直枪相比，由于受热角度增大，受热强度也增加了。

3）直形枪吹炼时，枪身上黏满了厚厚的钢渣而不脱落，这层钢渣混合物，使氧枪的受热强度降低；而锥形枪在吹炼时，枪身上黏的钢渣经常脱落，使氧枪的受热强度增加。

4）在受热强度增大的情况下，冷却水流量无法增加，只能任由回水温度升高。钢厂的水冷泵房无法改造，水泵的能力无法提高，主要是冷却水的管道不能停产改造。

回水温度升高了，大锥度锥体氧枪的生产安全却没有问题。这需要了解氧枪的水冷原理。喷头是氧枪最薄弱的环节，其次是距喷头1m左右长的氧枪外管。氧枪的进水，从枪尾一直流到喷头，水是凉的，冷却从喷头开始。冷却喷头之后，水往上折返，从下往上冷却枪身，水温逐渐升高，水从枪尾回水支管流出，经金属软管，流回回水管道，再流回水泵房，氧枪回水温度的测温点在回水管道上。所以，直枪和锥枪在喷头部位和距喷头1m左右长的枪身部位，水冷强度是一样的。所以，从水冷原理上讲，大锥度锥体氧枪的水冷是安全的。锥形管越往上，回水温度越高，但受热强度也逐渐降低。

关于锥体枪偶尔回水温度高的问题，从原理上讲，氧枪在炉内工作状态中枪身有黏满钢渣和没黏钢渣两种状态。普通直枪表面黏渣的几率高，而锥度枪黏渣的几率小。没有黏渣时，枪身的受热强度大，造成回水温度升高。

锥体枪回水温度升高，采取的应对措施有：

1）将氧枪回水温度的报警点，适当往上调，以避免锥体枪在吹炼过程中自动提枪。

2）在条件允许时，改造泵房，增加水量。

（2）锥体氧枪焊铁。转炉氧枪上黏的多数是炉渣或钢渣混合物，采用锥体氧枪，能够解决氧枪黏枪问题。钢渣黏得多了，由于自身的重量，顺着锥形管就脱落了。但是，如果锥体氧枪上黏的不是炉渣或钢渣混合物，而且黏上了铁，则不能自行脱落，此时还需要进行人工清理，影响转炉生产。

避免锥体枪焊铁，要注意氧枪操作。在转炉内初期渣还没有形成时，要高枪位吹炼1～2min，以便炉渣生成。要避免氧气流吹炼铁水，造成喷溅焊枪。

组成锥体氧枪的锥形管是用钢质的无缝钢管制成的，与转炉中的钢水容易黏结或焊接在一起。为避免锥体氧枪由于操作不当而焊铁，采用了“转炉锥体氧枪锥形管表面处理技术”，将钢质的锥形管与钢水隔开，避免了锥形管与钢、炉渣或钢渣混合物黏结或焊接在一起，使黏附在锥形管上的钢、炉渣或钢渣混合物能够自行脱落。

（3）外层锥形管老化。锥体氧枪上的外层锥形管并不能永久使用，具有良好脱落效果的使用周期大约为2000炉。为保证锥体氧枪的脱渣效果，到期应该更换外层锥形管。锥体氧枪上的其他备件，寿命较长。

外层锥形管的老化现象并不均匀，上部老化得慢，下部老化得快，为了降低生产成本，通常外层锥形管的下半段更换1～2次后，再更换整根外层锥形管，这样可延长锥形管的使用寿命。

1.2.8.8 应用大锥度锥体氧枪的技术经济效益

（1）大锥度锥体氧枪所黏钢渣能够自行脱落，彻底解决了氧枪黏枪问题，免除了工人清理氧枪之苦，解放了生产力，特别受到工人的欢迎。每座转炉可以减少工人2～3名。

（2）不用清理氧枪，有效缩短了生产辅助时间，转炉作业率提高了6%～10%，钢的产量也随之提高。

（3）过去黏枪经常用氧气进行切割黏渣，极易将枪身烧穿漏水从而被迫换枪。锥体氧枪解决了黏枪问题，枪龄提高了20%～30%，降低了炼钢成本。

（4）过去清理氧枪时，枪身上所黏的钢渣都掉出炉外。现在锥体枪上的钢渣自行脱落，钢渣都掉入炉内，降低了金属损失。钢铁料消耗降低了0.5～1kg/t。

1.2.9 转炉中心水冷氧枪

1.2.9.1 转炉中心水冷氧枪结构

转炉中心水冷氧枪结构如图1-18所示。这种结构的氧枪曾广泛应用于平炉炼钢。本书第2章将有详细论述。

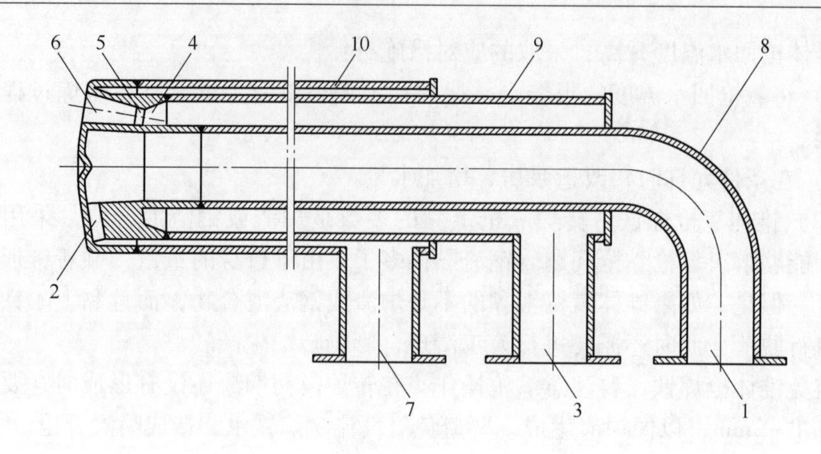

图1-18　转炉中心水冷氧枪结构

1—进水通道；2—水孔；3—氧气通道；4—喷头氧孔加速段；5—喷头氧孔音速段；6—喷头氧孔超音速段；7—回水通道；8—内管；9—中层管；10—外管

从图1-18可以看出，转炉中心水冷氧枪，冷却水从枪体直达喷头底部，经过水孔，充分冷却喷头，经回水通道冷却枪体后返回。

转炉中心水冷氧枪的优点是：

（1）由于水冷好，所以寿命长。氧枪的寿命，在冷却水的流量和操作枪位同等的条件下，可以提高1~3倍。

（2）由于氧枪水冷好，寿命长，所以氧枪可以低枪位操作。由于低枪位吹炼，所以氧气对钢渣的穿透能力强，搅拌能力强，由此造成熔池升温快、降碳快、化渣快、喷溅小、炉渣返干时间短，提高了钢的产量，也提高了炉体寿命。由于低枪位吹炼，转炉大喷和开吹打不着火的现象也不易发生。

应用转炉中心水冷氧枪，可比应用通用转炉氧枪的操作枪位降低300~500mm（因炉子大小和操作习惯而异），预计可以节约氧气1~4m^3/t，降低终点渣中FeO含量1%~3%。对于降低钢铁消耗，降低炼钢成本，效益明显。

即使维持原有的操作枪位，如果应用6孔双角度双流量喷头，冶炼指标基本可达到降低氧气1m^3/t，降低终点渣中FeO含量1%。

（3）可以增加氧孔数目，满足不同炼钢工艺条件下的吹炼效果。我国大型转炉应用的大型氧枪，比如ϕ402mm（ϕ406.4mm）、ϕ351mm（ϕ355.6mm）、ϕ325mm、ϕ299mm四种枪型，可以设计成6孔氧枪。中小型转炉应用的中小型氧枪，比如ϕ273mm、ϕ245mm、ϕ219mm、ϕ194mm（ϕ203mm）、ϕ180mm、ϕ168mm、ϕ159mm、ϕ152mm等多种枪型，由于中心走氧结构上的限制，最多只能设计成5孔或4孔氧枪，而不能设计成6孔氧枪。采用中心水冷氧枪，由于是环缝进氧结构，进氧外移，则可以设计成6孔氧枪，甚至设计成7孔、8孔氧枪，结构上也没有问题。

转炉生产低 P、低 S 的高性能钢等，化渣好是非常重要的工艺条件。氧枪孔数多、吹炼面积大，化渣就好。应用中心水冷氧枪，能够满足不同炼钢工艺条件下的技术要求。

ϕ273mm 氧枪，是我国中型转炉中应用最多的枪型，设计成 5 孔氧枪，氧孔之间的环缝已经很小，冷却水的流量受到限制，氧枪寿命难以提高。采用中心水冷结构，ϕ273mm 氧枪以及其他中小型氧枪，都可以设计成 6 孔双角度双流量性能优良的氧枪喷头（见图 1-19）。

6 孔双角度双流量喷头具有化渣好、升温快、吹炼平稳等优点，对于化渣不好、脱磷不好的厂家，拥有 5 孔喷头难以比拟的优势。因为化渣好了，其氧枪的黏枪程度也会大幅度降低。

（4）由于转炉中心水冷氧枪喷头（见图 1-20）结构上的优点，它可以采用一整块轧制的一级紫铜料，经过锻造—机加工制作而成，避免了采用铸造工艺生产喷头质量差的缺点，也避免了采用锻造—组装工艺制作通用转炉氧枪喷头时，喷头上多道钎焊焊缝开焊容易漏水的缺点。

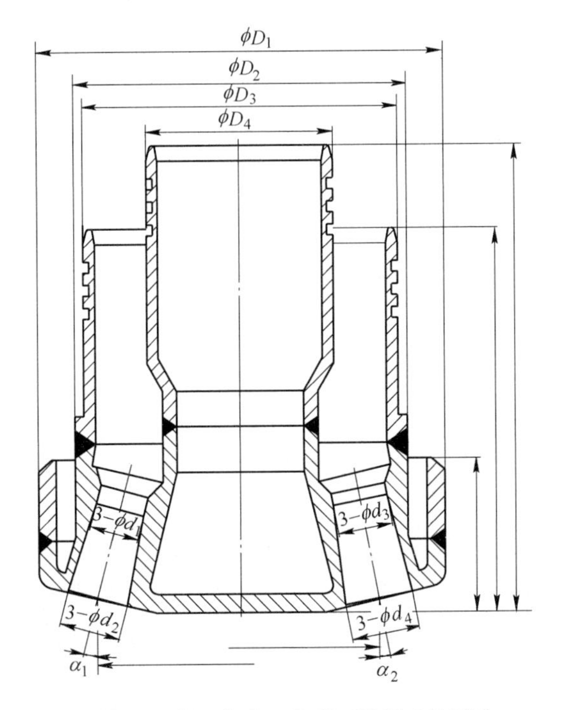

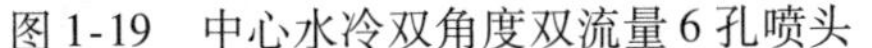
图 1-19 中心水冷双角度双流量 6 孔喷头

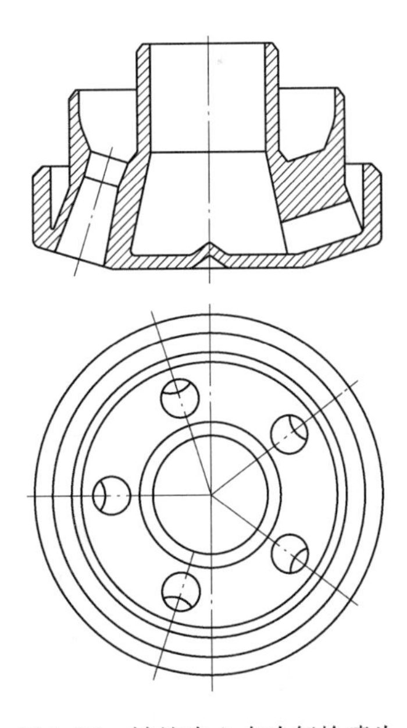

图 1-20 转炉中心水冷氧枪喷头

转炉中心水冷氧枪的制作难点是：

（1）由于氧枪的结构是中心进水、外面回水、中间环缝进氧的结构，氧气通道的两面都是冷却水，所以氧枪枪体和喷头的任何部位都不能漏水。这就增加了氧枪制作方面的难度。喷头的内管要有橡胶圈进行滑动密封，喷头的中层管也要有橡胶圈进行滑动密封。这就要求喷头的两层滑动密封管要有很高的加工精度，三层管之间要有良好的同心度，以保证喷头与枪体之间密封好、滑动伸缩好，而不能有任何渗漏。

（2）由于喷头是环缝进氧结构，所以喷头氧孔的加速段，在设计和制作上有一定的难度，不如通用转炉氧枪喷头结构好布置。所以在喷头的制作上对比传统喷头所需要的成本要高。

1.2.9.2　承钢150t转炉 ϕ299mm氧枪应用中心水冷大锥度锥体氧枪的试验

承钢150t转炉系统一直采用常规通用转炉氧枪炼钢。由于承钢采用半钢炼钢，半钢炼钢转炉化渣较为困难，通常情况下，氧枪黏枪严重，氧枪喷头寿命较低。另外，采用通用转炉氧枪不能同时满足化渣及提高钢水搅拌能力的要求，严重制约了品种钢的开发。

在半钢炼钢条件下，为加速化渣、加强对熔池的搅拌，承钢进行了转炉中心水冷氧枪6孔双角度双流量喷头试验。试验氧枪的枪体采用大锥度锥体氧枪。

试验于2014年1~2月份进行。试验喷头参数见表1-2。试验喷头氧气流量见表1-3。

表1-2　中心水冷6孔喷头参数

氧孔类别	孔　数	氧孔角度/(°)	马赫数（*Ma*）	供氧比例/%
大孔	3	15	2.10	55
小孔	3	12	2.10	45

表1-3　氧气流量表

项　目	设计参数	吹　炼　参　数		
氧压/MPa	0.95	1.00	1.05	1.10
氧量（标态）/$m^3 \cdot h^{-1}$	29000	30530	32050	33580

试验效果如下：

（1）氧枪喷头寿命高。本次共试用两支氧枪，总体使用效果较好，特别是枪龄相对较高，分别达到392炉和677炉。392炉是因漏水下线，677炉是因为寿命太高而不用了。而常规通用转炉氧枪枪龄只有约300炉，说明中心水冷氧枪喷头冷却效果较好。

（2）氧枪不黏枪。中心水冷锥体氧枪未黏枪。特别是677炉的那支氧枪，全程未黏渣、未黏钢，未清理氧枪，有效减少岗位工人烧枪的劳动强度，深受现场工人的欢迎。

（3）冶金效果好。中心水冷6孔试验氧枪喷头综合冶金效果比较好，见表1-4。

表 1-4　试验喷头和普通喷头冶金指标

钢种	喷头类别	氧耗 /$m^3 \cdot t^{-1}$	出钢温度 /℃	碳氧积 /%	终点磷 /%	终渣 (TFe)/%
Q235B	中心水冷 6 孔试验喷头	38.16	1638.63	0.00255	0.017	16.73
	5 孔普通喷头	39.03	1638.5	0.00254	0.021	18.09
	比较	-0.87	+0.13	+0.00001	-0.004	-1.36

试验喷头与普通喷头相比，在基本相同的化渣枪位时，化渣时间基本相当，通常为6～7min，有时缩短近1min左右。氧耗降低0.87m^3/t，出钢温度相近，碳氧积略有提高，转炉终点钢水磷含量降低0.004%，有效解决了半钢生产化渣困难问题，终渣 TFe 含量降低1.36%。

试验喷头孔数多，增加吹炼火点反应面积，即增大了冲击面积；马赫数大，增加了冲击深度，加强了熔池的搅拌强度；采用双角度设计，减少氧气流股的重叠，吹炼过程的喷溅现象有所减少；氧耗降低和终渣 TFe 含量降低，可降低炼钢成本；脱磷效果好，有利于生产低磷钢。

（4）喷头安全性能好。因为中心水冷喷头是用一整块紫铜料经锻造和车削加工而成，整个喷头无焊缝，所以喷头没有渗水、漏水问题，喷头安全性好，寿命高。

作者还对 ϕ273mm、ϕ180mm 等氧枪做过中心水冷转炉氧枪 6 孔双流量喷头的设计和试验，都取得了较好的冶金效果。

1.3　转炉氧枪喷头

转炉氧枪喷头的种类很多，在我国应用于生产的就有很多种。由于我国转炉的型号多，因此我国转炉氧枪喷头的种类在世界上是最多的。

1.3.1　单孔氧枪喷头

我国建厂较早的转炉炼钢厂，如首钢、上钢一厂、鞍钢三炼钢等厂，投产时应用的都是单孔氧枪喷头。从1964年到1970年，单孔氧枪喷头在我国的几家钢厂应用了很长时间。欧、美国家氧气顶吹转炉创建初期，应用的也都是单孔氧枪喷头。

单孔氧枪喷头的喷孔孔形，采用的都是拉瓦尔喷管，如图1-21所示。拉瓦尔喷管由收缩段、喷管喉道和扩张段三部分组成。

（1）收缩段。收缩段的作用在于将氧气流从低马赫数（如 $Ma=0.2$）加速到 $Ma=1$ 左右。从图1-21可以看出，收缩段的初始部分气流速度比较低。因此，从氧枪内管到收缩段的过渡，并不特别关键，收缩段的尺寸要求并不严格。从理论上讲，从氧枪内管到圆锥形状收缩段，应当渐渐过渡（即无棱角），但受加工条件的限制，通常在喷头设计时，不做严格要求。但圆锥段与喉道之间的连接必须圆滑。

（2）喷管喉道。在给定的氧气设计压力条件下，喉道的截面积决定了喷头供氧量，因此，喷管喉道的尺寸十分重要，要求具有较高的加工精度。从理论上讲，如果喉道上游和下游的截面积变化足够徐缓，喉口长度应该等于零，相当于一道线。但在实际生产中，具有零长度喉道的喷头难以制作。必须给喉道一定的长度，使收缩段和扩张段的机械加工要求不必过严。喉道的长度最好不超过一个喉道直径，因为附面层的厚度会随喉道长度的增加而增加，这样就减少了喉道的有效截面积，使设计供氧量减少。

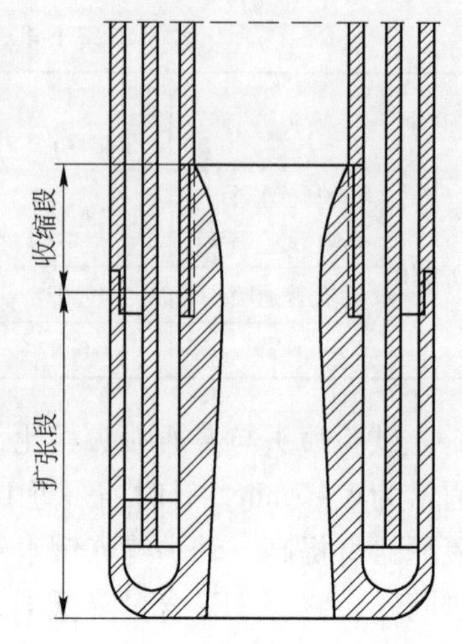

图 1-21 单孔拉瓦尔喷头

（3）扩张段。氧气在扩张段内体积膨胀，形成超音速流。因此，喷管的扩张段决定喷头的氧气喷出速度和对熔池的穿透能力。

从理论上讲，设计一个具有均匀流速的超音速喷管，其扩张段的尺寸需要大量的计算和分析，加工难度也很大。在实际生产中，简单的圆锥形扩张段也能获得相当均匀的超音速流，这就使计算和机械加工变得比较容易。在合理的限度内，扩张段的半顶角，一般没有严格的规定。角度太大，在喷管出口处容易产生严重的激波，气流的扩段太快。角度太小，则超音速的通道很长，产生过厚的附面层和压力损失。半顶角的使用范围为 2.5°~10°，5°左右应用较多，主要根据喷头的结构做出选择。从喉道到扩张圆锥段的过渡，应尽量光滑和缓慢。

单孔氧枪气流集中，动能大，穿透深，形成“硬吹”，熔池凹陷较深，但搅拌直径较小，化渣能力较差，炉渣容易“返干”，容易造成由于局部温度和反应物质浓度的变化而引起爆炸性喷溅。因此，单孔氧枪喷头在容积较大的转炉已不应用，只有 6t 以下的小转炉或试验炉上还有应用。

单孔氧枪是多孔氧枪的基础，所以氧枪的研究，要从单孔氧枪开始。

1.3.2 多孔氧枪喷头

1.3.2.1 单三式 3 孔喷头

单三式 3 孔喷头如图 1-22 所示，是具有 1 个喉口和 3 个喷出口的喷头，是首钢炼钢厂最先采用的。

首钢炼钢厂的30t氧气顶吹转炉，是我国投产最早的工业化生产的氧气顶吹转炉。投产之初，采用的是喉口直径为ϕ35.6mm的单孔拉瓦尔氧枪。但由于单孔氧枪固有的一些缺点，它逐渐被3孔氧枪所取代。

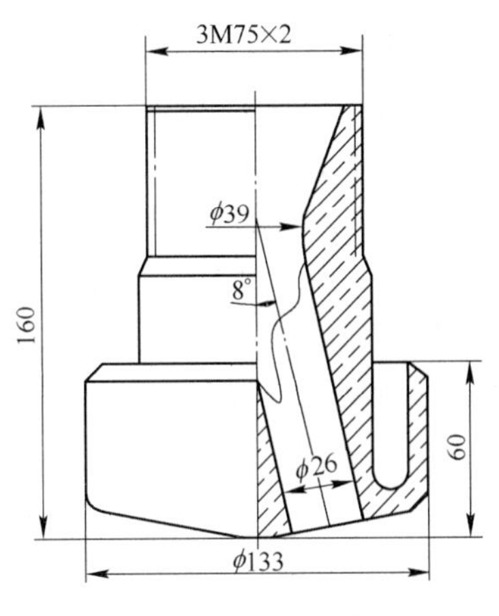

图1-22 ϕ39mm-3×ϕ26mm单三式3孔喷头

当时由于受技术水平和加工能力的限制，单三式喷头便应运而生。图1-22所示为ϕ39mm-3×ϕ26mm单三式喷头，即喉口为ϕ39mm，3个直孔为ϕ26mm，各孔与中心线成8°交角，与喷孔底部垂直。喉口断面积为1194.6mm^2，每个直孔的断面积为530.9mm^2，3个孔的总面积为1592.8mm^2，三孔总面积与收缩喉口的断面积比为1.333。氧气从氧枪中心氧管至喉口被压缩成音速，在3个直孔中膨胀成超音速氧流。氧气流量的大小受ϕ39mm喉口控制。

与单孔喷头相比，单三式3孔喷头取得了比较好的吹炼效果。为进一步改善3孔氧枪的吹炼性能，首钢还试验过ϕ43－3×29mm单三式3孔喷头和每个氧孔为拉瓦尔形的3×ϕ26/ϕ33mm的三喉式3孔喷头，即喉口直径为ϕ26mm、出口直径为ϕ33mm、氧孔张角为8°的喷头。

1.3.2.2 普通3孔喷头

单三式喷头在我国几家小转炉钢厂风行了一段时间，后来由于氧枪技术水平的提高，逐渐被三喉式3孔喷头所取代。

三喉式3孔喷头如图1-23所示，每个氧孔有独立的收缩段、喉口和扩张段，因为没有特殊的性能，故称为普通3孔喷头。普通3孔喷头是氧枪喷头中最具代

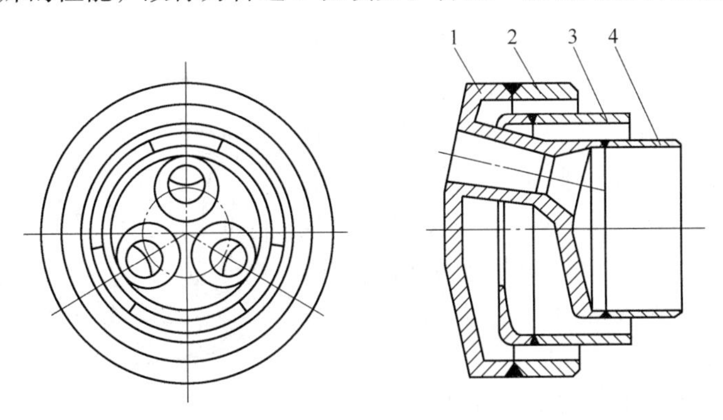

图1-23 普通3孔喷头

1—喷头；2—外管；3—中管；4—内管

表性的喷头，是转炉氧枪技术从单孔喷头向多孔喷头发展的里程碑式的进步。

普通3孔喷头比单三式喷头性能优越，吹炼效果好，但加工制作比较复杂，因为要考虑孔间部位的水冷。

1.3.2.3　旋流多孔喷头

随着3孔喷头的广泛应用，炼钢工作者期望有性能更加优越的多功能的氧枪技术出现。旋流3孔喷头（见图1-24）和旋流4孔喷头（见图1-25）就是性能独特的新型氧枪喷头。

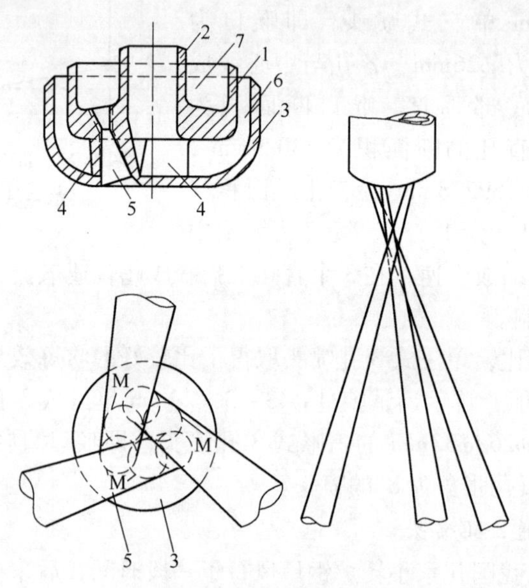

图1-24　旋流3孔喷头

1—氧管；2—进水管；3—外管；4—氧柱；5—氧孔；
6—回水通道；7—进氧通道；M—氧气流股

旋流多孔喷头的多股氧气流股，从喷头喷出后，呈现旋转状态，而且覆盖了喷头的下端面，因此具有化渣快、搅拌能力强、喷头寿命长等优点，在一些钢厂应用了较长时间。但是由于它的性能不是十分突出，而且喷头的制作难度较大，以及性能更加优越的其他种类的氧枪喷头的出现，旋流多孔氧枪喷头没有得到进一步的推广。

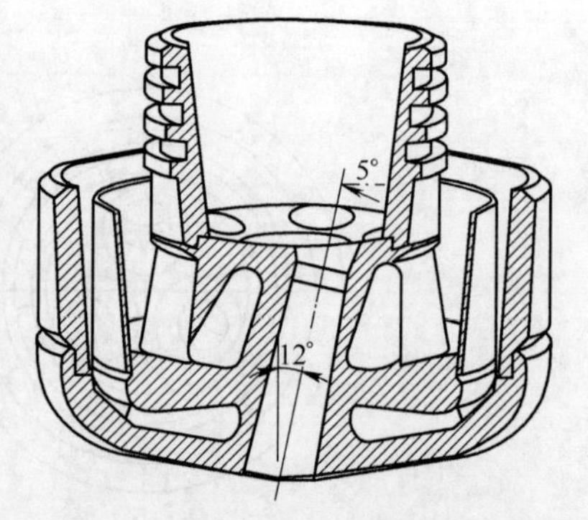

图1-25　旋流4孔喷头

1.3.2.4　4孔曲线壁氧枪喷头

我国应用于氧气顶吹转炉炼钢的氧枪喷头，其超音速扩张段均是直线壁结构。直线壁影响氧枪喷管的出口射流品质，使其在喷管出口处产生激波，导致射流的扩散紊乱，也易于产生过厚的附面层，加速超音速流股的衰减，减弱氧气流股对熔池的穿透能力，直接影响吹炼效果。

1983 年，作者所在的鞍山热能研究院与本钢第二炼钢厂协作，共同研制铸造中心水冷 4 孔曲线壁氧枪喷头，即标准拉瓦尔管喷头，如图1-26 所示。11 月开始试验，并相继投入生产应用。经过两年多的生产实践证明，应用铸造中心水冷 4 孔曲线壁喷头，吹炼平稳，缩短了纯供氧时间及过程返干期，加速了初期成渣速度，降低了氧气和萤石的单位消耗，提高了石灰的熔化率，同时也大大减少了枪身的黏钢现象，减轻了工人的劳动强度，深受操作工人欢迎。

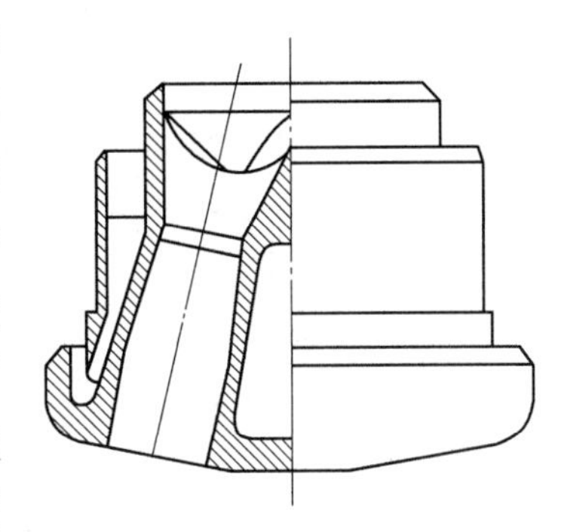

图 1-26　喷头扩张段采用曲线壁（标准拉瓦尔喷头）结构的喷头

但曲线壁喷头的标准拉瓦尔喷管的曲线尺寸要求比较严格，加工难度较大，这限制了它的推广应用。

1.3.2.5　没有收缩段的氧枪喷头

多孔氧枪喷头的每个氧孔通常都由收缩段、喉口和扩张段三部分组成。其中，喉口和扩张段是必不可少的，而收缩段则没有那么重要。在喷头生产过程中，收缩段的加工比较费事，虽然加工尺寸不是很严格，但必须有加工胎具，加工速度也比较慢。

上海宝钢从日本引进的 300t 转炉氧枪喷头，氧孔没有收缩段。作者将这一结构形式应用在鞍钢 180t 转炉氧枪喷头上，如图 1-27 所示，效果也是可以的。其优点是喷头的加工比较方便。

严格来说，这种喷头并不是没有收缩段，只是每个氧孔没有收缩段而已。它是所有的氧孔共用一个半球形的收缩段，这个半球形对于车床加工就比较容易。

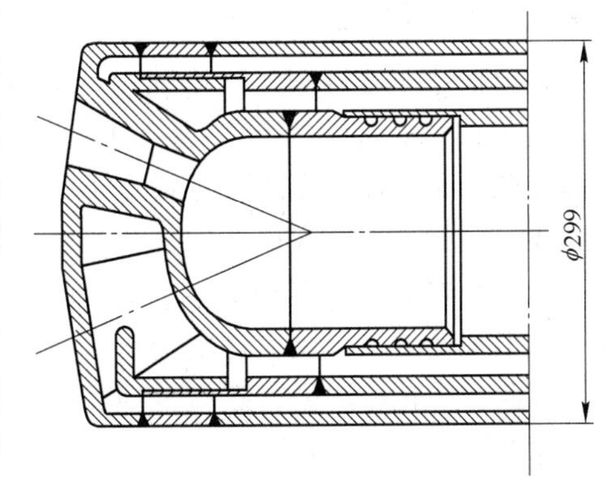

图 1-27　鞍钢 180t 转炉氧枪喷头

1.3.2.6　双角度双流量 6 孔氧枪喷头

这种氧枪喷头（见图 1-28）适用于 200t 以上的大转炉，性能比较优越。6

个氧孔分成两组，其中一组的3个氧孔，张角较小，为10°~14°，氧气流量较大，约占总流量的55%。另一组3个氧孔，张角较大，为16°~20°，氧气流量较小，约占总流量的45%。两组氧孔交错布置。

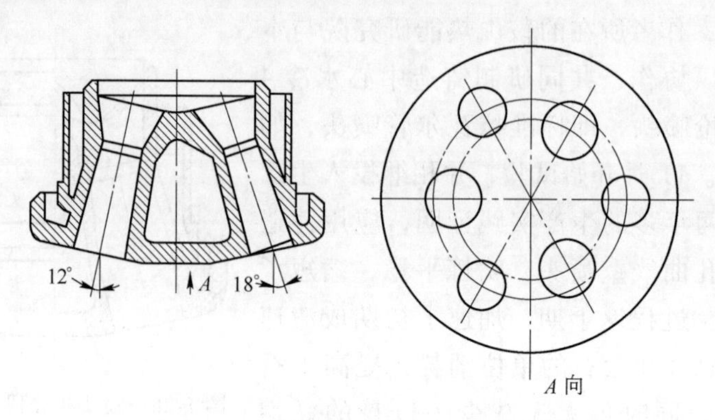

图1-28　双角度双流量6孔氧枪喷头

流量大、张角小的一组氧气流股组成一个反应区，主要的作用是升温降碳。流量小、张角大的一组氧气流股组成另一个反应区，除升温降碳外，还有减少第一组氧气流股吹炼过程中引起的喷溅，以及一定的CO二次燃烧作用。两组反应区的吹炼面积很大，化渣效果良好。

张角不同、交叉布置的6股氧气流股，在炉内汇合的可能性大大减小，可以成为相对独立的氧气流股，喷吹液面，提高了氧气流股的吹炼性能。

张角不同、交叉布置的6个氧柱，柱间缝隙增大，有利于减少冷却水的阻力损失，增加冷却水流量，加强喷头的水冷，提高喷头的使用寿命。

1.4　转炉二次燃烧氧枪

转炉在吹炼过程中，氧枪喷出的氧气与铁水中的碳发生激烈反应，碳被氧化，生成CO_2和CO。在低温状态下，碳会被完成燃烧，大部分生成CO_2，只有少部分会生成CO。但在高温状态下，碳不能被完全燃烧，因此，大部分生成CO，只有少部分生成CO_2。

在转炉炉内，氧气与铁水中的C、Si、Mn、P、S及Fe等元素发生剧烈燃烧，放出大量的热，反应区的温度高达2500℃以上，炉气的温度也在2000℃以上。因此，在转炉炉内，碳氧反应，CO的生成比例约为75%，CO_2的生成比例约为25%。

在20世纪80~90年代，我国大部分中、小转炉都没有炉气回收装置，转炉煤气被排入大气。转炉煤气中含有的大量CO也被浪费掉，实在可惜。

转炉二次燃烧技术出现在1978年，首先由卢森堡阿尔贝德公司开发成功，并申请了专利。由于经济效益显著，这一技术分别被美国、日本、意大利、瑞典等国家所购买。

转炉二次燃烧氧枪可以分为两大类，即双流道氧枪（也称双氧道氧枪）和分流氧枪。双流道氧枪又分为双流道双层氧枪和普通双流道氧枪两种。分流氧枪又分为分流双层氧枪和普通分流氧枪两种。

1.4.1 普通分流氧枪

普通分流氧枪也就是单氧道的二次燃烧氧枪，简称分流氧枪。分流氧枪的枪体仍为三层钢管结构，只有一个氧气通道，中心走氧，环缝进水，外围回水，与原有的转炉氧枪相同。所以，采用分流氧枪，就是把普通氧枪喷头更换为分流氧枪喷头。

分流喷头具有主流氧气喷孔和副流氧气喷孔两种氧气喷孔。氧气被分流，分别从主流喷孔和副流喷孔喷入熔池。主流喷孔喷出的氧气流股，与原氧枪作用相同，进行升温降碳，搅拌熔池，加速化渣。副流喷孔孔数较多，通常为主流喷孔的一倍。即主流喷孔为 3 孔，副流喷孔为 6 孔；主流喷孔为 4 孔，副流喷孔为 8 孔。副流喷孔的张角较大，所以副流喷孔的作用就是喷出较为分散的氧气流，参与 CO 的二次燃烧。

$$CO + \frac{1}{2}O_2 = CO_2 + Q$$

Q 为 CO 燃烧产生的化学热。这种热量产生于转炉泡沫渣的钢、渣乳浊液之中，吸收非常好，热效率非常高。

分流氧枪的结构特点是：

（1）原有枪体不需要改进，把喷头更换成双流喷头即可。

（2）氧枪滑道及配重系统不需要改造。

（3）不需要增加氧气管道、阀门及仪表。

因而此氧枪投资少，见效快。

分流氧枪的缺点是：副氧流量不能进行单独控制；CO 二次燃烧比低。

分流氧枪适用于对老厂进行技术改进。分流氧枪于 1984 年开始研究，1985 年 8 月 1 日在鞍钢 150t 转炉上进行工业性试验。首钢、攀钢、南京钢厂、唐山钢厂等钢厂对分流氧枪进行了广泛研究，已达到工业应用水平。

1.4.1.1 鞍钢 150t 转炉分流氧枪

鞍钢 150t 转炉已投产多年，氧气阀门室狭小，没有地方再增设副氧管道，研制分流氧枪具备条件，也是安全可行的。

鞍钢 150t 转炉氧枪的三层钢管为 ϕ219mm × 9mm、ϕ180mm × 4mm、ϕ133mm × 5mm。分流喷头是作者首先为鞍钢设计的，其主副喷孔参数见表 1-5。

表 1-5　分流喷头主副流喷孔参数

喷孔类别	孔数	喉口直径/mm	出口直径/mm	氧压/MPa	氧气流量/$m^3 \cdot min^{-1}$	马赫数	张角/(°)
主流	4	38	46	0.78	320	1.85	14
副流	8	12	12	0.78	50	1	30

分流喷头如图 1-29 所示。主流喷孔布置在喷头前端，为4孔拉瓦尔喷管，中心对称布置，张角14°，有利于扩大熔池反应面积。副流喷孔布置在喷头侧壁，为8孔直筒形音速喷管，中心对称布置，张角30°。副流喷孔的布置位置，使主副流互不干扰，有利于提高喷头的综合性能。副流喷孔采用直筒形，容易加工，理论马赫数为1。氧气出口速度为音速，使副氧流进行软吹，这是提高氧枪的综合性能的措施之一。副流氧孔角度的确定，应考虑CO的燃烧效果和尽量不影响炉衬的寿命，本设计定为30°是较为合理的。副流氧孔数目多，有利于增加副流氧气在炉内的分散度，增加氧气与CO的接触概率，提高燃烧比。但氧孔数越多，则喷头的冷却条件越差，本设计采用8孔亦是合理的。

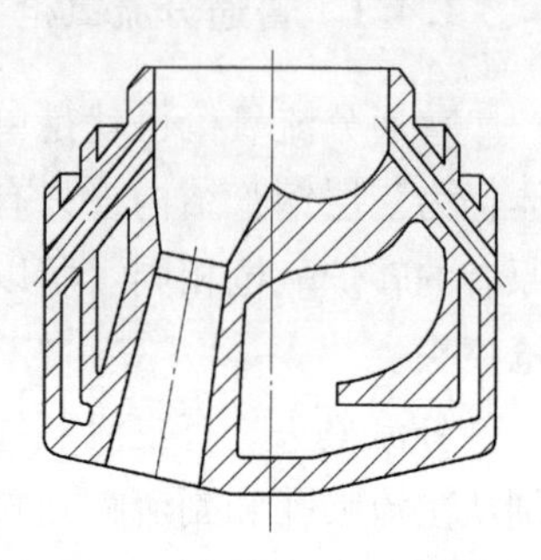

图 1-29　鞍钢 150t 转炉氧枪分流喷头

为了提高喷头的使用寿命，分流喷头采用铸造全水冷结构。氧枪冷却水压为1.27~1.47MPa，冷却水流量为130~160t/h。分流喷头水冷通道的设计可以保证上述水冷参数的实施，因而有利于氧枪寿命的提高。

A　分流氧枪的工艺试验

试验在鞍钢两座150t转炉上进行。

试验采用顶底复合吹炼，顶吹为分流氧枪，底吹采用透气砖，底吹供氮、氩强度为0.03~0.05m^3/(min·t)，供气压力为0.59~0.78MPa。铁水成分见表1-6。废钢比为10%~11%。

表 1-6　铁水成分（w）　　%

C	Si	Mn	P	S
4.44~4.06	0.30~0.50	<0.1	0.05~0.07	≤0.055

B　吹炼工艺效果

(1) 工艺可行，操作稳定。分流氧枪的班产水平高于原4孔氧枪的生产水平，班产一般可达7炉，高产可达9炉。

(2) 化渣快、成渣早。比原4孔氧枪早见渣2min，5min例炉取样分析的渣碱度可达1.0~1.12，而4孔氧枪渣碱度波动在0.8~0.9。

(3) 去除S、P效果好。从图1-30中可以看出，由于化渣好，硫的分配比高，说明去硫效果好。碱度提高也有利于去磷。应用分流氧枪，比4孔氧枪更适应冶炼中、高碳钢，冶炼45U钢种一次拉碳时的P、S见表1-7。

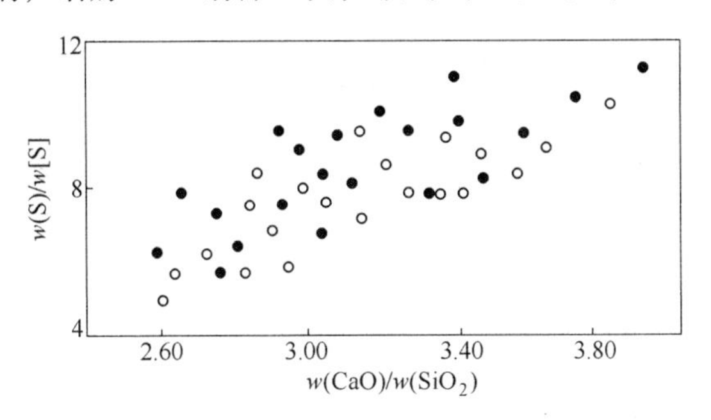

图1-30 分流氧枪和4孔氧枪的硫分配比与炉渣碱度的关系

●—分流氧枪；○—4孔氧枪

表1-7 冶炼45U钢种一次拉碳时的P、S（w） %

枪 型	S	P
4孔氧枪	>0.030	>0.030
分流氧枪	0.013～0.021	0.011～0.028

注：45U的化学成分（w/%）：C 0.41～0.49，Si 0.17～0.37，Mn 0.65～0.85，S<0.030，P<0.030。

(4) 金属喷溅少。与4孔氧枪相比，黏枪黏罩现象明显减少。钢铁料消耗降低2.8kg/t，石灰消耗降低3.8kg/t。

(5) 终点碳温协调，例炉无大翻。据两个炉役统计，出钢碳与炉后碳偏差小（±0.01%～0.02%）。

(6) 终点渣中TFeO含量低。在0.1%～0.2%碳含量时，TFeO含量低0.5%。

(7) 分流氧枪比普通氧枪CO燃烧比提高3.6%，最高达6.5%，CO燃烧热效率高达81.4%。

(8) 由于CO燃烧热量的增加，废钢装入量提高17kg/t（典型标定达到30kg/t）。由于废钢便宜，因此降低了炼钢成本。

(9) 由于废钢装入量增加，铁水减少，在供氧量（370m^3/min）相同的情况下，分流氧枪的吹氧时间平均缩短2.5min，出钢周期相应缩短。

(10) 喷头采用纯铜铸造水冷结构，主流喷孔中心部位与副流喷孔间部位水冷良好。氧枪寿命长，枪龄平均提高91次。主流喷孔与副流喷孔布置合理，氧枪综合性能良好。

鉴于分流氧枪工业试验效果良好，1986年初在鞍钢两座150t转炉上推广应用，1986 年末通过了冶金部的技术鉴定，从而淘汰了原 4 孔普通氧枪。

分流氧枪主要冶炼技术操作指标见表 1-8；4 孔普通氧枪与分流氧枪的寿命对比见表 1-9；废钢消耗见表 1-10；钢铁料、石灰消耗见表 1-11。

表 1-8 主要冶炼技术操作指标

枪型	年度炉役	平均降碳速度 /%·min^{-1}	平均吹氧时间 /min	碱度（R=2.6～3.5）w/T 合格率/%	终渣合格率/%		碳温协调合格率/%	
					w(C) > 0.08%，w(TFeO) = 10%～20%	w(C) < 0.08%，w(TFeO) ≤ 30%	w(C) < 0.3%（1600～1640℃）	w(C) = 0.31%～0.50%（1595～1630℃）
4 孔氧枪	$85D_1$-2	17.34	24.3	69.32	88.31		66.54	
	$85D_1$-3	17.42	23.9	70.44	89.07		63.47	
分流氧枪	$86D_1$-2	17.72	21.4	78.13	91.24		77.19	
	$86D_1$-3	17.86	21.8	75.29	90.86		74.32	

表 1-9 4 孔普通氧枪与分流氧枪寿命对比 次

枪 龄	4 孔氧枪（1985 年）	分流氧枪（1986 年上半年）
平均寿命	294	385
最高寿命	432	629
最低寿命	89	161

表 1-10 废钢消耗 kg/t

4 孔氧枪（1985 年）①	分 流 氧 枪		
	1986 年上半年①	$86D_1$-2②	$86D_2$-2②
100.6	117.7	129.8	130.4

①生产统计数字；

②典型标定结果。

表 1-11 钢铁料、石灰消耗 kg/t

指 标	4 孔氧枪（1985 年）	分流氧枪（1986 年上半年）	降 低
钢铁料消耗	1125.5	1122.7	2.8
石灰消耗	79.3	75.5	3.8

1.4.1.2 首都钢铁公司第一炼钢厂 30t 转炉分流氧枪

首钢 30t 转炉分流氧枪于 1985 年 4 月开始进行工业性试验，8 月逐步在三座转炉上推广应用。

A 试验条件

（1）转炉工程吨位 30t，3 座，采用顶底复合吹炼。

（2）氧枪三层钢管尺寸为：ϕ133mm × 7mm、ϕ102mm × 4mm、ϕ76mm × 5mm。试验前，喷头采用喉口直径 ϕ45mm、出口直径 3 × ϕ33.5mm 的单三式中心水冷铸造喷头。操作枪位 1000 ~ 1300mm，降枪枪位 800 ~ 850mm，降枪时间大于 40s。

（3）复吹全程底部供氮，供氮强度 0.015 ~ 0.030m^3/min。

（4）废钢比 11%~13%。

（5）铁水成分为：$w[Si]$ = 0.35%~0.45%、$w[Mn]$ = 0.1%~0.5%、$w[P]$ ≤ 0.1%、$w[S]$ ≤ 0.05%，温度为 1300℃。

（6）供氧时间 13 ~ 14min，供氧强度约 3.3m^3/min。

（7）转炉炉容比 0.78 ~ 1m^3/t，熔池深度 800 ~ 1200mm。

B 分流喷头主要设计参数

端面开孔分流二次燃烧氧枪喷头主要设计参数见表 1-12。

表 1-12 端面开孔分流二次燃烧氧枪喷头主要设计参数

喷头类型	主孔							副孔				总面积	
	喉口直径(mm) × 孔数	出口直径(mm) × 孔数	喉口面积 $S_{喉}$/mm^2	用口面积 $S_{出}$/mm^2	马赫数 Ma	角度/(°)	设计压力/MPa	直径(mm) × 孔数	副孔面积 $S_{副}$/mm^2	马赫数 Ma	角度/(°)	总面积 $S_{总}$/mm^2	$\frac{S_{副}}{S_{总}}$/%
D-1	ϕ25 × 3	ϕ31.5 × 3	1472.61	2337.93	1.93	9	0.72	ϕ10 × 3	235.62	1	30	1708.23	13.8
D-2	ϕ25 × 3	ϕ32 × 3	1472.61	2412.75	1.96	9	0.76	ϕ11 × 3	2285.10	1	30	1751.71	16.2
D-3	ϕ24 × 3	ϕ31 × 3	1357.17	2264.31	1.98	9	0.79	ϕ9 × 6	381.70	1	30	1738.87	22.0
D-4	ϕ22 × 3	ϕ29 × 3	1140.39	1981.56	2.03	9	0.85	ϕ14 × 3	461.814	1	40	1602.20	28.8
D-5	ϕ21 × 3	ϕ27.4 × 3	1139.08	1768.95	2.01	9	0.81	ϕ11.5 × 3	624.39	1	40	1663.47	27.5
D-0	ϕ45	ϕ33.5 × 3	7590.4	2644.23	1.98	9	0.79	0	0	0	0		0

注：D-0 单三式中心水冷铸造喉头。

分流氧枪喷头的设计，首先要选择合适的副孔面积（$S_{副}$）与总的喷孔面积（$S_{总}$）之比，在一定范围内，废钢比随 $S_{副}/S_{总}$ 的增大而提高。副孔采用直筒形，理论马赫数为 1，有利于降低射流速度，实现副氧流的超软吹。副孔数目多一些、张角大一些，有利于增大副氧流在炉内的分散度，以提高二次燃烧率。

C 冶炼工艺效果

（1）经过一年多实际应用，工艺可行，冶炼稳定，对各项技术经济指标均没有带来不利影响。

（2）在副孔面积比与喷孔总面积比为 7.5%~16.2% 的条件下，废钢比可增加 0.9%~3.5%。根据提高废钢比幅度大小的需要，副孔氧流量与总氧流量比采用15%~40%是合适的。

（3）二次燃烧率提高8%左右，废钢比可增加2.7%左右，二次燃烧热效率约74%。

（4）分流喷头寿命较长，结构简单，易于加工制造，推广使用方便。

（5）副孔为直筒形，角度30°~40°，二次燃烧效果较好，没有发现对炉衬寿命造成影响。

1991年10月~1992年5月，首钢又进行26支Ⅳ型分流喷头试验，生产4274炉钢，产钢16.88万吨，取得了化渣好、多化废钢、二次燃烧率提高等效益。Ⅳ型喷头与原分流喷头相比，主氧和副氧流量都有增加。

1.4.1.3　攀枝花钢铁公司120t转炉分流氧枪

分流氧枪在攀枝花钢铁公司120t转炉冶炼半钢（铁水提取钒之后被称为"半钢"）上进行了应用。攀钢采用半钢炼钢，成渣困难、冶炼温度紧张、不能加废钢、供氧强度偏低是长期存在的难题。1996年，攀钢采用分流氧枪冶炼半钢。

A　喷头结构及参数

攀钢氧枪与鞍钢150t转炉分流氧枪结构相同，攀钢分流氧枪喷头由作者设计。喷头结构参数见表1-13，操作工艺参数见表1-14。

表1-13　535型喷头、分流喷头结构参数

枪型	主孔						副孔					主副氧流量比/%
	孔数	孔型	喉口直径/mm	出口直径/mm	喷孔张角/(°)	马赫数	孔数	孔型	喷孔直径/mm	喷孔张角/(°)	马赫数	
535型	4	拉瓦尔	35	43	13	1.86						
攀钢分流枪	4	拉瓦尔	35.6	44.7	12	1.92	8	直筒	13	35	1.0	18.6
鞍钢分流枪	4	拉瓦尔	38	46	14	1.85	8	直筒	12	30	1.0	13.5

注：535型喷头为周边4孔、中心1孔，同为拉瓦尔孔，中心孔直径$D_{喉}$=20mm、直径$D_{出}$=25mm。

表1-14　535型氧枪与分流氧枪操作工艺参数

枪型	氧压/MPa	氧量（标态）/$m^3 \cdot h^{-1}$	供氧强度/$m^3 \cdot (min \cdot t)^{-1}$	冷却水		氧枪回水温度/℃	枪位/m
				压力/MPa	流量/$t \cdot h^{-1}$		
535型	0.85	20000	2.78	1.13	120	≤30	1.5~2.0
分流枪	0.85	22000	3.05	1.13	135	≤31	1.3~1.8

分流氧枪的供氧强度达到3.05m^3/(min·t)，比原535型氧枪提高10%，枪位有所降低，冷却水量有所增大。

B 冶炼工艺效果

（1）纯吹氧时间缩短了 3.28mm，提高了 17.52%。

（2）由于副流氧气的作用，氧气利用率提高了，535 型氧枪耗氧量为 $52.04m^3$，分流氧枪为 $47.09m^3$。

（3）补偿冶炼温度 +24.3℃，废钢比提高了 2.0kg/t。

（4）冶炼的初期渣形成时间比 535 型氧枪提前 1.3min 左右，冶炼过程无喷溅、黏枪现象，可保持冶炼过程顺行。

分流氧枪喷头设计合理，适合攀钢转炉半钢炼钢冶炼的要求。

1.4.1.4 唐山钢铁公司 30t 转炉分流氧枪

1985 年 11 月，作者与唐钢进行了分流氧枪的研制和吹炼工艺的试验研究。

A 试验条件

试验在唐钢第二炼钢厂 30t 氧气顶吹转炉上进行，采用了设计副孔与主孔面积比分别为 10%、15%、19% 三种不同型号的分流喷头。分流喷头的基本参数见表 1-15，喷头结构与鞍钢 150t 转炉氧枪分流喷头相似。

表 1-15 分流喷头基本参数

$S_{副}/S_{主}$	主喷孔（3 个）						副喷孔（6 个）				
	$D_{喉}$	$D_{出}$	$S_{喉}$	$S_{出}$	Ma	张角 /（°）	$D_{副}$	$S_{副}$	Ma	张角 /（°）	距端面 /mm
0.10	26	34	1592	2722	1.98	10	6.0	170	1.0	35	35
0.15	26	34	1592	2722	1.98	10	7.2	244	1.0	35	35
0.19	26	34	1592	2722	1.98	10	8.0	301	1.0	35	35

注：1. D 为直径，mm；S 为面积，mm^2。

2. 转炉炉膛熔池直径 2620mm，熔池深度 900 ~ 1100mm。

分流氧枪吹炼如图 1-31 所示。

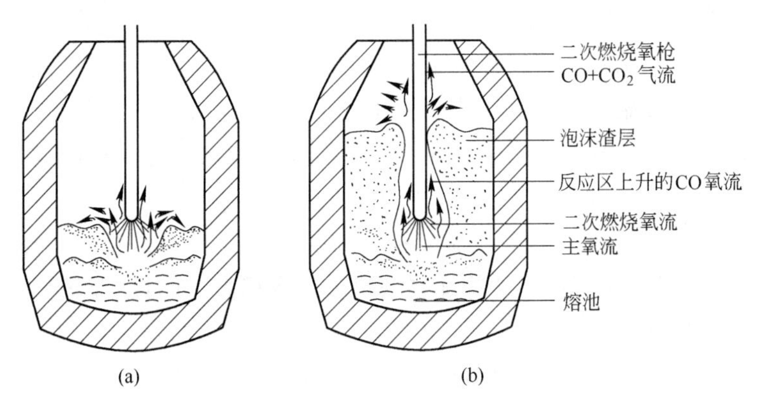

图 1-31 分流氧枪吹炼

（a）吹炼初期；（b）吹炼中期

分流氧枪的最佳枪位保持在750～1200mm之间，并根据冶炼过程中各阶段的不同情况进行调整，冶炼各阶段枪位控制如图1-32所示。

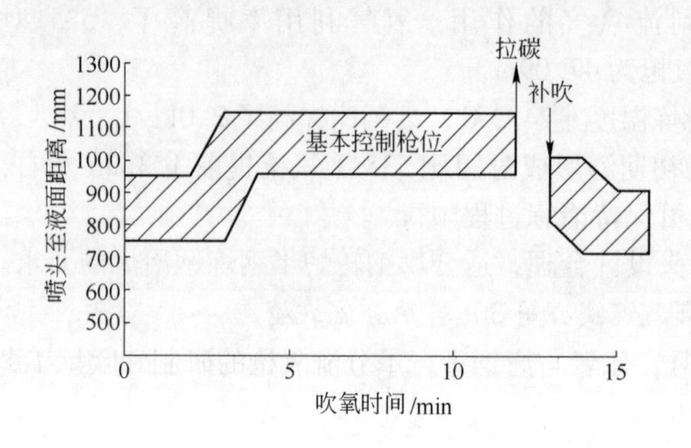

图1-32　冶炼各阶段枪位控制

B　吹炼工艺效果

分流氧枪不仅可以通过提高炉气中CO_2的含量来提高转炉的热效率，而且还可以改变转炉的冶炼条件，使炉渣形成早，转炉降碳快，升温迅速，对钢中的硫、磷的脱除起到促进作用。分流氧枪副孔的功能，可以弥补拉瓦尔形3孔氧枪功能的不足，该枪在本试验中显示出许多优点。

（1）对渣中TFeO含量的影响。吹炼初期，采用了较低枪位，除了加速Si、Mn的氧化外，副氧流还能起到软吹化渣的作用，有利于提高炉温，加速初期渣的形成。由于主、副氧流同时加强了对熔池的搅拌，FeO的消耗速度大于FeO的产生速度，在w[C]相同的条件下，炉渣中TFeO含量有所降低，而且渣中TFeO含量随氧枪副孔与主孔面积比的增大而降低。

（2）对脱磷的影响。磷在冶炼过程中是一个多变元素，它既可以被氧化，也可以被还原。影响脱磷的因素很多。分流氧枪成渣速度快，熔渣碱度很快提高到2.0以上，副氧流有利于泡沫渣的大量形成，TFeO含量的迅速提高，炉气的氧化气氛增强，副氧流的搅拌也使钢渣反应界面大大增加。所有这些都为脱磷反应创造了热力学、动力学条件，因此，脱磷效率较高。

（3）对脱硫的影响。由于分流氧枪化渣快、钢渣反应界面大、冶炼后期钢渣中w（FeO）低、炉温提高快等优点，脱硫效率提高，而且脱硫效率随着副氧流量的增加而提高。

（4）CO二次燃烧效果。试验炉炉气中$w(CO_2)/w(CO+CO_2)$比非试验炉提高4.32%～7.31%，废钢比提高2.16%～3.66%。试验炉与非试验炉气分析结果见表1-16。

表 1-16　试验炉与非试验炉炉气分析结果　%

试验炉		$w(CO)$	$w(CO_2)$	$w(O_2)$	$w(CO_2)/w(CO+CO_2)$
15%	1-7358	62.82	29.65	1.07	31.89
	1-7361	70.62	22.27	0.60	23.94
	1-7362	70.77	18.90	0.69	21.09
	1-7363	64.41	25.13	1.89	27.94
	1-7364	67.80	27.60	0.57	28.93
	1-7444	72.26	16.50	0.31	18.51
	1-7446	69.05	20.40	0.92	22.84
	1-7447	67.34	23.35	0.95	25.26
	1-7448	71.83	16.40	1.00	18.60
	1-7449	66.45	24.20	0.88	26.79
19%	1-124	63.70	26.00	0.38	28.99
	1-126	70.75	21.95	0.12	23.75
	1-127	70.35	18.40	0.31	20.30
	1-130	76.08	20.60	0.22	21.30
	1-131	71.10	15.50	0.20	18.03
	1-132	79.32	18.20	0.13	18.81
	1-133	77.79	17.49	0.18	18.32
	1-134	71.98	21.63	0.15	23.14

非试验炉	$w(CO)$	$w(CO_2)$	$w(O_2)$	$w(CO_2)/w(CO+CO_2)$
2-8114	72.96	16.00	1.43	15.96
1-1344	79.77	12.35	0.10	12.35
1-1345	76.67	18.97	0.20	19.86
1-1347	84.02	16.20	0.10	16.24
1-1348	82.58	17.80	0.21	17.73
1-1349	80.66	15.80	0.16	16.42
1-1350	82.27	18.36	0.16	18.18
1-1376	80.88	17.30	0.19	17.55
1-1377	76.84	19.84	0.29	20.47
1-1378	80.73	17.77	0.20	17.95

$w(CO_2)/w(CO+CO_2)$平均值	
非试验炉	17.27
试验炉（15%）	24.58
试验炉（19%）	21.59
差　值	4.32～7.31

注：表中气体成分为每炉气体成分的平均值。

（5）对转炉煤气回收的影响。转炉煤气的主要成分是一氧化碳，采用二次燃烧的吹炼工艺将导致煤气质量降低。为保证生产用煤气的质量（发热值不小于6061kJ/m^3，即$\varphi(CO)>49\%$），适当降低枪位，使副流氧气大部分参与熔池的脱碳反应，控制CO的二次燃烧量。另外就是煤气的回收在吹氧3min后至第一次拉碳前进行，此时CO的生成量较大。

（6）对炉衬寿命的影响。关于二次燃烧对炉衬寿命的影响，一些文献有不同的报道，首钢、鞍钢的试验未发现对炉龄有不良影响。本次试验基本采用中、低枪位操作，二次燃烧的反应热大部分传递给了熔池。炉气温度不过高，控制终渣TFeO含量，减少对炉衬的侵蚀，炉衬耐火材料的侵蚀速度并未提高。

（7）对吹炼过程及技术经济指标的影响。二次燃烧氧枪吹炼，对整个冶炼过程影响较大。普通氧枪吹炼，初期渣形成时间为4～6min，而且碱度提高较慢，易在吹炼中期出现“返干”现象。采用二次燃烧氧枪后，初期渣形成时间只需3~5min，并消除了中期“返干”现象。由于化渣快，所以基本上可以保持恒枪位操作。在炉渣碱度基本不变的情况下，大约可减少渣量1/6。分流氧枪取得了缩短时间、提高废钢比、降低钢铁料消耗和熔剂消耗等技术经济效益。试验炉与非试验炉同期的技术经济指标见表1-17。

表1-17　试验炉与非试验炉同期的技术经济指标对比

项　目	吹氧时间/s	终点温度/℃	钢铁料消耗/kg·t⁻¹	废钢比/%	石灰消耗/kg·t⁻¹	良锭率/%
试验炉	851	1706	1125.66	8.32	101.04	99.76
非试验炉	970	1701	1140.58	4.56	120.45	99.05
差　值	-119	+5	-14.92	+3.76	-19.41	+0.71

1.4.2　分流双层氧枪

分流双层氧枪的主氧流和副氧流两种氧气喷孔，分别布置在主氧喷头和副氧喷头上。副氧流喷头安装在氧枪枪身上，距离主氧喷头通常1m左右。分流双层氧枪仍为三层钢管结构，只有一个氧气通道，中心走氧，环缝进水，外围回水，副流氧气不能单独控制。

转炉分流双层氧枪结构如图1-33所示。

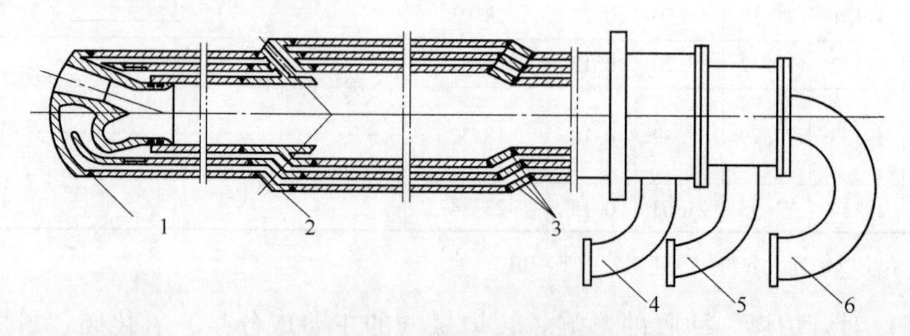

图1-33　转炉分流双层氧枪

1—主氧喷头；2—副氧喷头；3—过渡管；4—回水支管；5—进水支管；6—氧气支管

副氧流可单独控制的双流道二次燃烧氧枪具有优良的性能。应用双流道氧枪，老企业要对现有供氧系统（管路、阀门、仪表等）做一系列大的改造，一次性投资较大，而且受厂房等条件的限制，有些改造工作难以完成。应用分流双层氧枪，只需改造氧枪枪体，投资少、效果好、使用方便。正是上述原因，作者为鞍钢第三炼钢厂设计制造了分流双层氧枪。

1.4.2.1　分流双层氧枪的基本结构

A　副氧喷孔的布置

普通分流氧枪的副氧孔和主氧孔设计在同一喷头上，这种氧枪副氧气流形成的二次燃烧带距金属熔池较近，因而热效率较高。但副氧流受主氧射流的影响较大，在超音速的主氧射流的抽引下，副氧射流明显弯曲，向主射流靠拢。对 50t 转炉的冷态测试结果表明，在距喷头端面 60cm 处，副氧射流已与主氧射流掺混，这必然降低副氧流的二次燃烧作用；另外，分流氧枪的副氧流容易与金属熔池和渣中的铁珠发生反应（$C + \frac{1}{2}O_2 = CO$），这也降低二次燃烧作用。为了提高副流氧气的二次燃烧率，需将副氧孔即副氧喷头设置在主氧喷头之上一定高度的氧枪枪身上。这样，虽然有可能降低 CO 二次燃烧的热效率，但加大了二次燃烧带的长度，可充分发挥副氧流二次燃烧的作用，同时可避免主、副氧流之间的相互干扰，有利于控制整个冶炼过程。副氧喷孔的高度，应限制在使二次燃烧化学反应得以在渣相内进行，以保证具有较高的热效率。

B 副氧喷孔的孔型

要维持稳定的二次燃烧，应将二次燃烧副氧流的喷出速度控制在 100m/s 以下。但对于单流道分流氧枪，主、副氧由同一管路供给，副喷孔前的氧气滞止压力通常为 0.7 ~ 0.9MPa（绝对），远大于形成超音速流的临界压力。在这样的条件下，人们采取了多种方法控制出口速度，如在氧孔中设置阻尼片、旋流片等。这些方法虽能有效地限制出口速度，但存在的普遍问题是随着副氧出口速度降低，二次燃烧区逼近副喷头表面，甚至有可能在孔口燃烧，这将严重影响副喷头的使用寿命。特别对这种双层氧枪来说，副喷头的更换比较复杂，其寿命只有大于或等于主喷头的寿命，才具备应用于大工业生产的条件。为此，将副氧孔设计成突然扩张的形式。曾有人担心这种突然扩张的喷头在实际工作氧压为 0.7 ~ 0.9MPa 的高压下，氧气出口速度过高将影响二次燃烧的作用。这种担心是有一定道理的。但冷态实测和实际使用都表明对于这种分流式双层氧枪来说，突然扩张的副氧孔具有其鲜明特点。首先，通过调整出口直径可控制出口氧流超音速喷出，避免在出口附近离喷头较近的位置形成高温火焰，以保护喷头；其次，突然扩张的喷管在一定的条件下，可使出口气流产生强烈的正激波，速度衰减很快，以满足二次燃烧对氧气流速的要求。冷态实测表明，在 0.7 ~ 0.9MPa 的工作压力下，副氧喷管的出口马赫数可达 2.05，但超音速核心段长度仅为 300mm 左右，在距出口 660mm 处速度已衰至 100m/s 左右。副喷孔射流轴线上速度的衰减规律如图 1-34 所示。

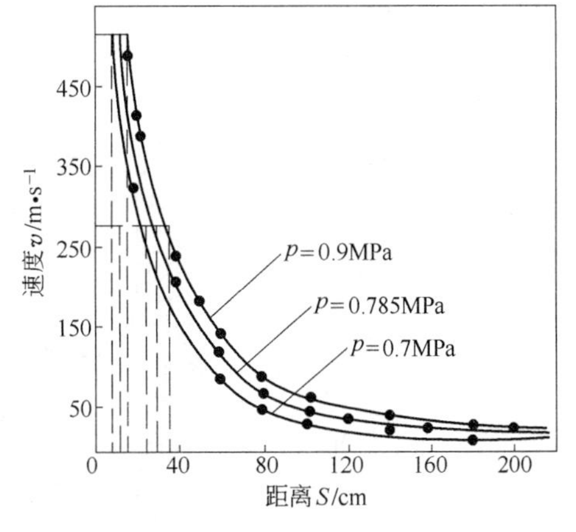

图 1-34 副喷孔射流轴线上速度的衰减规律

生产实践也表明，具有这种喷管的副氧喷头，寿命基本与主喷头同步，二次燃烧率平均提高 11.58%，优于同平面分流式氧枪，在大型转炉中也处于领先水平。

C　枪体结构

氧枪枪体设计的两个基本原则是：

(1) 组装、更换喷头时要灵活方便；

(2) 消除使用过程中外管受热膨胀对寿命的影响。

双层分流式氧枪由于增加了副氧喷头，枪体由 2 组 5 ~ 6 种不同直径的钢管组成，满足上述两条基本原则，存在一定的难度。可以采用以下三条措施：

(1) 主喷头与氧管采用 O 形橡胶圈密封连接，与中层水管滑动连接，仅有外管采用焊接；

(2) 副喷头与上下氧管采用焊接，与上隔水管是滑动连接，与下隔水管是螺纹连接；

(3) 枪尾处氧管采用填料密封方式或橡胶圈密封连接。这种结构使得氧枪轴向间自由伸缩，且保持氧气与冷却水的密封性。主喷头的更换极为方便，只需完成与外管的一道焊缝即可。副喷头的更换与普通氧枪喷头的更换基本上没有什么区别。

主、副喷头均由纯铜铸造而成，并经严格的水压检验。副喷头的下方焊接 150mm 左右长的一段紫铜管，实践证明，这对提高氧枪寿命至关重要。主、副喷头与钢管、紫铜管与副喷头及钢管的焊缝质量是影响氧枪寿命的重要因素之一，这些焊缝都是在预热温度下，采用直流反极性电弧焊或氩弧焊，为保证副氧射流均匀、稳定，氧孔出口断面与其轴线相垂直，这样，副氧喷头上、下方的钢管就由多种不同规格直径的钢管组成，分流式双层二次燃烧氧枪如图 1-35 所示。

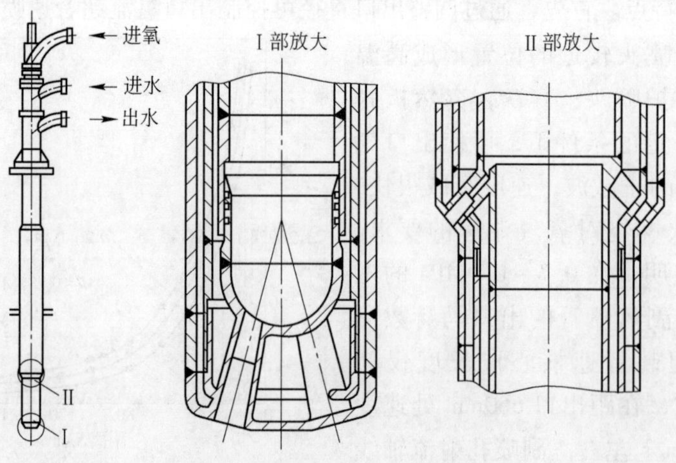

图 1-35　分流式双层二次燃烧氧枪

1.4.2.2 研制过程及生产实践

研制及试验工作分两阶段进行，分别介绍如下。

第一阶段工作在150t转炉上进行。其双层分流氧枪的主要参数见表1-18。主喷头采用的是单流道分流12孔喷头，仅在进氧管处设计了放置O形橡胶圈的沟槽。副喷头不仅要向炉内喷入二次燃烧用的氧气，还要安全可靠地连接上下6种不同直径的钢管。副喷头由铜、钢两种材质组合而成，氧孔的内壁镶有铜套，其余为低碳钢。150t转炉分流双层氧枪副氧喷头如图1-36所示。枪尾处的氧管、进水管均采用不同规格的橡胶密封圈密封。

表1-18 转炉分流双层氧枪主要参数

枪体钢管规格			氧孔参数			
副流头	上部	下部	主、副孔	主孔	副孔	主副孔间距
氧管	ϕ168mm×8mm	ϕ133mm×5mm	孔数与孔型	4，拉瓦尔形	8，直筒形	1200mm
隔水管	ϕ219mm×9mm	ϕ180mm×8mm	喉口孔径/mm	ϕ38	ϕ12	副孔面积/总面积
外管	ϕ273mm×12mm	ϕ219mm×9mm	张角/(°)	14	45	16.6%

该分流式双层氧枪于1988年11月在鞍钢150t转炉进行吹炼试验，取得了明显的冶金效果。来渣时间提前3min，化渣效果好，吹炼过程中不黏枪，终点温度明显提高。初步试验还表明用O形橡胶圈密封氧、水通道安全可靠，装配方便；变径枪体冷却方法可行。出现的问题是在副氧孔下方30～50mm处枪体上出现20～40mm长短轴的椭圆形受损坑，严重影响了氧枪寿命。产生这种现象的主要原因是冷却强度不够。如上所述，该副氧喷头除氧孔镶铜管外，其余部位都是钢结构，而钢的导热系数还不到铜的1/8，经受不住副氧流形成的高温火焰。

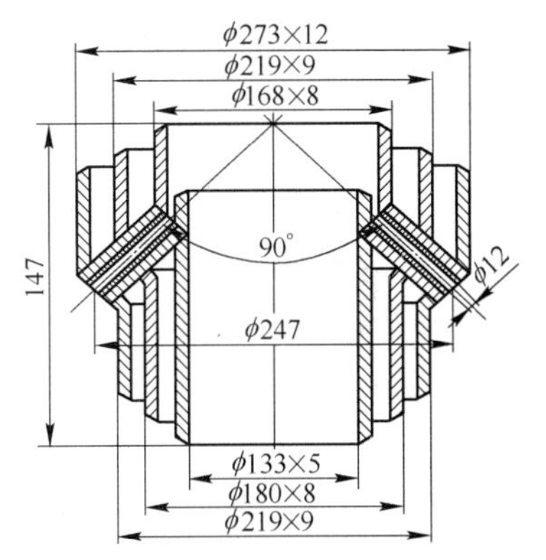

图1-36 150t转炉分流双层氧枪副氧喷头

第二阶段研制和试验了180t复吹转炉用双层分流氧枪，其主要参数见表1-19。

表1-19 180t复吹转炉分流双层氧枪主要参数

枪体钢管规格			氧孔参数			
副流头	上部	下部	主、副孔	主孔	副孔	主副孔间距
氧管	ϕ245mm×7mm	ϕ194mm×7mm	孔数与孔型	4，拉瓦尔形	10，突扩形	1000～1200mm
隔水管	ϕ330mm×5mm	ϕ245mm×7mm	喉口孔径/mm	ϕ40	ϕ12	副孔面积/总面积
外管	ϕ377mm×10mm	ϕ299mm×10mm	张角	14°30′	45°	18.4%

枪的结构基本与前者相同，只是对副氧流喷头做了较大的改进。副氧流喷头采用工业纯铜铸造成型；在其下端外径 ϕ299mm 处焊接一段150mm 长的紫铜管；副氧孔由直筒形改为突然扩张形；副喷头上端与隔水管采用滑动连接，下端与隔水管采用螺纹连接，既满足了连接上下水流通道的要求，又减少了铜-钢焊缝的焊接，这是影响氧枪寿命的关键因素之一。180t 转炉双层氧枪的副氧喷头结构如图 1-37 所示。

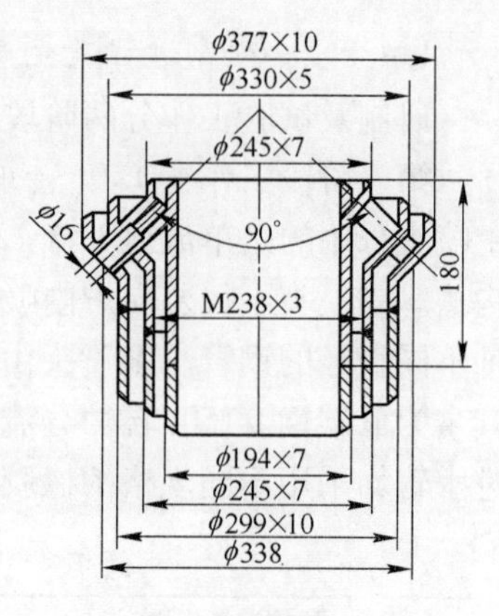

图 1-37 180t 转炉分流双层氧枪副氧喷头

该氧枪于 1989 年 10 月开始进行工业试验，结果令人满意。二次燃烧率平均提高 11.5%，热效率达 65.6%，废钢比可增加 3.62%，相当于国外双流道氧枪的水平；该分流式氧枪在吹炼过程中还具有较大的灵活性，成渣效果明显，即使在碳氧反应激烈，炉渣出现返干时，适当调整枪位便可很快消除返干现象，表现出双流道氧枪具有的特性。采用改变副流喷头的材质和加长铜管的办法，消除了第一阶段试验中出现的副氧孔下方烧损的现象。试验取得成功，主副喷头寿命基本同步，整枪平均寿命 265 次，可以满足大生产的要求，投资少，见效快，适合于老企业的改造。

1.4.3 普通双流氧枪

普通双流氧枪简称双流氧枪，枪体结构如图 1-2 所示。美国双流氧枪结构设计如图 1-38 所示。

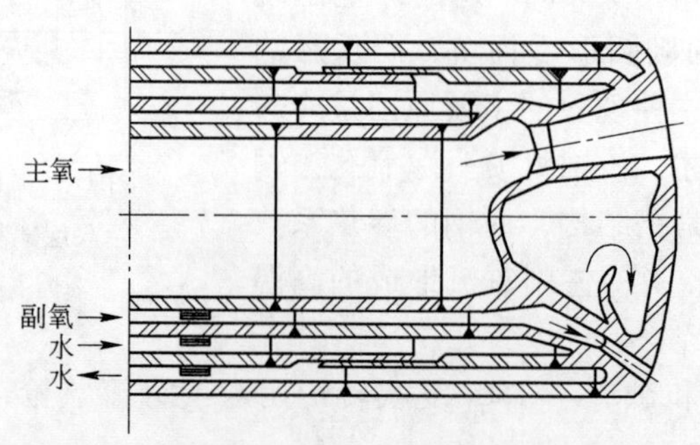

图 1-38 美国双流转炉氧枪

双流氧枪具有如下优点：

（1）双流氧枪由 4 层钢管组成，具有双氧道，因此，可以根据冶炼时间的长短、加入废钢的多少及出钢温度的高低等熔炼需要，对主、副氧气流量分别进行控制和调节。

（2）二次燃烧率较高。由于副氧流可根据不同冶炼时期 CO 的生成量来灵活调节，因此可充分利用副氧流进行二次燃烧。

这种氧枪的缺点是：

（1）枪体和喷头结构复杂，制作困难，不能应用原有氧枪，氧枪枪体需要重新设计制作。

（2）枪体需要加粗，氧枪升降系统需要改造。

（3）需要增加一条副氧流氧气管道，以及与其相配合的减压阀、流量调节阀、流量孔板、切断阀、压力表和流量表等。

攀枝花钢铁公司拥有非常可贵的钒钛共生铁矿。前文已经提到，攀钢120t转炉采用铁水提钒后的“半钢”冶炼，铁水温度低，Si、Mn已被氧化，发热元素少，硫含量高，导致造渣脱硫难度大，冶炼时间长。特别是冶炼占总产量30%以上的中、高碳钢时，更感热量明显不足。为了解决炼钢过程中存在的这些问题，攀钢委托作者研制双流道氧枪。双流道氧枪及喷头由作者本人设计。

1.4.3.1 双流道氧枪的枪体设计

双流道氧枪枪体与喷头连接结构如图1-39所示。主、副氧出口位于同一平面，枪体由四层钢管组成，最内层为主氧流道，次内层为副氧流道，第三层为冷却水进水流道，最外层为回水流道。

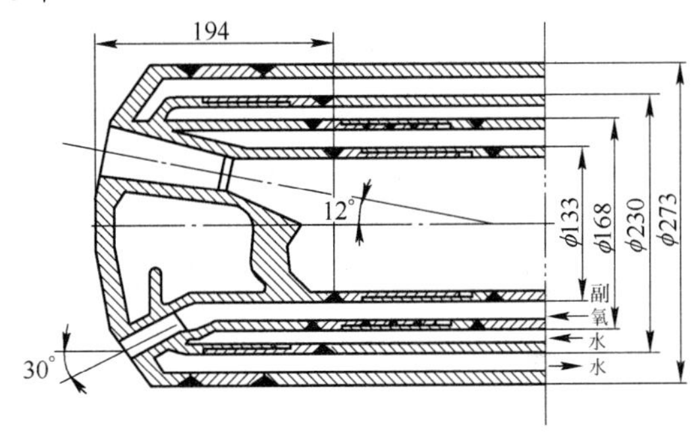

图1-39 双流道氧枪枪体与喷头连接结构

攀钢原有氧枪的三层钢管为ϕ219mm×10mm、ϕ180mm×5mm、ϕ133mm×6mm。双流道氧枪设计时，其钢管配制提出过两种方案，见表1-20。

表1-20 初步设计时两种方案钢管尺寸 mm

项　目	方案1	方案2
主氧管直径×壁厚	ϕ159×5	ϕ133×6
副氧管直径×壁厚	ϕ194×6	ϕ168×6
进水管直径×壁厚	ϕ245×7	ϕ203×6
外管直径×壁厚	ϕ299×14	ϕ245×14

其中，第一种方案，外径为299mm的双流道氧枪为最佳方案，氧枪性能好，且可为将来过渡到使用三流氧枪做准备。第二种方案，即外径为245mm的双流道氧枪为暂行方案。双方讨论方案时，厂方考虑氧枪上方锅炉氮封口等不易做大的改动，采用了第二种方案。后来的生产实践证明，外径为245mm的双流道氧枪不能适应120t转炉的强大热流，氧枪冷却强度不足，最后定型为外径为273mm的双流道氧枪。

双流道氧枪枪体的设计必须坚持两个原则：

（1）组成氧枪的四层同心套管在氧枪组装过程中，必须伸缩自如。这是因为氧枪的喷头需要经常更换，喷头与枪体的切割和焊接都要一层一层地进行，只有伸缩自如才能保证氧枪方便地组装和拆卸。

（2）设计出的氧枪在使用过程中要能消除外层钢管因热胀冷缩对里面三层钢管所产生的内应力。氧枪在转炉内吹炼，由于氧化放出大量的热，其工作环境温度高达2500℃以上，尽管枪体内有高压水冷却，但氧枪外层管的表面温度仍然达到500℃以上，使其受热伸长。这样，如不采取措施，枪体内就要产生一个很大的拉应力。如果氧枪的四层钢管被焊死或固定死，那么由于枪体内应力不断作用，在氧枪的薄弱环节（通常是枪体与喷头连接的铜钢焊缝处）就要产生裂纹，造成疲劳破坏，使氧枪漏水。因此，设计出的氧枪枪体必须保证氧枪在外层管伸长或收缩时，枪体内的三层钢管也能伸缩自如，而且还必须保证高压水和高压氧气不在四层钢管之间相互串通和渗漏。

喷头与枪体的连接只是外层管采用焊接方式，主氧管滑动连接，副氧采用三道O形橡胶圈密封连接，这一道密封至关重要，万万不能渗漏，隔水管滑动连接（见图1-39）。这种结构不但更换喷头十分方便，同时可消除氧枪使用过程中热应力对氧枪焊缝等处的影响，提高氧枪的使用寿命。

1.4.3.2　双流喷头的设计

攀钢双流喷头的整体结构如图1-40所示，主氧孔为4孔，副氧孔为8孔，对称布置在4个主氧孔外围，如图1-41所示。主、副氧孔与喷头轴线的夹角分别为11°和30°。

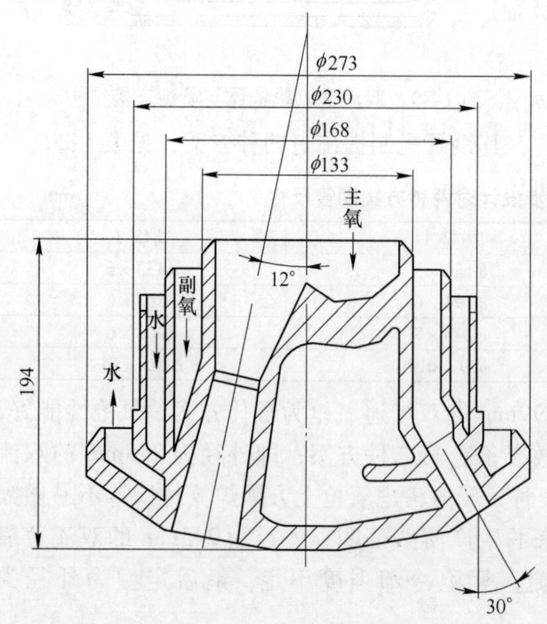

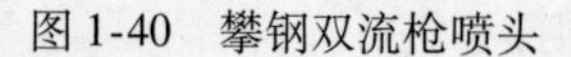
图1-40　攀钢双流枪喷头

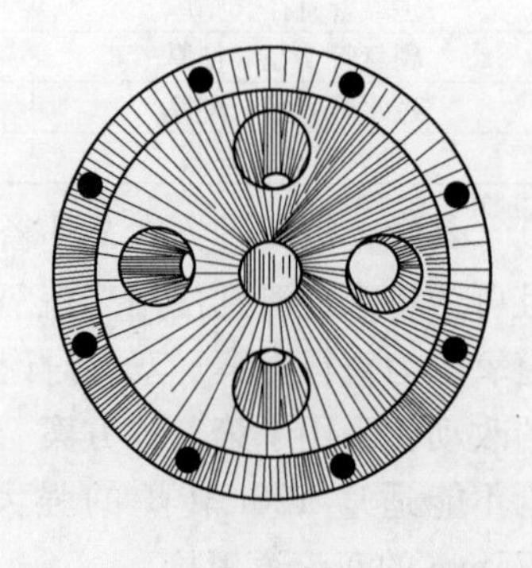
图1-41　主氧孔与副氧孔位置

双流道氧枪在我国是第一次试验，为了寻找最佳的吹炼效果，试验期间，曾使用了五种不同型号的双流喷头，主要设计参数见表1-21。

表1-21　双流道氧枪喷头主要参数

喷头型号	主氧流喷孔				副氧流喷孔				氧枪外径/mm
	孔数/个	喉口直径/mm	马赫数 *Ma*	倾角/(°)	孔数/个	喉口直径/mm	马赫数 *Ma*	倾角/(°)	
原435型	4	35	1.92	11					219
双流Ⅰ	4	35	1.92	11	8	12	1.91	30	245
双流Ⅱ	4	35	1.67	11	8	12	1.0	35	245
双流Ⅲ	4	35	1.92	11	8	14	1.46	30	245
双流Ⅳ	4	35	1.92	11	8	14	1.0	30	245
双流Ⅴ	4	35	1.92	11	8	14	1.0	30	273

喷头采用整体铸造成型。由于喷头孔数较多，必须对喷头的水冷做精心设计。为了解决好双流喷头主、副共12个氧孔间的水冷问题，设计的结构一定要使喷头各部位，主要是中心部位，都具有足够的水冷强度。喷头的不同部位具有不同的冷却水流速，进水部位水速要低，以减少阻力损失，回水部位水速要高，以增加水冷效果。

按照上述要求，喷头设计采用了较为合理的导流分水片和导水板。分水片位于氧孔圆柱外侧，是使冷却水分流的异形片状体。导水板位于喷头冷却水进口和出口之间，是使冷却水折返的导流体，它包围着氧孔之间冷却水流过的中心通道，其内缘围成一个梅花形，使氧枪冷却水从中流过，冷却水经导水板导向后进入喷头中心部位，然后流向4个氧柱之间形成的流通通道，围绕8个副氧柱流出。导水板底部与喷头端面内表面之间，冷却水的流速要尽可能地高，使喷头中心与主、副氧孔的出口边缘及侧壁都得到良好的冷却。

1.4.3.3　工业试验

双流氧枪的供氧制度见表1-22。

表1-22　双流氧枪的供氧制度

吹炼阶段		开吹至成渣	成渣至拉碳前2～3min	最后吹炼2～3min
主氧流	氧压/Pa	$(7.5\sim8.5)\times10^5$	$(7.5\sim8.5)\times10^5$	$(7.5\sim8.5)\times10^5$
	流量/$m^3\cdot h^{-1}$	$(17\sim18)\times10^3$	$(17\sim18)\times10^3$	$(17\sim18)\times10^3$
副氧流	氧压/Pa	$(5.0\sim6.0)\times10^5$	$(6.0\sim7.5)\times10^5$	$(5.0\sim5.5)\times10^5$
	流量/$m^3\cdot h^{-1}$	$(2.8\sim3.5)\times10^3$	$(3.5\sim4.0)\times10^3$	$(2.8\sim3.0)\times10^3$
枪位/m		1.8～2.4	1.5～1.8	1.5

1985年12月31日，第一支双流道氧枪在攀钢1号转炉上使用，截至1989年2月17日，9支双流氧枪共进行了7个炉役564炉的工业试验。

双流氧枪的供氧强度比原单流枪提高$0.44m^3/(t\cdot min)$，达到$2.84m^3/(t\cdot min)$；可避免高枪位操作，使氧对熔池的利用率提高；供氧时间平均为16.7min，比单流氧枪缩短5min，再加上节省清理炉口、割枪等辅助时间，每班可多生产两炉钢。

双流氧枪的成渣时间平均比单流枪提前2分38秒，并可减轻或防止炉渣返干。终点时硫在钢与渣之间的分配比平均为9.87，较单流枪吹炼提高1.55。终渣中TFe平均下降2%~3%。低碳钢中的氧活度降低$(50\sim150)\times10^{-6}$。

在副氧流量占总氧量的13%~20%时，双流氧枪的二次燃烧率比单流氧枪平均高8.74%，可补偿冶炼温度30℃，相当于多加废钢24kg/t。二次燃烧的热效率约为40%，低于其他钢厂的试验数据。其主要原因是半钢炼钢成渣慢，炉渣的泡沫化程度低，热量散失多。

由于双流氧枪的特殊结构，黏枪、黏炉口、喷渣的现象大为减少，节省了割枪、处理炉口和清渣的时间，即提高了转炉的作业率，也减轻了工人的劳动强度。

双流氧枪化渣快，二次燃烧效果良好，升温降碳迅速，脱硫效果好，适用于攀钢“半钢”原料条件下的转炉“复吹”冶炼工艺，可以缩短吹炼时间、提高钢的产量、增加废钢的装入量，具有较高的技术经济效益。

1.4.3.4　烧枪事故

双流道氧枪试验时，曾经发生过三次烧枪事故。三次事故的现象极为相似，都是在转炉吹炼基本完毕，补吹时，大约半分钟，氧枪突然从喷孔大量漏水，不得不关水关氧提枪。

三次事故发生后，解剖氧枪，烧枪的部位极为相似，都是中心的主氧管烧毁严重，烧毁的最高部位距喷头约700mm，挨着主氧管烧成最大孔洞的副氧管，也已烧漏，水是从这里进入并从氧孔中喷头的，而双流喷头基本完好。显然，最先着火的部位是距喷头300mm左右的主氧管，产生的高温火焰，烧漏了相邻的副氧管，造成漏水。

头两次事故发生，没有太引起重视，只认为是偶然现象，第三次同样的事故发生后，终于引起了重视。经过对氧枪结构和氧枪操作的分析，终于弄清了氧枪着火漏水的原因。由于双流氧枪是由4层钢管组成的特殊结构，最内层的主氧管是没有水冷的，氧枪吹炼完毕，没有提出炉外，而是停留在炉内等待补吹。此时，喷头距钢渣液面有1~2m的距离，炉内的高温从主氧孔辐射主氧管，两三分钟的时间，足以让主氧管局部烤红。补吹时给氧，主氧管立刻着火，迅速燃烧的高温火焰烧穿了副氧管，引起氧枪大量漏水。

找到了烧枪的原因，作者采取了下列措施：

(1) 喷头与枪体主氧管的连接由O形橡胶圈的密封改为滑动连接，取消易于着火的橡胶圈。利用铜管阻燃的原理，距离喷头1m长的主氧管改为紫铜管。

(2) 副氧管与喷头橡胶圈接触的密封段也改为铜管，消除了在此范围内起火的可能性。

(3) 制定新的氧枪操作规程，双流氧枪吹炼完毕必须提出炉外，严格禁止停留在炉内等待补吹。

采取上述措施后，再也没有发生烧枪事故。双流氧枪使用到155炉，喷头仍然完好，完全能够满足生产需要。

美国铸造氧枪喷头如图1-42所示，喷头整体铸造成型，喷头的氧气通道和水冷通道都经过精心设计。该喷头与我国生产的双流喷头相似。

卢森堡组装式双流氧枪喷头如图1-43所示，中心部位的氧气盘为铸件，其他部件为锻件，喷头端盖和氧-水隔管为紫铜材质，其他部件为钢质。各部件采用钎焊焊接成一个整体。

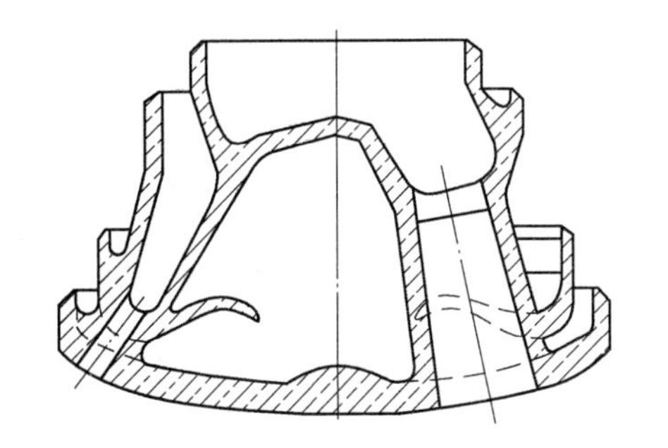

图1-42 美国铸造氧枪喷头

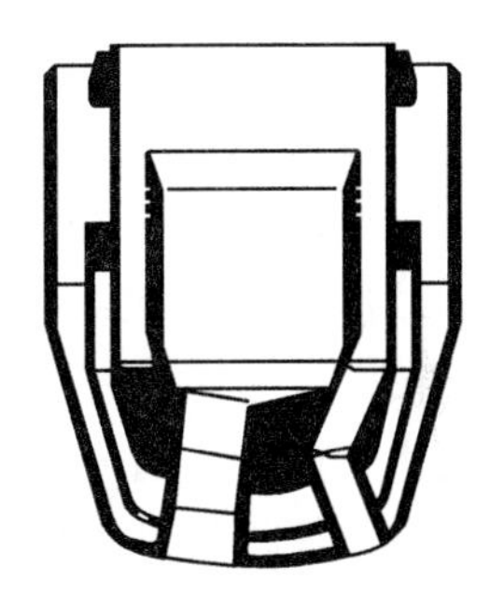

图1-43 卢森堡组装式双流氧枪喷头

攀钢双流道氧枪进行了多次改进，作者单位及攀钢、冶金部钢铁研究总院的相关科技人员都付出了辛勤的劳动。

1.4.4 双流道双层氧枪

双流道双层氧枪是转炉二次燃烧氧枪中结构最为复杂、吹炼性能最好的一种。

转炉双流道双层氧枪结构如图1-44所示。主氧流喷头与普通的转炉喷头类似，孔数从3孔至6孔皆可；副氧流喷头喷孔张角较大，孔数是主氧流喷孔的一倍或更多。孔数越多，CO二次燃烧效果越好，但孔数越多，氧枪冷却水的进、回水通道越狭窄，水冷效果越差，氧枪的寿命越低。综合考虑，大型氧枪10孔，小型氧枪8孔比较合适。

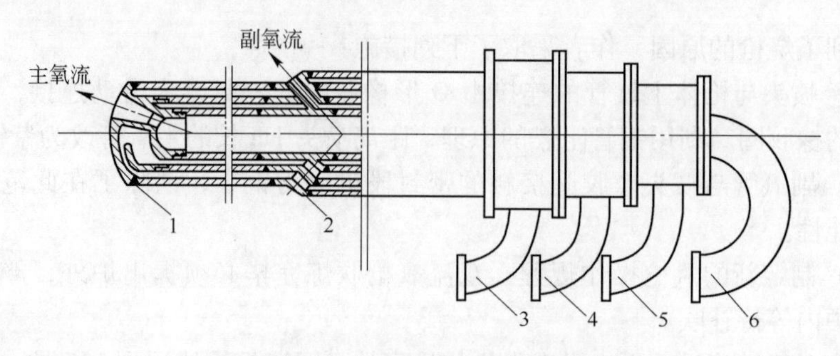

图 1-44 转炉双流道双层氧枪

1—主氧流喷头；2—副氧流喷；3—回水支管；
4—进水支管；5—副氧流支管；6—主氧流支管

副氧喷头以上的氧枪枪体由 4 层钢管组成，从里往外分别为主氧管、副氧管、进水管和回水管。副氧喷头至主氧喷头之间的氧枪枪体由 3 层钢管组成，从里往外分别为主氧管、进水管和回水管。氧枪枪尾通过 3 组法兰进行连接。外管法兰进行焊接，其余 3 层钢管与法兰之间通过 O 形橡胶圈进行密封。拆开 3 组法兰，氧枪的 4 层钢管要伸缩自如。这样，副氧喷头上方与枪体 4 层钢管的焊接，才能一层层地进行。上方焊好，副氧喷头下方的 3 层钢管也要一层层地焊好。最后安装主氧喷头。主氧喷头的中心氧管与枪体通过 3 组 O 形橡胶圈进行密封，进水管采用滑动连接，只有最外层钢管，进行焊接。副氧喷头和主氧喷头的组装和更换，都要按这个顺序，一层一层地进行。双流道双层氧枪的结构虽然复杂，但按这种结构进行设计，既可以保证氧枪的密封性能，也可以消除氧枪使用过程中产生的热应力，氧枪的组装和拆卸也很方便。

为了焊接方便，图 1-44 中的副氧喷头和主氧喷头与枪体连接的部位，都要焊上一段钢管，这样与枪体的焊接都是钢管对钢管之间的焊接。副氧喷头下方的最外管还要焊上一段较长的铜管（图 1-44 中未画出）。

美国转炉双流道双层氧枪结构如图 1-45 所示。该氧枪结构设计的比较合理，主氧喷头更换比较方便，中心氧管通过 O 形橡胶圈密封，进水管滑动连接，外层管与枪体进行焊接，只是中心氧管比较长，给更换主氧喷头带来不便。副氧喷头的安装或更换比较复杂，需将枪尾全部打开，先将中心的主氧管从枪体中伸出来，与副氧喷头进行焊接，再推伸枪体的副氧管与副氧喷头的副氧管焊接，再在枪体的进水管上焊接一段进水滑动管，然后将副氧喷头推进枪体，枪体外管与副氧喷头外管对焊接好。副氧喷头备件，在与枪体焊接之前，上方的 4 根连接钢管和下方的 2 根连接钢管都应组焊好，并应进行过水压检验，保证氧枪组装后，不会漏水漏气。副氧喷头组装完成后，将主氧喷头备件插入，副氧喷头上的外层连接管和主氧喷头上的外层连接管对接焊好。双流道双层氧枪组装工作全部完成。

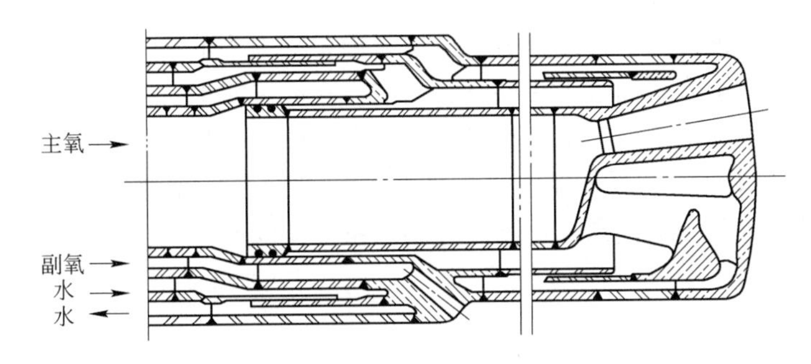

图 1-45　美国转炉双流道双层氧枪结构

双流道双层氧枪的安装如图 1-46 所示。双流道双层氧气吹炼如图 1-47 所示。

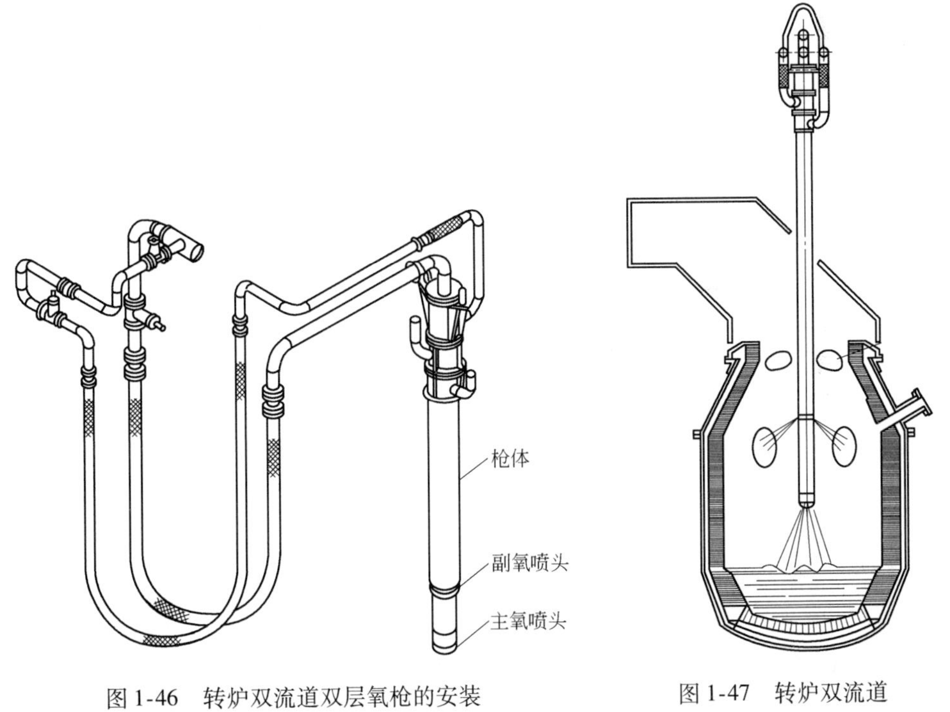

图 1-46　转炉双流道双层氧枪的安装

图 1-47　转炉双流道双层氧枪吹炼

双流道双层氧枪性能良好。主氧流和副氧流的氧气流量、氧气压力可以在不同的冶炼时期分别进行控制。转炉吹炼初期，Si、Mn 进行氧化，CO 的生成数量较少，副氧流量要开小；吹炼中期，CO 大量生成，副氧流量要开大；吹炼后期，钢水中 C 含量降低，生成的 CO 减少，副氧流量又要逐渐减少。另外，可以根据转炉的吨位、炉型、枪位、废钢装入量、铁水成分等参数来设计副氧喷头与主氧喷头的距离，以及副氧喷头的孔数、张角等氧枪参数，以获得最佳的 CO 的二次燃烧率和二次燃烧热效率。

已经投产的钢厂，要应用双流道双层氧枪，氧枪要重新设计，原有氧枪要报废。氧枪由3层钢管结构改为4层钢管结构，氧枪要加粗，枪重要增加，氧枪升降机构、电气控制系统、平衡配重等，都要重新设计和制造。转炉排烟系统的氧枪小套（氮风口）内径要加粗。最主要的是要增加一条副流氧气管道，包括减压阀、流量调节阀、截止阀、切断阀等阀门系统，以及流量孔板、流量表、压力表等仪表系统。

2 平炉氧枪

平炉从1878年问世，到20世纪60~70年代走向衰落，20世纪末走向消亡，曾经作为最主要的一种炼钢方法，在世界上兴盛了一个多世纪，为世界炼钢事业做出了重要贡献。

平炉钢的产量，曾经占到世界钢产量的大部分。在主要的产钢国家中，平炉都曾经是最主要的炼钢设备。尤其是前苏联，平炉炼钢技术十分发达，平炉的容量从100t发展到300t、500t，最大达到了800t、900t。在氧气顶吹转炉炼钢技术兴起之前，平炉炼钢占据了统治地位。即使在氧气顶吹转炉炼钢技术发展时期，平炉也从矿石炼钢法，借鉴了氧气炼钢技术，发展了氧气顶吹平炉、氧气侧吹平炉、双床平炉等多种氧气炼钢法，并且也取得了较好的技术经济指标。平炉氧枪就是在这个时期发展起来的。

虽然平炉由于建设费用高、生产成本高、生产率低、劳动强度大、不利于自动化生产等多种原因，逐渐退出了历史舞台，但平炉氧枪作为两种氧枪基本结构中的一种，仍有论述的必要。平炉氧枪结构，在电炉中应用较多，在转炉中也有应用。

2.1 平炉氧枪的基本结构

转炉的结构很简单，只是一个圆形筒，而平炉的结构很复杂。平炉具有炉顶，而且炉顶距离熔池面只有几米的距离，炉顶又是平炉的薄弱环节，所以平炉氧枪较短。为了尽可能地降低氧枪喷溅对平炉炉顶造成的侵蚀，平炉氧枪的孔数较多，氧孔张角较大，吹炼的枪位较低，理想的枪位是钢渣界面，喷头插入炉渣中进行吹炼。由于枪位很低，平炉氧枪承受的热负荷要比转炉氧枪大得多，所以氧枪的水冷条件要非常好，因此平炉氧枪采用的是中心管进水的结构，冷却水从中心管直插喷头底部，然后沿喷头端面强制水冷，从中层管与外管的环缝中返回。为了减少喷溅，氧枪氧流的速度较低，平炉氧枪采用了马赫数为1的音速喷头。由于平炉熔池的面积很大，平炉采用多枪吹氧，通常每座平炉设置2~4支氧枪。

平炉氧枪结构如图2-1所示，由喷头、外管、中管、内管、进氧支管、进水管、回水管、法兰、橡胶圈等部件组成。由于平炉氧枪是中心进水、外围回水结构，所以平炉氧枪喷头与三层钢管的焊接，要保证焊接质量，不能有任何渗漏，不能像转炉氧枪，中层管进行插接。由于平炉氧枪较小、较细，内管与喷头之间的连接，也很少采用O形橡胶圈密封的插接方式。平炉氧枪喷头的更换，只能采用把枪尾卸开，一层管一层管地焊接，然后再把枪尾的两组法兰重新装配好。

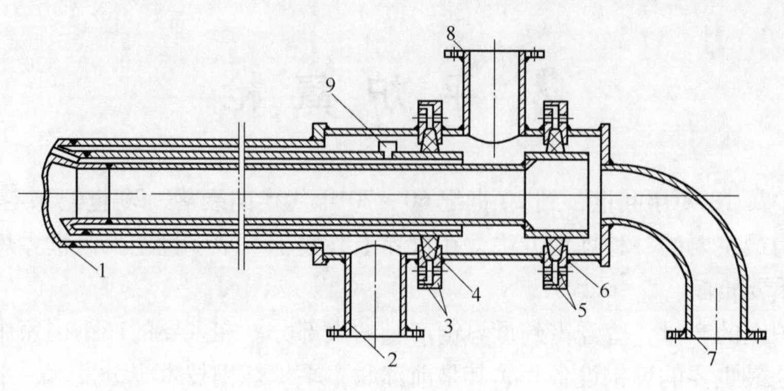

图 2-1　平炉氧枪

1—喷头；2—回水管；3—下法兰；4，6—胶圈；5—上法兰；
7—进氧支管；8—进水管；9—止动销

2.2　平炉二次燃烧氧枪

平炉采用二次燃烧氧枪，对于提高平炉的热效率、减少氧枪喷溅对炉顶造成的侵蚀，都能起到良好的效果。作者曾在长期工作过的鞍钢第二炼钢厂，做过两次 300t 氧气顶吹平炉燃烧氧枪试验。

2.2.1　普通分流氧枪

在 20 世纪 80 ~ 90 年代，由于转炉二次燃烧技术在生产中取得了良好的技术经济效益，炼钢工作者也把二次燃烧氧枪推广到平炉生产中，普通平炉分流氧枪便应运而生。

普通分流氧枪的枪体结构，仍采用原平炉氧枪的结构，只是把平炉喷头更换成平炉分流喷头。平炉分流喷头将在 2.3 节平炉氧枪喷头中进行详细介绍。

2.2.2　分流双层氧枪

平炉分流双层氧枪结构如图 2-2 所示。分流双层氧枪由主氧喷头、副氧喷头、进氧管、进水管、回水管、法兰、胶圈等主要部件组成。枪尾的结构与普通平炉氧枪相同。副氧喷头的结构比较复杂，与上部、下部的氧枪管都要进行焊接，下部的中层管和外层管之间是不能进行移动的，所以主氧喷头的内管和中层管要镶嵌 O 形橡胶圈，插入枪体内，只焊外层管。由于平炉喷头较小，每层钢管之间的缝隙很窄，只能采用细小的 O 形橡胶圈镶嵌在喷头的内管和中层管上。主氧喷头与枪体的连接如图 2-3 所示。由于分流双层氧枪的氧道只有一个，所以主氧喷头和副氧喷头的氧气流量是不能进行单独控制的。

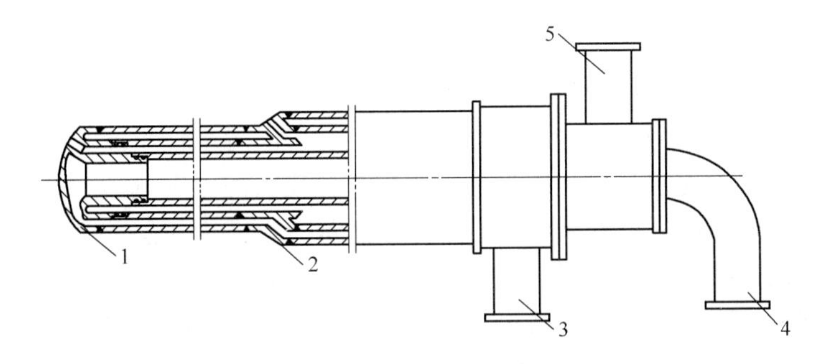

图 2-2　平炉分流双层氧枪

1—主氧喷头；2—副氧喷头；3—回水管；4—进氧支管；5—进水管

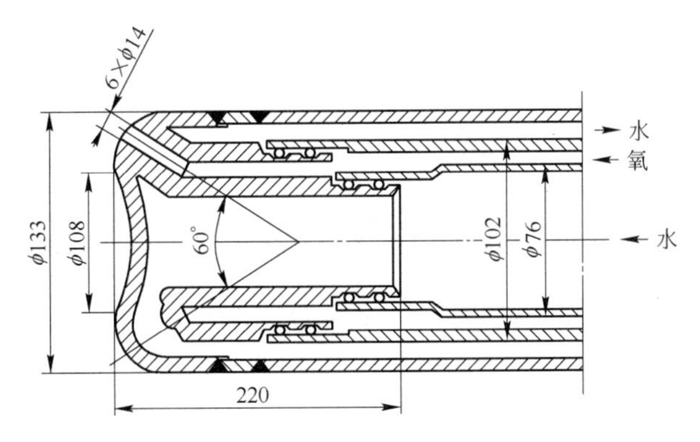

图 2-3　主氧喷头与枪体的连接

美国分流双层氧枪结构如图 2-4 所示。主流喷头为“象脚”形的铸造喷头。为了提高氧枪寿命，在副氧喷头的下方，焊接了一段紫铜管。

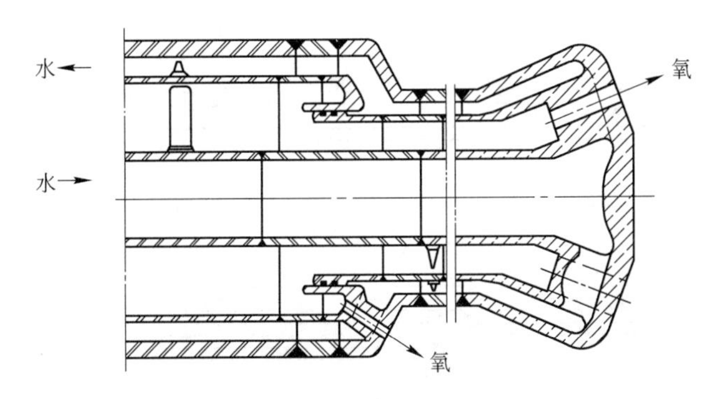

图 2-4　美国分流双层平炉氧枪

2.2.3　双流道双层氧枪

双流道双层氧枪是平炉二次燃烧氧枪中结构最为复杂、吹炼性能最好的一种。

平炉双流道双层氧枪结构如图 2-5 所示，主要由主氧喷头、副氧喷头、主氧支管、副氧支管、进水支管、回水支管、法兰、胶圈等部件组成。主氧喷头与普通平炉喷头相似，通常为 6 孔喷头，也有用 8 孔喷头的。副氧喷头的结构比较复杂，平炉双流道双层氧枪副氧喷头如图 2-6 所示，上方为 4 层管结构，分别与氧枪的 4 层管相连接，这 4 层管从里往外分别为进水管、主氧管、副氧管和回水管。副氧喷头的下方为 3 层管结构，分别与氧枪的 3 层管相连接，这 3 层管从里往外分别为进水管、主氧管和回水管。副氧喷头的孔数较多，为 8 孔到 10 孔，孔数越多，CO 的二次燃烧效果越好。但孔数越多，氧枪冷却水的进、回水通道越狭窄，冷却水量越少，水冷效果越差，氧枪的寿命越低。副氧喷头氧孔的张角较大，通常为 45°～60°。

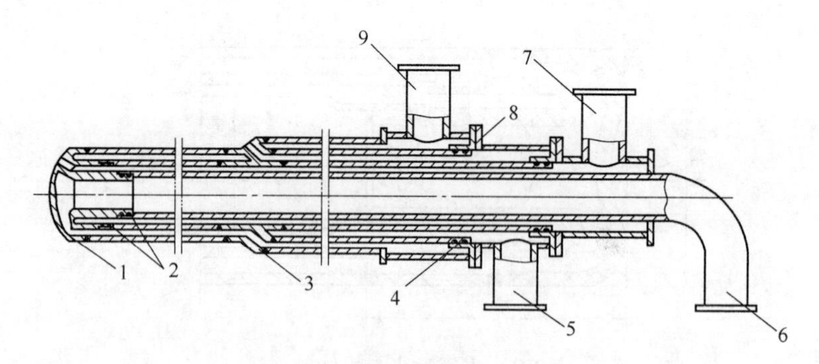

图 2-5　平炉双流道双层氧枪

1—主氧喷头；2，4—胶圈；3—副氧喷头；5—副氧支管；6—进水支管；7—主氧支管；8—法兰；9—回水支管

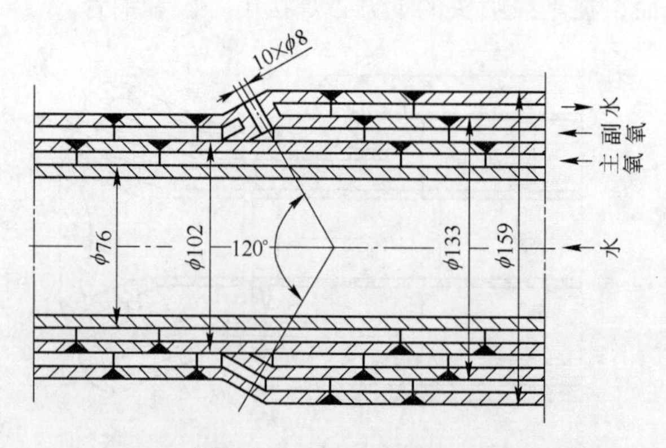

图 2-6　平炉双流道氧枪副氧喷头

双流道双层氧枪的枪尾由两组法兰组成。氧枪的进水内管与第一组法兰固定，副氧喷头上方的主氧管与第一组法兰通过橡胶圈进行滑动连接，副氧管与第二组法兰通过橡胶圈进行滑动连接，外层的回水管与第二组法兰固定。

氧枪的组装或副氧喷头的更换步骤如下：

（1）把枪尾的两组法兰打开；

（2）焊接副氧喷头上方的主氧管；

（3）焊接副氧喷头上方的副氧管；

（4）焊接副氧喷头上方的外层回水管；

（5）安装第二组法兰；

（6）安装第一组法兰，氧枪进水管插入枪体内；

（7）焊接副氧喷头下方的主氧管；

（8）焊接副氧喷头下方的外层回水管；

（9）插入主氧喷头，并焊好外层回水管。

主氧喷头的内管和中层管采用细O形橡胶圈与枪体连接。

由于副氧流对氧枪枪体的下方造成的氧化和燃烧，氧枪寿命降低。为了解决这一问题，在副氧喷头的下方，要焊接一段1m长的紫铜外管。为了方便钢厂更换副氧喷头，副氧喷头的上、下方都要焊好一段短钢管，使钢厂不用进行铜-钢焊接。

双流道双层氧枪性能良好。主氧喷头和副氧喷头喷出的氧气流量、氧气压力可以在不同的冶炼时期分别进行控制和调整，以便达到最佳的吹炼效果。

双流道双层氧枪的缺点是枪体结构复杂，更换副氧喷头很麻烦，需要增设一条副氧流氧气管道。

2.3　平炉氧枪喷头

平炉氧枪喷头的特点是孔数多、张角大，喷孔为直筒形。

2.3.1　普通平炉氧枪喷头

普通平炉氧枪喷头应用于氧气顶吹平炉或双床平炉。喷头为6孔，也试验过4孔和8孔喷头，但都未能应用于生产。氧孔的张角国内采用的是30°，国外采用的是25°。氧孔孔型为直筒形，氧气出口为音速。由于平炉喷头为环缝走氧的特殊结构，氧孔很难加工成拉瓦尔孔形，为了提高氧气的出口速度，也试验直筒-扩张孔形的超音速喷头，并在理论上进行了研究，在试验室对氧气喷头速度进行过测试，但也未能在生产中推广应用。

由于平炉氧枪的枪位很低，承受的热负荷很大，所以平炉氧枪的喷头寿命很短，通常为十几炉，高的几十炉，吹炼20～60h。

为了提高平炉喷头的寿命，如何提高喷头的制造质量，就成了很多平炉钢厂研究的课题。

20世纪70年代，我国没有氧枪喷头专业生产厂家。那时，我国各炼钢厂所用的氧枪喷头都是各个炼钢厂自行生产。平炉钢厂也是如此。

鞍钢第二炼钢厂19号平炉，是我国第一座氧气顶吹平炉，投产初期，所用的平炉喷头是由鞍钢机修总厂采用铸造工艺生产的喷头，如图2-7所示。因纯度很低，含铜仅为98.8%，寿命很低，平均寿命只有6.5炉。后来生产一种锻造焊接喷头，即6孔锻造焊接喷头，如图2-8所示，是用紫铜坯，经过锻造、车削、钻孔、卷曲、焊接而成的。喷头的纯度高、密度高、结构合理，是较为合理的喷头。其平均使用寿命24.5炉，最高寿命68炉，但因为加工工艺复杂，生产量有限，未能在生产中推广应用。

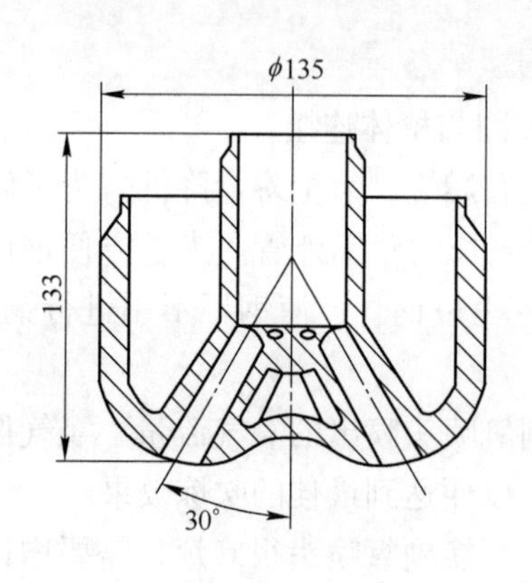

图2-7　鞍钢机修厂的铸造喷头

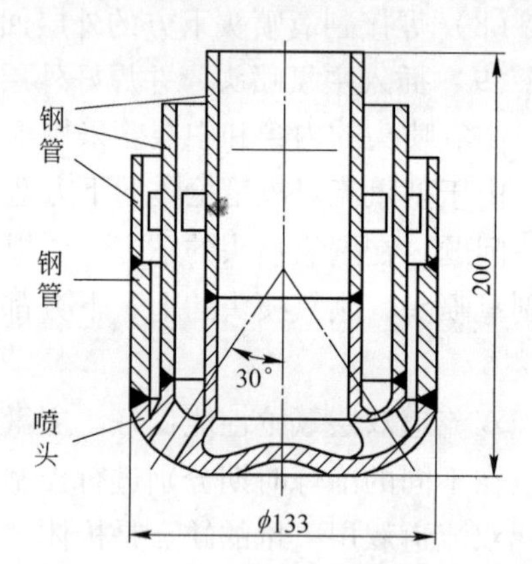

图2-8　6孔锻造焊接喷头

作者研究设计的锻造机加工喷头如图2-9所示。该喷头是用紫铜棒，经过车床车削加工钻孔而成的。其加工工艺简单，使用寿命比原铸造喷头提高两倍以上，很快在生产中推广应用。该项成果获鞍钢科技进步一等奖，并被武钢等厂应用于生产，在武钢被称为高焊缝氧枪喷头。

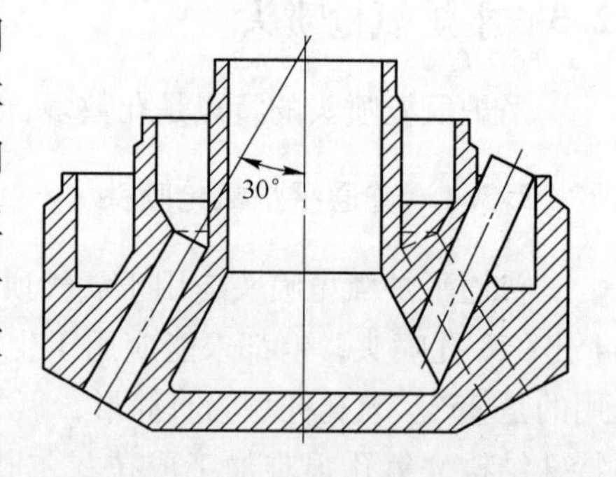

图2-9　6孔锻造机加工喷头

鞍山热能研究院设备研制厂建立后，由作者设计的6孔铸造喷头如图2-10所示。该喷头由于铸造技术先进、成本低廉，取代了锻造机加工喷头，很快推广到全国其他钢厂。

"象脚"形喷头如图2-11所示，是美国研究的喷头结构，喷头外焊缝较高，"象脚"形有阻挡射流喷溅对氧枪外焊缝所造成的侵蚀作用。国内进行了仿制，在生产中并未表现出优异的性能，因喷头较大，成本较高，未能应用于生产。

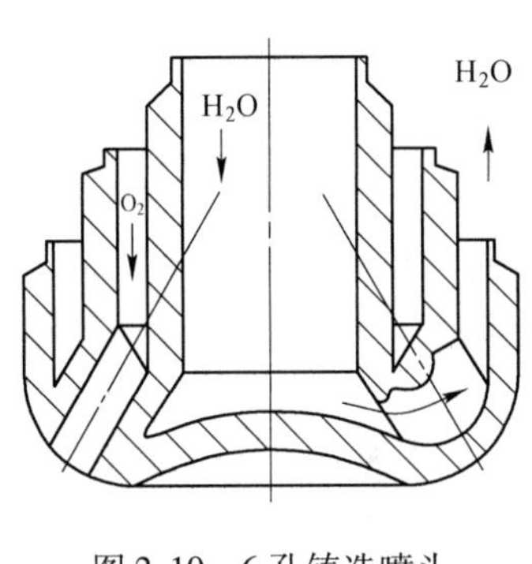

图 2-10　6 孔铸造喷头

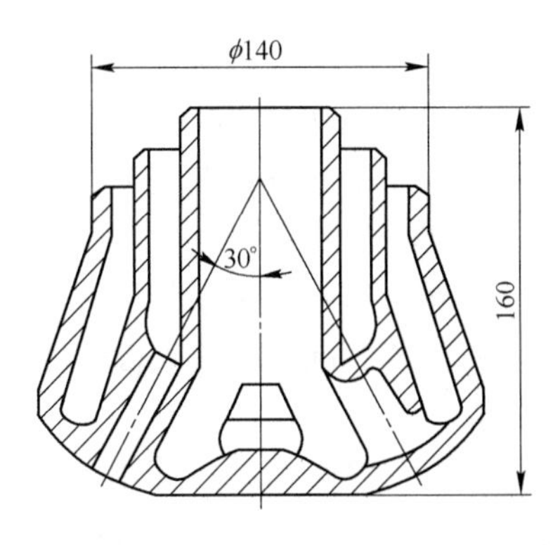

图 2-11　“象脚”形喷头

2.3.2　分流氧枪喷头

在全国转炉二次燃烧氧枪风行之时，平炉二次燃烧氧枪也开始进行试验，并陆续投入生产应用。

投入生产应用的平炉二次燃烧氧枪，主要是分流氧枪。

平炉分流氧枪喷头结构如图 2-12 所示。分流喷头就是在普通 6 孔喷头氧孔的上方，再开 6 个小的副流氧孔。主流氧孔的张角为 20°～30°。副流氧孔的张角为 40°～60°。

平炉“象脚”形分流氧枪喷头结构如图 2-13 所示。

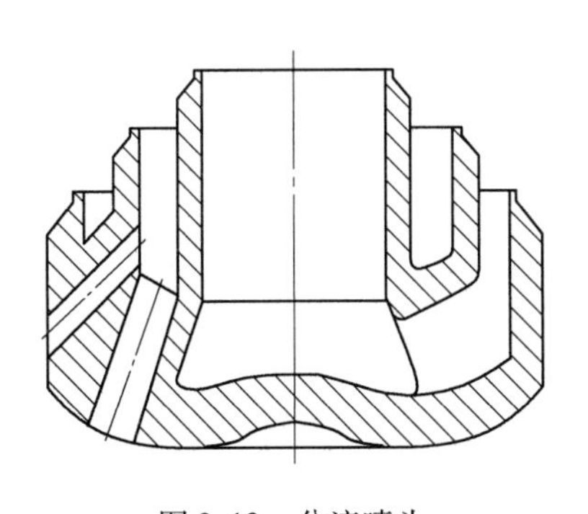

图 2-12　分流喷头

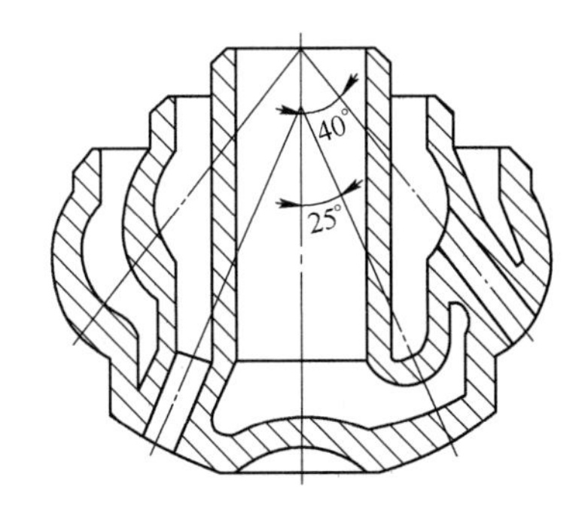

图 2-13　“象脚”形分流喷头

分流氧枪在鞍钢、武钢、包钢、湘钢、马钢等平炉钢厂得到了广泛应用，并且取得了较好的技术经济效益。

鞍钢第一炼钢厂 300t 氧气顶吹平炉分流氧枪主要设计参数如下：

（1）主孔 ϕ9mm×6、副孔 ϕ4mm×6，主副孔氧流量比分别为 84% 和 16%。

（2）主副孔之间的距离为 20mm。

（3）主孔中心与氧枪中心夹角为 30°。副孔中心与氧枪中心夹角为 45°。

（4）总供氧量为（标态）6500m^3/h，供氧压为0.8MPa。

（5）枪位200～300mm。

（6）氧枪的布置：四支顶吹氧枪，两支间距为2750mm。

生产试验效果如下：

（1）熔炼时间：采用分流氧枪后，平均熔炼时间比原氧枪缩短11min。

（2）熔渣状况：分流氧枪吹炼工艺稳定，化渣快，成渣早，渣子流动性好，易于放渣。

（3）升温降碳情况：使用分流氧枪升温较快，热效率高，降碳速度也有所提高，升温和降碳比较协调。升温速度提高0.3℃/min，降碳速度提高8.7%/min。

（4）去除磷硫效率：由于分流氧枪热效率高，化渣能力强，去除磷硫效果均有所提高。

（5）分流氧枪枪龄：生产试验共使用25支分流氧枪，最高枪龄为75炉，平均枪龄20.3炉，比原氧枪提高2.4炉。

（6）炉体寿命情况：

1）炉顶情况：各部位蚀损比较均匀，烧损速度降低0.1mm/炉。

2）炉底情况：炉底寿命为42炉，提高8炉。

（7）主要原材料消耗（技术经济指标）：小时产钢提高3.16t，重油单耗降低1.61kg/t，氧气单耗降低1.46m^3/t，钢铁料消耗降低3.05kg/t，废钢比提高2.15%。

3 电炉氧枪

电炉作为现代炼钢两种最主要的炉型中的一种，日益重要。电炉炼钢历史悠久，在平炉炼钢统治时期，电炉炼钢的规模较小。那时，电炉由于生产成本较高，生产率较低，主要用来生产合金钢、工具钢、耐热钢、不锈钢、轴承钢等特殊钢种。随着平炉逐渐被淘汰，大量的废钢需要用电炉来处理。随着氧气炼钢技术的发展，电耗越来越低，炼钢速度越来越快。随着高功率、超高功率、竖炉、双体电炉等电炉炼钢新技术的出现，电炉炼钢已发展成为速度快、生产成本低、质量好、生产率高的炼钢技术。超高功率电炉配以连铸连轧的短工艺流程，发展十分迅速，已占据炼钢生产的半壁江山。炉门氧枪、炉壁氧枪、炉顶氧枪、碳氧枪、氧燃枪等各种用氧、燃烧设备，在现代电炉炼钢生产中，起到了至关重要的作用。

3.1 电炉氧枪的基本结构

电炉氧枪是借鉴转炉氧枪和平炉氧枪发展起来的。因此，电炉氧枪有中心走氧、转炉型的氧枪结构和中心走水、平炉型的氧枪结构两种结构形式。

转炉型结构电炉氧枪如图 3-1 所示，通常用于供氧量比较大、枪位稍高的电炉中，可用于炉门枪和炉壁枪。它可安装 1 ~ 3 孔电炉喷头，也可安装二次燃烧喷头。枪位可位于渣面上 100 ~ 200mm。枪尾采用图 1-10 中的结构。氧枪主要部件包括喷头、三层钢管、两组法兰和 O 形橡胶圈等。

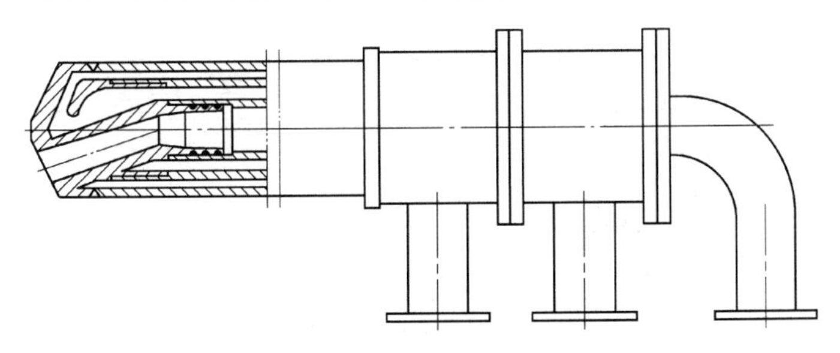

图 3-1　转炉型电炉氧枪

平炉型结构电炉氧枪如图 3-2 所示，通常用于供氧量比较小、枪位较低的电炉中，可用于炉顶氧枪和炉门氧枪。它可安装 1 ~ 2 孔电炉喷头，也可安装二次燃烧喷头。氧枪可插入渣中，喷头位于钢渣界面进行吹氧，喷溅小，有利于提高电炉的炉衬寿命。因氧枪是中心水冷，冷却强度高，氧枪寿命长。枪尾可采用图

2-1 中的结构形式。氧枪主要部件包括喷头、三层钢管、两组法兰和 O 形橡胶圈等。

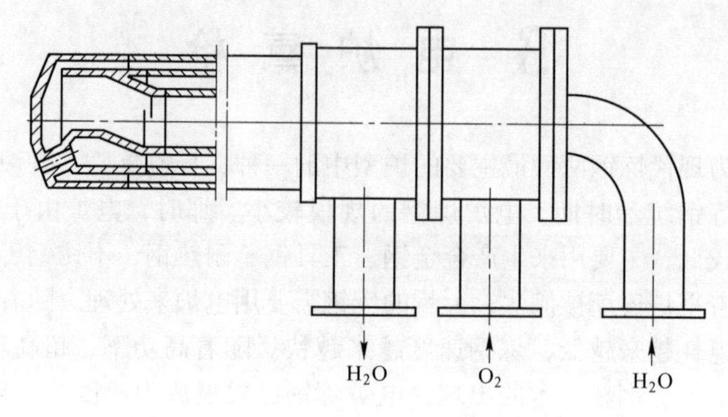

图 3-2　平炉型电炉氧枪

3.2　电炉碳氧枪

超高功率电弧炉在电炉生产中已经占有重要地位。它的弧光很长，弧光温度很高。为了保护电炉的炉衬和炉盖，降低高温弧光的辐射，并提高弧光的加热效率，超高功率电弧炉要进行埋弧操作。也就是在进行电弧加热时，要造一层厚厚的泡沫渣。电炉碳氧枪就是为了适应超高功率电弧炉造泡沫渣的冶炼工艺而发展起来的。

电炉碳氧枪如图 3-3 所示，由四层钢管组成，从里往外分别是碳粉管、进氧管、进水管和回水管。枪尾可采用图 2-1 中枪尾部分进行 O 形橡胶圈密封和滑动的结构形式，只是枪体为四层管、枪尾由三组法兰组成，结构要复杂一些。

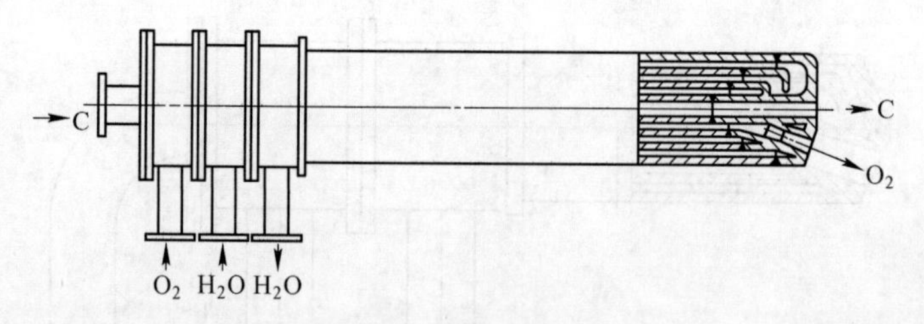

图 3-3　电炉碳氧枪

碳氧枪全套设备除碳氧枪枪体之外，还包括喷粉罐，碳、氧、水系统的管道、阀门、仪表、机械系统以及自动控制系统等。

碳氧枪有炉门插入和炉墙插入两种方式。炉墙布置的碳氧枪如图 3-4 所示，炉门布置的碳氧枪如图 3-5 所示。碳氧枪通常与熔池液面以 15°～40°的夹角从炉门或炉墙插入炉内。炉门碳氧枪的操作是通过机械手来完成的。

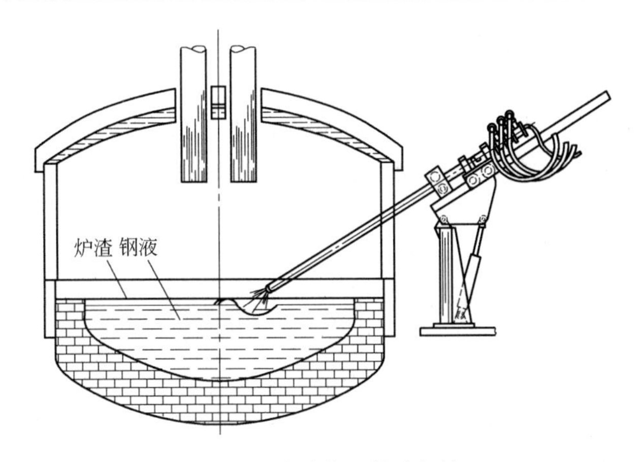

图 3-4　炉墙布置的碳氧枪

机械手通常设置在电炉炉门的一侧（见图 3-5）。机械手上除安置碳氧枪外，还安置一支氧燃枪，折叠放置在机械上，不影响电炉炉门前平台上的炼钢操作。当电炉装完废钢，机械手上的氧燃枪伸展开来，从炉门伸入炉内，开始点火燃烧，用高温火焰加热废钢。当废钢即将熔化完毕，形成熔池时，机械手将氧燃枪退出炉外，再将碳氧枪伸入炉内，边喷碳粉，边吹氧，进行造泡沫渣和升温、降碳操作。冶炼完毕，机械手将碳氧枪退出炉外，与氧燃枪折叠放在一起。

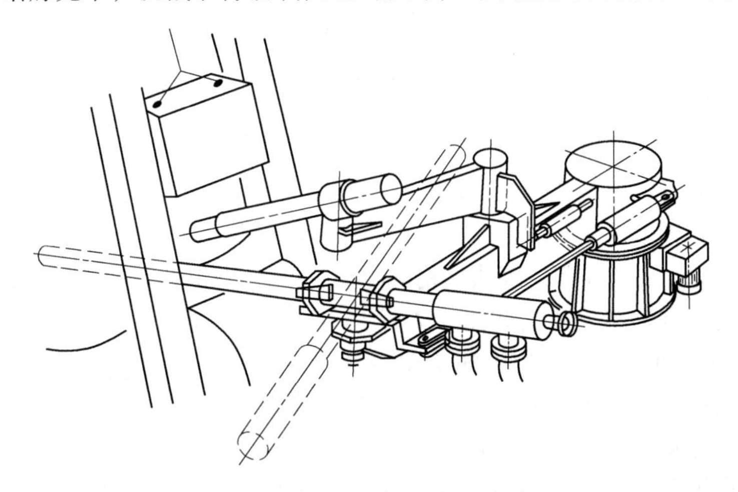

图 3-5　炉门氧枪、氧燃枪安装

机械手的设计，要求操作灵活，安全可靠。氧燃枪和碳氧枪在炉内可进可退、可整体抬高或降低、可左右摆，以满足吹炼的需要。不用时，两支枪折叠在机械手上，靠在炉边。

碳粉以间断性、周期性的方式从碳氧枪喷入熔渣中。氧孔大约与碳氧枪成 15°的夹角，从氧孔中喷出的氧气，把分散在炉渣中的碳粒氧化，生成小的气泡，无数的小气泡形成厚厚的泡沫渣，把超高功率电炉的长长的电弧包围其中，达到造泡沫渣的工艺目标。

碳氧枪造泡沫渣，除了能保护炉体和提高电热效率之外，碳-氧燃烧生成的大量热，还能缩短电炉的冶炼时间，节约电能，提高电炉的生产率。

3.3　电炉氧枪喷头

由于电炉氧枪有中心走氧和中心走水两种结构形式，因此，电炉氧枪喷头也有中心走氧和中心走水两种结构。

中心走氧电炉氧枪喷头如图3-6所示，为环缝进水、外围回水结构。这种喷头应用较多，小型电炉采用单孔喷头，大中型电炉采用2孔喷头。CO二次燃烧喷头，则为3孔结构，下方的两孔向熔池吹氧，上边的一个孔喷出的氧气进行CO二次燃烧。

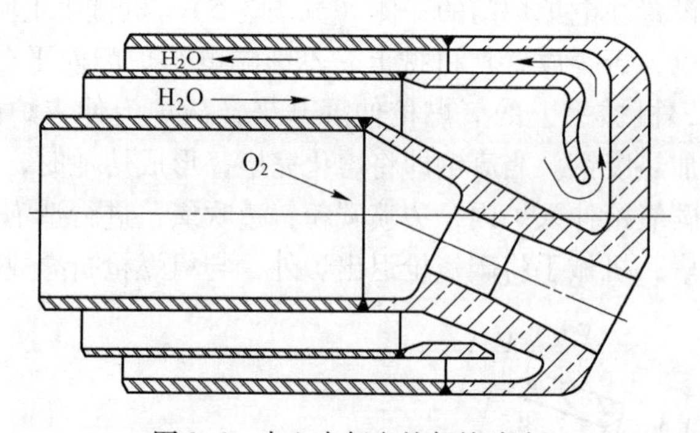

图3-6　中心走氧电炉氧枪喷头

中心走氧电炉氧枪喷头的优点是孔型容易布置，缺点是喷头寿命较低。因为电炉有炉盖，为了提高炉体寿命，减少喷溅，电炉氧枪要低枪位吹氧，喷头承受的热负荷较大，中心走氧的喷头结构的冷却效果，不如中心走水的喷头结构好。

中心走水电炉氧枪喷头如图3-7所示，为环缝进氧、外围回水结构。这种喷头水冷效果好，可进行低枪位吹氧，理想的枪位是喷头位于钢渣界面，升温降碳快，喷溅小，有利于提高炉体寿命，氧气利用率高。喷头通常为1~2孔。小电炉为单孔，中型电炉采用双孔或3孔喷头，采用炉门氧枪或炉壁氧枪，3孔喷头如图3-8所示。

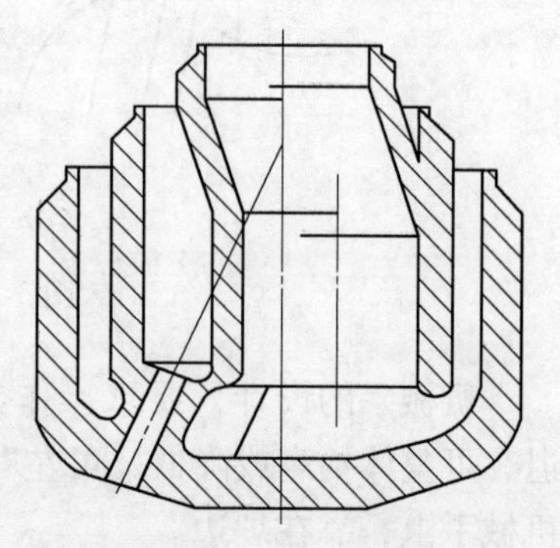

图3-7　中心水冷偏流电炉氧枪喷头

大型电炉多采用中心走水的炉顶氧枪进行低枪位吹氧，选用4孔或6孔的氧枪喷头，吹氧效果好。

电炉碳氧枪喷头如图3-9所示，为四层管结构，中心孔喷碳粉，下方为氧气喷孔，氧孔有单孔和双孔两种结构，氧气管外面为进水管和回水管。碳氧枪喷头结构比较复杂。

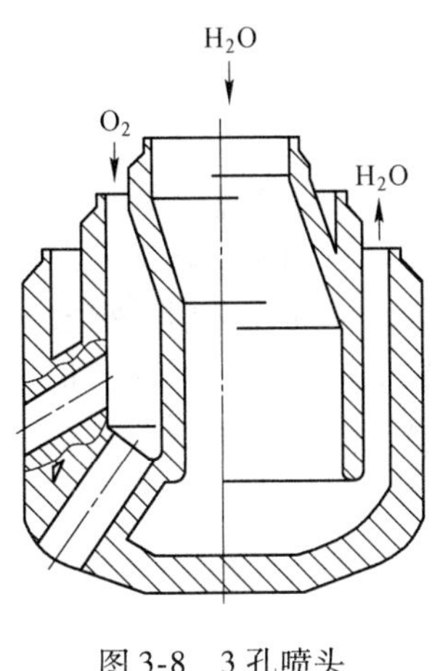

图 3-8 3 孔喷头
（下部 1 孔，上部 2 孔）

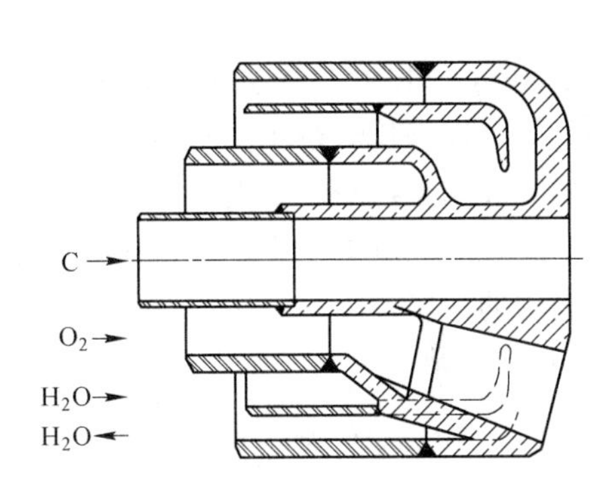

图 3-9 电炉碳氧枪喷头

电炉氧枪喷头的 6 种结构形式如图 3-10 所示，分别为单孔喷头、双孔喷头、带二次燃烧的 3 孔喷头、单氧喷碳粉喷头、双氧喷碳粉喷头和煤气氧燃喷头。

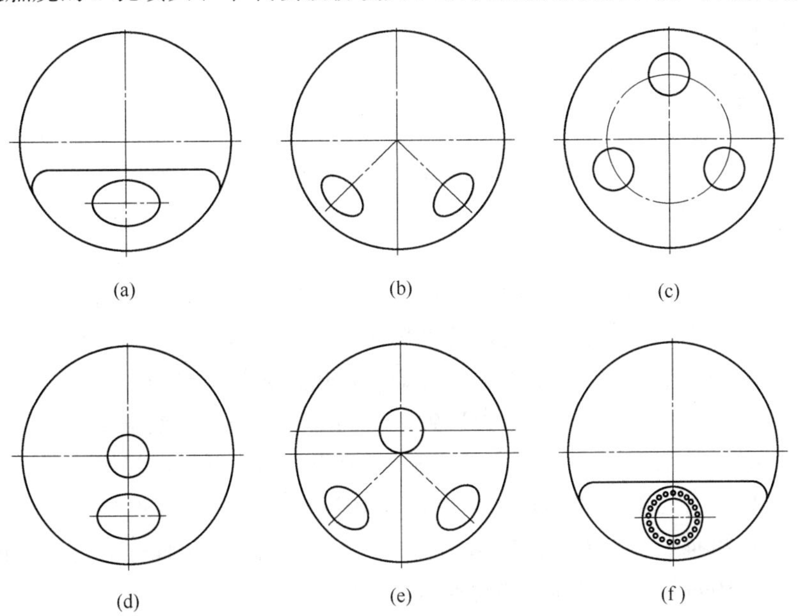

图 3-10 电炉氧枪喷头的结构
（a）单孔喷头；（b）双孔喷头；（c）3 孔喷头；（d）一孔喷氧，一孔二次燃烧；
（e）两孔吹氧，一孔二次燃烧；（f）煤气氧燃喷头

4 氧 燃 枪

20 世纪 40 年代，美国开始将氧气用于炼钢生产。采用氧气燃烧燃料来加热和助熔，以强化炼钢生产过程，氧燃喷枪（也称烧嘴）的燃烧技术得到了迅速发展。起初是在平炉上进行富氧燃烧，后发展成为工业纯氧-燃料燃烧的氧燃枪，由平炉推广到电炉上应用，并在冷料比较高的转炉上加热废钢。随着世界上工业化进程的加快，废钢的比例将日益增加，预计氧燃烧嘴将在炼钢生产中有更多的应用。

4.1 氧气-燃料燃烧的热工特点

氧燃燃烧可以产生比普通燃烧高得多的火焰温度、高的火焰动量及高的燃烧强度，因而可以提高火焰的传热能力、加热温度和加热速度，增加钢的产量。

4.1.1 火焰温度

与普通燃烧不同，氧燃燃烧时，由于供氧剂中没有氮气，因此需要的供氧剂量少，燃烧产物量随之减少。以重油燃烧为例，用空气燃烧时理论空气量（标态）为 $11.4m^3/kg$。理论燃烧产物量为 $12.1m^3/kg$。而采用纯氧燃烧时理论耗氧量为 $2.38m^3/kg$，理论燃烧产物量仅为 $3.16m^3/kg$。燃料产物量减少的直接结果是理论燃烧温度的大幅度提高。

当燃烧产物所获得的总热量（即燃料的燃烧热及燃料与供氧剂的物理热）一定时，燃烧产物量越小，热解程度也越小，则理论燃烧温度越高。

理论燃烧温度因燃烧产物的热解吸热而下降。而热解反应的平衡常数随着温度的升高而急剧增大，即温度愈高，燃烧产物热解愈甚，也即温度愈高升，阻止升高的力量也愈大。当升力与阻力达到平衡的温度，即是火焰温度。

据资料介绍，H_2、CH_4、C_2H_2及轻柴油在 0.1MPa 下与空气燃烧时，理论燃烧温度分别为 2115℃、1959℃、2272℃及 1931℃，而与氧气燃烧时，理论燃烧温度分别为 2804℃、2780℃、3068℃及 2803℃。鞍钢的重油与空气燃烧时理论燃烧温度为 1999℃，而与纯氧燃烧时为 2830℃。

燃料与氧气燃烧时，由于没有惰性气体氮气的存在，氧气与燃料分子有更密切的接触，燃烧速度比与空气燃烧时快得多。因此，其实际燃烧温度更接近于理论燃烧温度。当然，实际燃烧温度与供氧剂过剩量、混合条件、外部传热条件等因素有关。其与理论燃烧温度的差值可以波动很大。

4.1.2 燃烧强度

燃烧强度即单位体积放热速率。

氧气与燃料燃烧时，由于没有氮气的冲淡作用，相同热负荷下的反应物体积小，同时由于反应温度高，反应速度显著增加，因此燃烧强度比空气与燃料燃烧时大得多。

实际燃烧强度主要取决于烧嘴结构，即氧气与燃料的混合效果。

4.1.3 火焰形状与长度

氧气与燃料燃烧时，火焰的形状和长度受许多因素影响，但最主要的是氧气与燃料的混合状况和燃烧速度。对火焰形状影响最大的是氧气与燃料的流动方向，亦即烧嘴的结构形式。相同的烧嘴，增加供氧剂中的氧含量时，火焰变短；降低含量时，燃料完全燃烧所不足的氧气要在燃烧过程中从外界吸入，火焰变长。另外，工业用氧压力比较高，氧燃流股动量大，紊流增加，混合加快，火焰则变短。增加烧嘴的热负荷时，混合较差，火焰将延长。燃烧液体燃料时，燃料雾化得好，燃烧过程加快，火焰变短。炉膛温度越高，燃烧反应越快，火焰也越短。

4.1.4 传热及气体力学特点

氧燃枪的火焰温度较高，有利于向被加热炉料的热传导。氧气喷出速度高，火焰动能大，对炉料的冲刷力和穿透能力很强，对流传热很强烈。

氧燃枪的燃烧产物分解成分在较冷的炉料表面上将重新化合再燃烧，从而直接加热冷料，进而显著增加其加热效果。

4.2 氧燃枪的分类

国内外应用于炼钢生产的氧燃枪，种类非常多，现分类评述如下。

（1）按燃料种类分：可分为使用气体燃料、液体燃料和固体燃料三种。气体燃料主要是指天然气、焦炉煤气、发生炉煤气、转炉煤气、混合煤气和丙烷等。其中以天然气氧燃枪应用最为广泛，在电炉、转炉、平炉上均有应用。液体燃料主要是重油和柴油。重油氧燃枪主要应用于平炉生产，重油燃烧时需要雾化，雾化介质有蒸汽、压缩空气，也有采用机械雾化的。柴油氧燃枪主要应用于电炉生产。固体燃料主要是煤粉、焦炭粉和石墨粉等，主要应用于电炉生产，比如碳氧枪。

（2）按氧气与燃料的混合方式分：可分为内混式、外混式和面混式三种。内混式（也称预混式）主要应用于气体燃料。由于氧气和燃气在烧嘴内部预先混合，因此燃烧速度快，可以达到较高的燃烧温度和较大的燃烧强度。但这种烧嘴容易发生事故，所以要求氧气和燃料混合物的喷出速度一定要大于火焰的传播速度，否则会引起回火和爆炸。外混式（也称后混式）是氧气和燃料在烧嘴以外相遇而混合。这种烧嘴虽然比较安全，但火焰温度低，燃烧强度小，所以又有了面混式（或称前混式）的烧嘴，以改善氧气与燃料的混合。氧-天然气燃烧器的混合形式如图 4-1 所示。

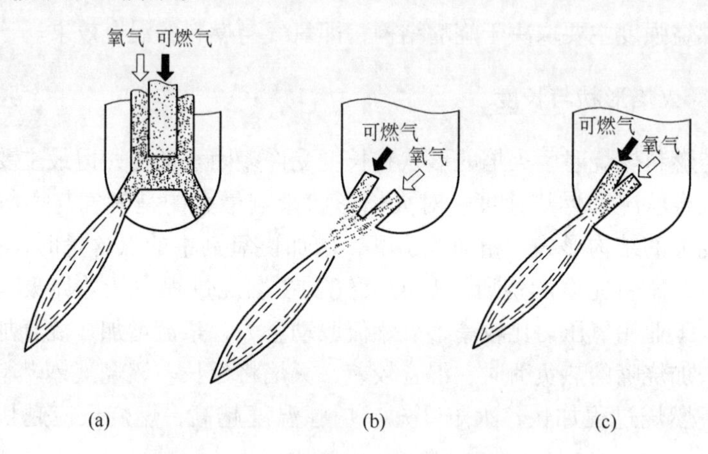

图 4-1　氧-天然气燃烧器的混合形式

（a）内混式；（b）外混式；（c）面混式

（3）按火焰股数分：可分为单焰和多焰。单焰烧嘴是氧气与燃料汇合后只形成一股火焰。多焰烧嘴是氧气与燃料汇合形成几股（如 3、4、6、8 股等）火焰。这实际上是氧燃枪最主要的分类方式。

（4）按火焰形状分：有长焰的及短焰的，有火焰形状可调的及不可调的。

（5）按氧气纯度分：多数氧燃枪使用工业纯氧，但在电炉上也有使用富氧空气的，在平炉上有的烧嘴仅通入少量氧气，而燃料的完全燃烧主要靠外供空气。

（6）按使用目的分：有加热用的，也有加热及向熔池吹氧兼用的，比如电炉碳氧枪。

（7）按安装方式分：有固定式（固定于炉子的某一位置不动）及可移动式（沿烧嘴轴向伸缩，或绕一点转动）；也有垂直、水平或倾斜安装的。安装的位置有炉顶、炉墙、炉头（平炉）及炉门（电炉）等。

4.3　平炉氧燃枪

平炉的熔炼时间长，废钢装入量多，为了缩短废钢的熔化时间，氧焰枪在平炉上首先得到了推广应用。在我国，平炉虽然已经被淘汰，但在平炉上应用过的各种燃烧设备，历史悠久，性能优良，对其他炉型仍有借鉴作用，所以本书还是要予以介绍。

4.3.1　平炉炉头氧油枪

在鞍钢第二炼钢厂，原有10座倾动式平炉，燃烧煤气炼钢，熔炼时间长达12h/炉。20世纪70年代，陆续改建为6座氧气顶吹平炉，燃料从煤气改为重油。为了缩短熔炼时间，强化用氧，把普通油枪改为氧油枪，通过顶吹氧枪吹氧，熔炼时间缩短为4.5h/炉。

氧油枪安装位置如图4-2所示。该位置原为二级雾化重油喷枪，油枪装入水冷套中，油枪下方安置一支富氧枪，将氧气吹入油雾流股中，以提高火焰温度。

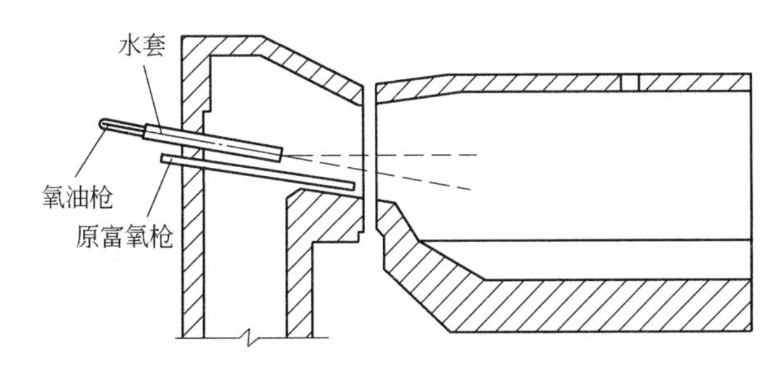

图4-2　平炉氧油枪安装位置

鞍钢第二炼钢厂300t倾动式平炉采用顶吹氧气强化冶炼之后，为了进一步提高生产能力，要求缩短非吹氧工序的作业时间，所以必须提高炉子的加热速度，因此，决定采用氧油枪加热方案。考虑倾动式平炉炉顶条件以及用氧的经济合理性，没有采用炉顶全氧-油枪方案，只采用了将少量氧气吹入原油枪的燃烧方案。即将原富氧枪的氧气供入油枪之中，将原富氧枪拆除。

按简单易行、安全可靠的方针，试验氧油枪采用了外混形式。这种氧油枪结构，将氧气由外层环缝供入，与重油雾流在枪口相遇，离开枪口后，边混合（同时吸入外部热空气），边燃烧，使火焰不至于较原油枪缩短过多。此种结构适用于氧油枪安装在炉头且平炉炉体较长的加热要求。

双级雾化氧油枪的结构如图4-3所示。试验中出现了一些燃烧性能问题，第一阶段试验了5种枪型。在第一阶段试验的基础上，对氧油枪的结构做了较大的改进，改进方法如下。

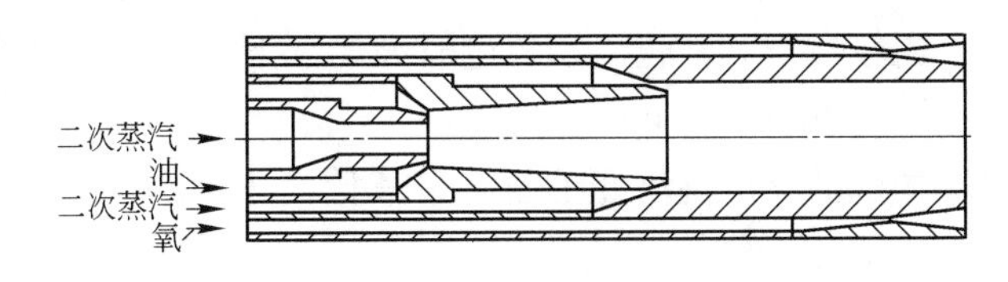

图4-3　双级雾化氧油枪的结构

（1）将油枪与水冷套合为一体，氧气从油枪与水冷套之间的环缝喷出，水冷套喷出口改为紫铜件。

（2）考虑氧气的雾化能力，仅采用一次蒸汽雾化，蒸汽与重油比由0.7降为0.5。

（3）油气混合管仅有扩张段，以增大火焰的扩张角，同时增加油与氧在枪口着火的可能性。

（4）油气系统与水冷系统可以拆卸，以利于安装和维护。

（5）水冷套的喷出口设计了几组使氧气内喷的挡角，将部分氧气在出口处即混入油气流股中，使火焰出口即着火，降低噪声。

平炉炉头氧油枪如图4-4所示。

氧油枪主要参数见表4-1。

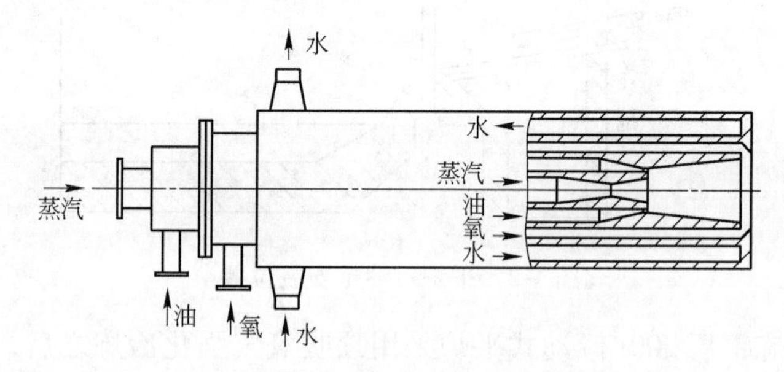

图4-4　平炉炉头氧油枪

表4-1　氧油枪主要参数

序号	参　数	单　位	重　油	蒸　汽	氧　气
1	最大流量	$t(m^3)/h$	4	2	3000
2	设计压力（绝对）	MPa	0.8	0.9	0.3
3	工作温度	℃	80	300	4.0
4	临界面积	mm^2	149	480	3000
5	临界直径	mm	39/35	25	110/90
6	出口直径	mm	—	33	110/90

试验结果：

（1）火焰特征。在相同的油量、氧量和炉温条件下，氧油枪的火焰白而亮，刚性和方向性好，比较致密。油枪、富氧枪时火焰仅下部发亮，其余部分昏暗发黄，软而散。

测定表明，氧油枪的火焰温度比油枪、富氧枪高出40～100℃，比普通油枪高150～180℃。

（2）加热效果。由于氧油枪火焰温度高、亮度大、刚性好，改善了对炉料的辐射和对流传热，因此，在补炉、装料、炼炉和烧结炉底时获得了良好的加热效果。缩短冶炼时间约0.5h，油耗下降11～16kg/t，氧气消耗未变，钢产量增加10%。

（3）安全可靠性。长期的生产实践证明，这种外混型环缝通氧的氧油枪安全可靠。

（4）噪声。氧气与液态或气态燃料燃烧时，由于燃烧速度快，反应激烈，经常伴随着较大的噪声。国内外使用的各种氧燃烧嘴，甚至采用富氧燃烧时，也都会遇到噪声大而难以忍受的问题。因此，降低噪声即成为氧油枪研究的主要课题之一。

试验中发现，氧油枪火焰流股出口即燃烧，则噪声明显下降。如果氧油流股喷出一段距离后再着火，噪声明显增大。氧油枪采用降低噪声措施后，噪声已控制在92dB左右。

氧油枪试验成功后，一直应用于生产，直至平炉拆除改建转炉。该项成果曾获鞍钢科技进步奖。

4.3.2 平炉炉顶氧油枪

4.3.2.1 炉顶氧油枪的特点

平炉比较长，熔池面积比较大，炉头氧油枪的火焰很难将熔池各个部位都加热到。炉头氧油枪的火焰很长，火焰在传递过程中，温度逐渐降低，火焰对熔池各部位的加热也不均匀。

炉顶氧油枪的火焰是自上而下加热废钢，正对料面，火焰对废钢有很强的冲击力，强化了对废钢的加热，不会因为某一部位的料面高，而影响其他部位的废钢加热。采用炉顶氧油枪，炉内温度分布均匀，火焰铺展面大，提高了废钢的加热速度，能耗降低，平炉炉顶的烧损也较慢。

炉顶氧油枪可以根据平炉熔池面积的大小，安装一支或多支。鞍钢300t倾动式平炉安装3支炉顶氧油枪，火焰铺展面达80%，而炉头氧油枪的火焰铺展面只有50%，鞍钢100t×2双床平炉，每床安装1支炉顶氧油枪，火焰铺展面为70%。

炉顶氧油枪的噪声要比炉头氧油枪小。氧燃烧嘴的噪声是由于氧气与燃料燃烧比较快造成的，实际上是由于无数个微小的油珠的小爆炸形成的。噪声强度与燃料的热值、烧嘴的热负荷和氧气的流量成正比。在结构设计上，降低噪声的措施是，采用多枪，将单股火焰变成多股火焰。保证火焰燃烧稳定，避免火焰脱离烧嘴。在保证火焰刚性及燃烧稳定的前提下，适当降低氧气的出口速度。

4.3.2.2 设计参数的选择

炉顶氧油枪的设计关键在于参数的选取、喷头结构及雾化喷嘴结构等，这些因素又相互影响。300t 倾动式平炉和 100t ×2 双床平炉炉顶氧油枪设计参数见表 4-2。

表 4-2 炉顶氧油枪设计参数

分类	压力/MPa		温度/℃		流量/kg·h⁻¹	
	倾动	双床	倾动	双床	倾动	双床
重油	0.6	0.3	100	100	1000	3000
蒸汽	0.8	0.7	300	300	400	1200
氧气	0.3	<0.3	30	30	1500（m^3/h，标态下）	2100（m^3/h，标态下）

燃料的单位耗量是考虑烘炉加热及炼炉热负荷的要求选取的。油压大，油的流出速度快；油温越高，油的黏度就越低，油的雾化质量就越好。提高雾化剂（蒸汽）的压力，雾化剂的喷出速度将加快；蒸汽和油流股喷出的相对速度越大，则雾化后油珠的直径越小，蒸化质量越好，但带来的噪声将增加。生产实践证明，压力在 0.6～1.0MPa 之间噪声较低，同时也能满足雾化质量要求。高压气体绝热膨胀后，温度将降低，当它与油股相遇，油温将降低，从而使油的黏度变大，进而使雾化质量变坏。因此，要采用温度较高（200～300℃）的过热蒸汽来作为雾化剂。蒸汽单耗对雾化颗粒直径有重要作用。在高压氧油烧嘴中，雾化剂的速度要大，流量要小。气与油的质量比为 0.2～0.6 较好。蒸汽量大将降低燃烧温度，增大炉气中的水蒸气含量。采用纯氧做供氧剂，氧压控制在 0.2～0.3MPa 时即可满足生产要求，氧压过大会使噪声增加。

4.3.2.3 炉顶氧油枪结构

鞍钢炉顶氧油枪结构如图 4-5 所示。

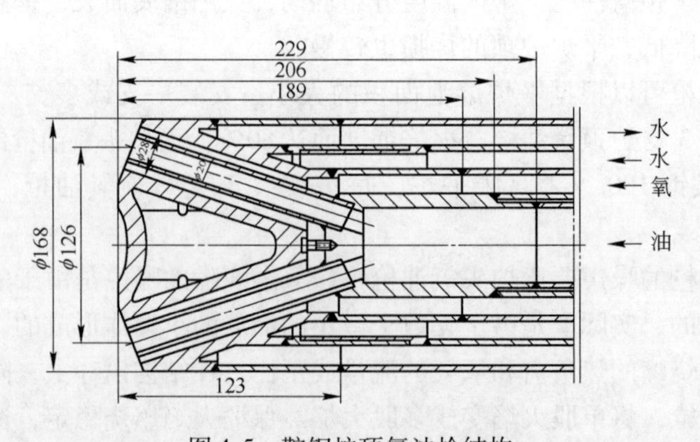

图 4-5 鞍钢炉顶氧油枪结构

油和蒸汽采用内混，以保证安全。雾化结构安置在枪尾，其结构类似于图 4-3，为单级雾化结构。油和氧采用外混式。内层油管尺寸为 ϕ57mm ×4mm、油

管保护管 ϕ73mm×4mm、进氧管 ϕ102mm×4mm、进水管 ϕ133mm×4mm、外管 ϕ168mm×7mm。

德国德马格公司研制的平炉混式氧油枪如图 4-6 所示。135℃的重油被过热蒸汽（其用量为重油量的 0.3）雾化后，引入中心的混合物分配室，由 6 个用螺纹连接到该室的直筒喷管喷出。氧气由混合室外面的 6 个收缩-扩张形环缝喷出后，与重油混合燃烧。当油压为 0.5MPa、氧压为 0.8MPa 时烧嘴的能力为 41.8×10^6kJ/h。

4.3.3 平炉炉顶天然气氧燃枪

平炉炉顶氧燃枪，除氧油枪外，还有天然气氧燃枪。采用天然气氧燃枪，当增高氧流及天然气流在燃烧器出口外的混合效率时，应将氧流和天然气流配对地分成数个细股，比如 3、4、6、8 细股等，以保持对称。平炉炉顶 6 流天然气氧燃枪结构如图 4-7 所示。

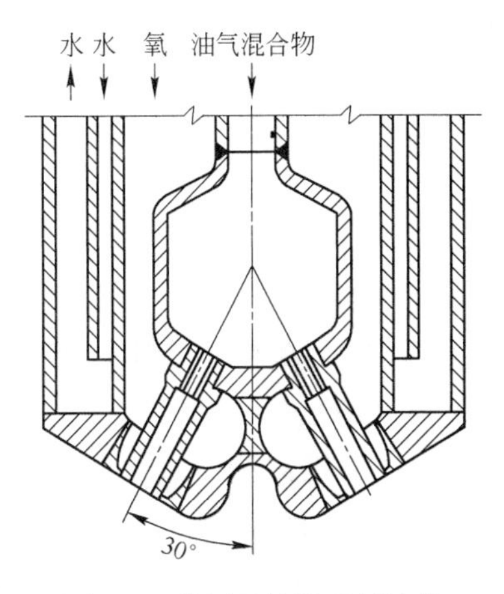

图 4-6 德国平炉混式氧油枪

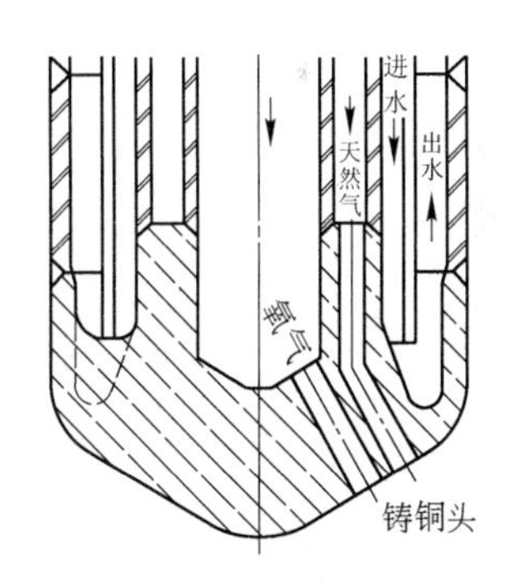

图 4-7 平炉天然气氧燃枪

4.4 转炉氧燃枪

当工业化进程发展到一定阶段时，社会上的废钢累积量逐渐增多。炼钢时废钢的装入量也将增多。平炉拆除后，除电炉外，转炉消耗废钢的任务逐渐加重。当废钢比达到一定份额后，铁水中的化学热量不足时，就要额外补充热量，转炉氧燃枪就应运而生。

大型转炉预热废钢的燃烧器，放热量非常高，3～5min 内就将废钢加热到 800℃左右，然后兑入铁水，开始吹氧炼钢。

图 4-8 所示为转炉天然气氧燃枪的结构。枪身由 4 层钢管所组成，由内往外

为氧气管、天然气管、进水管和回水管。氧气和天然气的分界处设有扰流凸块，增加两种流股的混合效率。

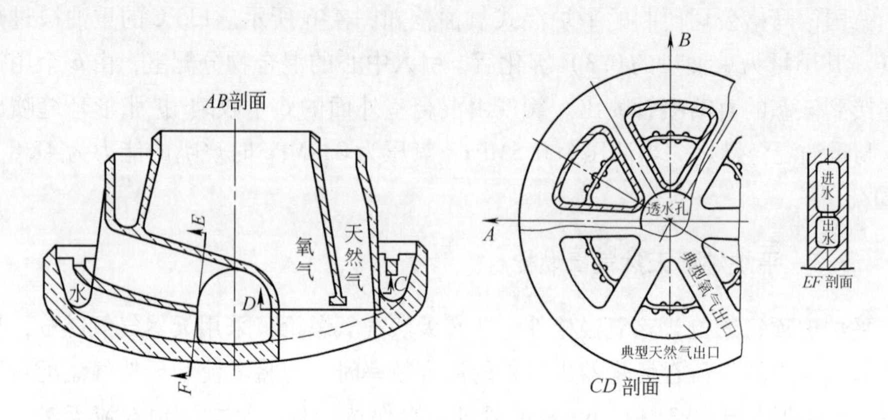

图 4-8　转炉天然气氧燃枪

废钢有轻型和重型之分，在转炉内的体积也是高低不同。加热废钢时，随着废钢的高低，枪位也要随之变化。在废钢预热过程中，放热量也需要时常变化，即氧气流量和天然气流量也要根据需要进行调节。

设计氧燃枪的枪身长度时，要考虑转炉的尺寸和废钢的装入量。

4.5　电炉氧燃枪

我国是世界上拥有电炉数量最多的国家。近年来，电炉炼钢技术进步很快。超高功率电弧炉、双炉体电弧炉、竖式电炉等新型电炉相继问世。电炉水冷氧枪、电炉氧燃枪、电炉碳氧枪等强化冶炼设备都已在电炉生产中得到广泛应用。废钢预热技术、造泡沫渣技术、节电技术等新技术日臻成熟。

超高功率电弧炉配以连铸连轧的短流程工艺系统，与高炉、转炉、轧钢的钢铁联合企业系统，已成为当今世界上钢铁生产的两大工艺流程。

除少数钢铁联合企业的电炉采用一部分铁水外，绝大多数的电炉都以废钢为生产原料。电炉的熔化期占电炉总冶炼时间的 70%，熔化废钢的耗电量占电炉总电耗的 80%，因此，采用燃料燃烧快速熔化废钢是电炉增产节电最重要的工艺措施。

电力熔化废钢的效率大约为 50%。用燃料发电的效率仅约 30%，电力是三次能源，用电加热废钢是不经济的。废钢加入到电炉后，温度较低，用氧气燃烧燃料产生的高温火焰加热废钢，其热效率可达 60%~75%。传导和对流的传热能力非常强。

电和火焰在电炉加热的不同时期，其热效率是不同的。废钢熔化初期，火焰的加热效率最高，电的加热效率最低。随着炉内温度逐渐升高，废钢熔化的加快，火焰的加热效率逐渐降低，电的加热效率逐渐升高，当废钢熔化完毕，熔池形成时，电的加热效率升至最高，火焰的加热效率降至最低。

从以上论述可知，在废钢熔化初期，采用氧燃枪的高温火焰是加速废钢熔化、节约电能的最有效措施。通常在废钢即将化清之际关闭氧燃枪。

4.5.1　电炉煤气氧燃枪

目前，电炉炼钢的先进指标是，冶炼时间缩短到1h之内，电耗从500kW·h/t降低到360kW·h/t，该数值已经低于理论计算的耗电量408.6kW·h/t。除采用先进的水冷炉壁、输入超高功率电能、竖炉或双炉体的废钢预热技术和炉底出钢等新技术外，冶炼中大量增加氧气用量是重要因素，其中包括采用水冷氧枪向熔池吹氧、采用碳氧枪向熔池喷碳粉造泡沫渣以及采用氧燃枪熔化废钢的新工艺等。

4.5.1.1　4焰低压焦炉煤气氧燃枪

作者曾为鄂城钢铁公司电炉炼钢厂设计了焦炉煤气氧燃枪，如图4-9所示。

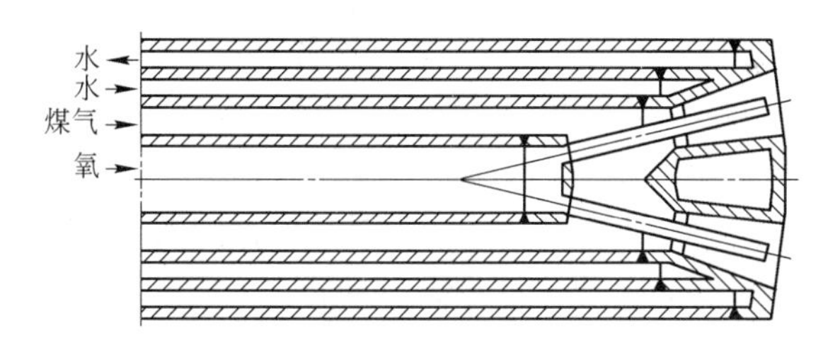

图4-9　焦炉煤气氧燃枪

该氧燃枪由4层钢管组成，从里往外是氧管、煤气管、进水管和回水管。钢管的规格为ϕ50mm×3.5mm、ϕ102mm×4mm、ϕ133mm×4mm、ϕ159mm×8mm。焦炉煤气流量（标态）为415m^3/h，氧气流量为390m^3/h。

4孔低压焦炉煤气氧燃枪的设计结构，既保证了供热强度，又使火焰有一定的铺展性和对废钢的切割强度，助熔效果显著。4孔氧燃枪的火焰如图4-10所示，正常情况下，火焰长度约800mm，火焰直径约300mm，根据需要可调整氧燃比，改变火焰形状。实践证明，该氧燃枪点火容易，燃烧稳定，燃烧噪声119dB。

鄂钢电炉公称容量5t，平均装入量13t/炉，变压器容量2250kV·A。该氧燃枪是与作者设计的偏流水冷氧枪配合使用的，平均电耗为381.5kW·h/t（热铁水/钢铁料=0.23），与同期未应用氧燃枪和水冷氧枪的原工艺相比，可节电

142.2kW · h/t，缩短冶炼时间13min。

4.5.1.2 单焰煤气氧燃枪

广州钢厂20t电炉单焰煤气氧燃枪如图4-11所示，中心煤气管 ϕ89mm × 3.5mm，进水管 ϕ114mm × 4mm，氧气管 ϕ146mm × 4.5mm，外管 ϕ168mm × 5.5mm。焦炉煤气流量（标态）651m^3/h，氧气流量560m^3/h。

图4-10 4孔氧燃枪的火焰

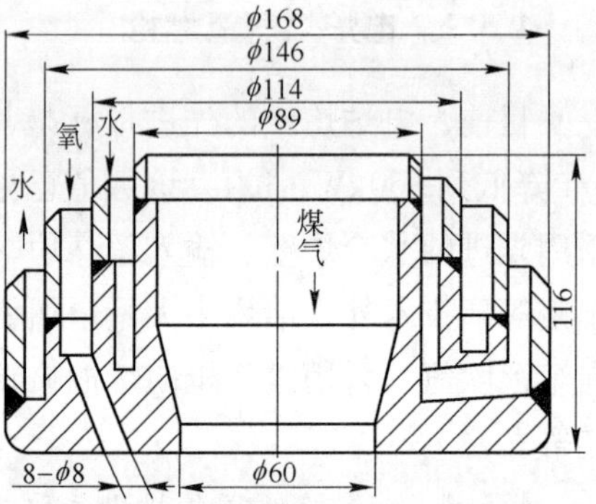

图4-11 单焰煤气氧燃枪

氧燃枪煤气单耗（标态）33m^3/t，氧气单耗29m^3/t，冷却水3t/h。每炉钢使用氧燃枪1h，熔化期可缩短31min，增产钢5400t/a，节电101kW · h/t。

4.5.1.3 美国4焰煤气氧燃枪

美国4焰煤气氧燃枪采用氧气-煤气面混结构，如图4-12所示，中心氧气管 ϕ41.2mm，煤气管 ϕ60.3mm，进水管 ϕ85.7mm，外管 ϕ114.3mm。

4.5.1.4 3焰天然气氧燃枪

成都无缝钢管厂10t电弧炉，出钢量18 ~ 20t，装料次数2 ~ 3次，炉体开出式，变压器容量5500kV · A，天然气压力0.015 ~ 0.020MPa，热值33488kJ/m^3，氧气压力0.25 ~ 0.30MPa，冷却水压力0.3 ~ 0.4MPa。天然气氧燃枪的结构如图4-13所示，氧气内管 ϕ32mm，天然气管 ϕ63.5mm，进水管 ϕ89mm，外管 ϕ114mm。3孔，氧气喷孔直径8mm，氧孔张角9°。天然气氧燃枪安装在电炉炉墙上，每炉安装两支，与水平面呈15°夹角。氧气流量（标态）为103m^3/h、天然气流量54m^3/h。

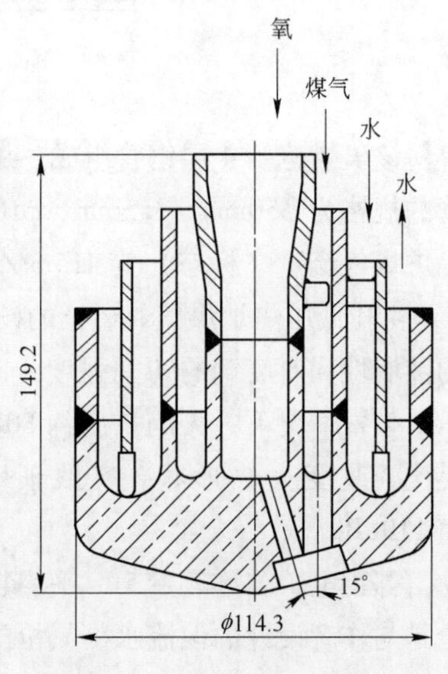

图4-12 美国4焰煤气氧燃枪

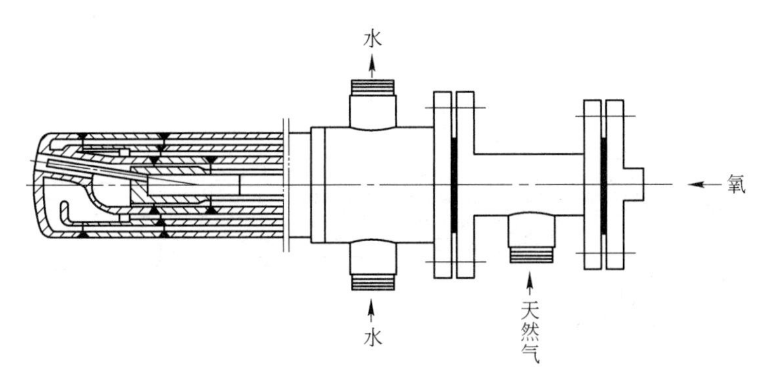

图 4-13 天然气氧燃枪

氧燃枪火焰长度为 1000 ~ 1100mm，火焰直径在 300mm 左右，火焰呈现蓝色，无脱火段。噪声极小，远低于电弧声。

每炉采用一支氧燃枪工作时，平均缩短冶炼时间 20.74mm，生产率提高近 10%，冶炼电耗降低 5.53%，即降低 33.3kW · h/t。

4.5.2 电炉氧油枪

由于油（主要是柴油）氧燃烧的温度高，热量大，燃烧过程易于控制，因此电炉氧油枪在大电炉，特别是超高功率大电炉上的应用越来越广泛。通常每座电炉配置 3 支氧油枪，加热炉内冷区。每支枪供油量 400L/h，供氧量 1000m^3/h。100t 竖式电炉，配有 8 支氧油枪加热废钢，所提供的功率约占熔化期总功率的 20%，电耗下降 70kW · h/t，熔炼时间短（1h 之内），生产率高。

氧油枪结构如图 4-14 所示，中心油管 ϕ17mm × 2.25mm，氧管 ϕ45mm × 3mm，进水管 ϕ76mm × 3mm，外管 ϕ102mm × 5mm。

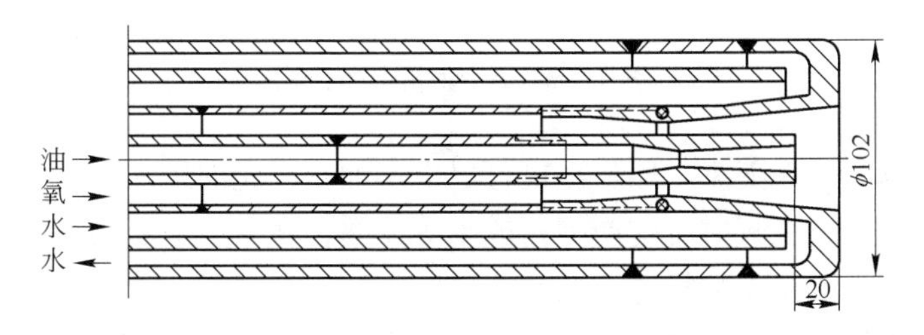

图 4-14 氧油枪结构

德国 FUCHS 公司氧油枪结构如图 4-15 所示。

4.5.3 集束射流氧枪

集束射流氧枪（见图 4-16）又称凝聚射流氧枪，是应用气体力学原理，在传统氧枪的主氧流周围设置了伴随流系统。伴随流由燃气喷出，煤气、天然气或

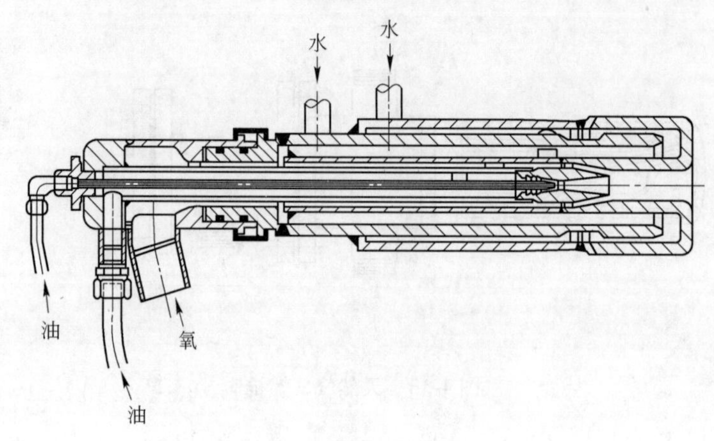

图 4-15　德国电炉氧油枪结构

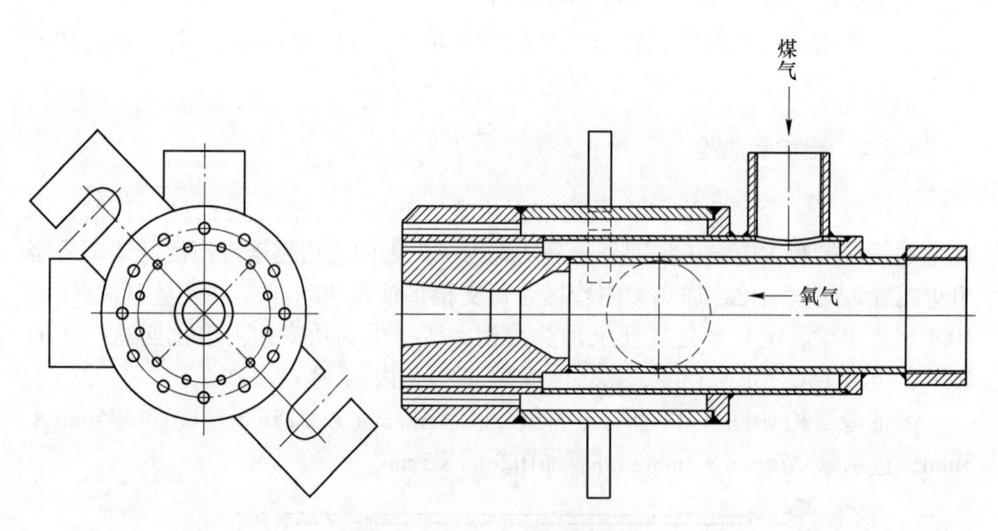

图 4-16　集束射流氧枪结构

液化气都可以产生伴随流。伴随流也可以由燃油及雾化的压缩空气产生。伴随流的存在实际上是在主氧射流的周围构成了等压圈，使氧气射流的衰减速度大大放慢，形成类似于激光束的氧气流股。

集束射流的流股在超过 60 倍喷孔直径的距离内（1.2～2.1m）保持射流的初始速度、流股直径、气体密度和冲击力，对熔池的穿透深度比常规射流大出约 80%，具有较强的冲击、搅拌能力。

由于氧气和燃料的双重作用，集束射流氧枪具有吹氧、燃烧加热、CO 二次燃烧、喷碳等多种功能。集束射流氧枪的氧气与燃料的压力和流量可以分别进行调节，在电炉炼钢的不同时期进行废钢加热、吹氧、富氧燃烧、喷碳粉造泡沫渣等不同的操作。集束射流氧枪既是氧枪，又是燃烧器，可根据冶炼工艺的需要，发挥不同的作用。

集束氧枪对废钢的切割熔化更加迅速，能够将氧气更加有效地吹入熔池中，显著地减少了喷溅现象，炉衬的侵蚀也随之降低，金属收得率得到提高，降低了炉体的维护成本，大大地提高了氧气的利用率。

集束射流氧枪是近些年来在欧美问世的一项新技术，该技术首先应用于电炉，现已开始了在转炉上的应用试验。

4.6 鱼雷罐化铁装置

钢铁厂高炉生产的铁水要运到炼钢厂去炼钢，主要使用铁水罐或鱼雷罐来运输。过去多使用铁水罐，现在多使用鱼雷罐。

鱼雷罐具有装运铁水量大、保温性能好、铁水降温慢、运送铁水安全性能好等优点，被越来越多的钢铁厂所采用。

虽然鱼雷罐罐衬砌筑了保温材料，保温性能好，但它运输的是高温铁水，总是要散热的。使用时间长了，铁水和炉渣就要一层层地黏在罐衬上，而且越黏越厚。装载的铁水量会越来越少。当铁水量减少到一个极限数量时，鱼雷罐就不能继续使用了，要进行大修。

鱼雷罐大修所需时间长、费用高。因为罐内黏结的是厚厚的渣铁混合物，硬度高、强度高，很难清除，只能打眼放炮炸掉。放炮具有一定危险性，同时也会把罐衬砖和保温层炸坏。所以，每次大修都要把罐内的所有物品全部清理掉，然后重新砌筑保温层，砌筑耐火砖，烘烤到一定时间、足够的温度，最后才能重新投入使用。

如果能把鱼雷罐内凝结的渣铁混合物熔化掉，鱼雷罐运送的铁水量就会增加，运输效率就会提高，鱼雷罐就会使用很长时间，大修的次数就会大大减少，铁水运输的成本就会显著降低。

本节重点论述“承德新新钒钛股份有限公司 320t 鱼雷罐车化铁装置”。

承钢铁水中含有钒钛等黏性物质，再加上铁水在运输过程中的散热，导致运输铁水的鱼雷罐长期黏罐。320t 的鱼雷罐，当凝固的铁水和炉渣超过 60t 的时候，会因容积变小而停用。作者为承钢 320t 鱼雷罐设计了全套化铁装置。

4.6.1 化铁方案

320t 的鱼雷罐体积较大，长度很长，黏铁最多的部位是罐的两头。

生铁的融化温度较低，只有 1300℃左右，而且传热较好，化铁不存在问题，主要是炉渣的熔化。炉渣的软化温度是 1299℃，熔化温度是 1328℃，流动温度是 1383℃。也就是说，当罐内温度达到 1400℃时，铁和渣都已熔化，而且具有流动性，可以从罐内倒出。

承钢现有的燃料是焦炉-高炉混合煤气，发热值不高。如果采用空气助燃，火焰温度达不到铁和渣的熔点，所以必须采用氧气助燃，也就是说，要应用氧燃枪化铁方案。

因鱼雷罐的两头凝铁较厚，所以化铁方案是采用两支较长的外径为245mm的煤气氧燃枪，从鱼雷罐的罐口处，以38°的夹角交错斜插入罐内，如图4-17所示。

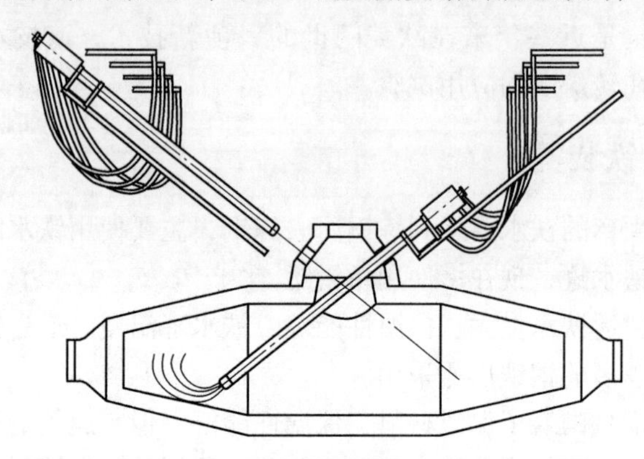

图4-17　鱼雷罐化铁方案

两支煤气氧燃枪插入罐内的深度距罐口处约3m，距罐底约700mm，火焰长度在1800mm以上，可以覆盖整个罐内。火焰和烟气喷入罐内深处，沿罐内的侧上方流动，加热整个鱼雷罐，废气经罐口排出罐外。罐内加热均匀，化铁效果好。

当罐内凝固的铁和渣熔化后，可减少煤气和氧气的喷入量，使罐内保持1400℃左右的高温。当罐内的熔铁数量达到要求之后，退出两支氧燃枪，结束一个化罐周期。

4.6.2　氧燃枪的设计

（1）设计指标。加热熔化凝铁60t，时间3h，凝铁温度由1000℃加热至1400℃。因罐内残铁数量、耐火材料导热系数、罐体散热量等经常在变化，不能做准确的计算，实际熔化时间为3～4h。

（2）氧燃枪的设计参数见表4-3。

表4-3　氧燃枪设计参数

混合煤气成分 φ	H_2→34.67%，CH_4→10.57%，C_2H_4→1.12%，CO→17.21%，CO_2→10.39%，N_2→25.66%，O_2→0.3549%
压力	5～10kPa＝0.005～0.01MPa
发热值（标态）	2100～2200kcal/m^3＝8784～9206kJ/m^3
煤气消耗量	每支枪1216.8m^3/h，两支枪合计2433.6m^3/h
氧气消耗量	每支枪681.6m^3/h，两支枪合计1363.2m^3/h

续表 4-3

冷却水量	每支枪 210t/h，两支枪合计 420t/h
火焰长度	1800mm
火焰温度	1940℃

（3）氧燃枪的结构。氧燃枪的结构如图 4-18 所示，总长 7700mm，有效长度 6500mm。

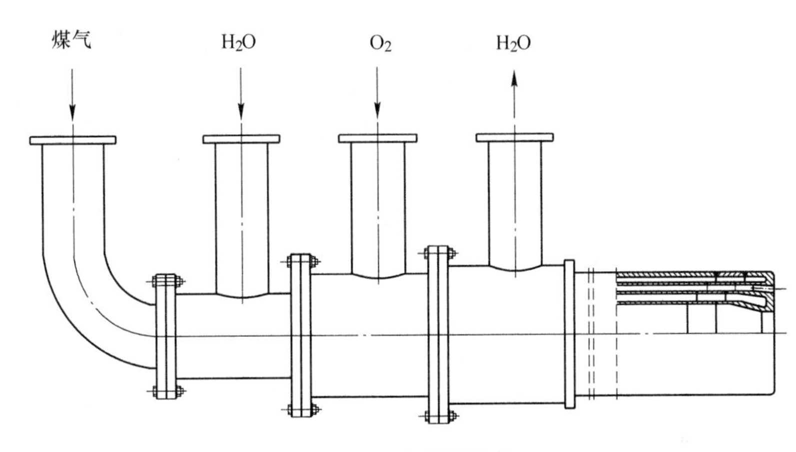

图 4-18 氧燃枪结构

氧燃枪由 4 层钢管组成，从里往外分别为煤气管 ϕ127mm × 4mm、进水管 ϕ168mm × 5mm、氧气管 ϕ203mm × 5mm、回水管 ϕ245mm × 10mm。

单焰氧燃枪的结构如图 4-19 所示，中心喷煤气，单孔，这样的设计火焰较长；氧气由 6 个小孔喷出，孔数少，且与煤气的交角只有 3°，也是为了增加火焰的长度。

本枪的优点是：

1）绝对安全。进水将煤气和氧气隔开，消除了两种气体混合和回火爆炸的可能性。

2）火焰较长。通常条件下，煤气与氧气的燃烧速度较快，火焰较短，不利于鱼雷罐这种长结构炉型的加热，本枪采用了尽量延长火焰长度的结构。

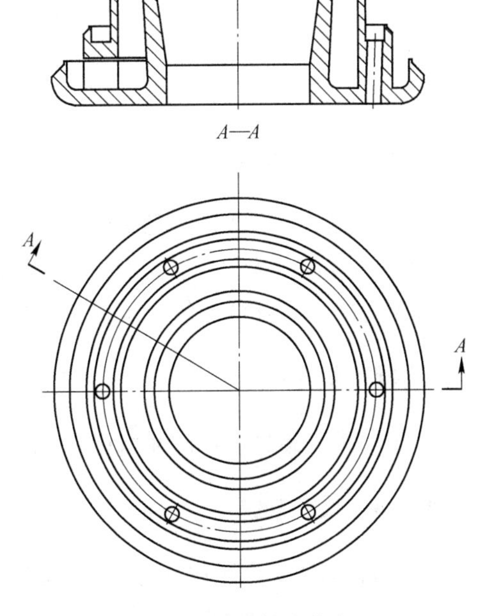

图 4-19 氧燃枪喷头

3）噪声相对较低。

本枪的缺点是：

1）喷头结构比较复杂。

2）火焰铺展面不大。

单焰氧燃枪也可以采用另一种结构：中心管喷氧气，周围环缝喷煤气。这种结构的优点是火焰温度较高，喷头结构简单，容易加工制作。其缺点是枪内氧气与煤气相邻，万一泄漏，容易发生回水爆炸事故。为保证安全，在氧气管与煤气管之间需要增加一层安全管，所以氧燃枪要由5层管组成。另一个缺点是噪声较大，这种结构氧燃枪，煤气喷出一段距离后才能燃烧，俗称“脱火”，脱火后再燃烧，则产生较大的噪声。所以，这种氧燃枪结构本设计没有采用。

我们也没有采用多焰氧燃枪。多焰氧燃枪火焰铺展面大，加热效果好，但火焰太短，不适合鱼雷罐这种炉型结构。

4.6.3　机械系统的设计

（1）氧燃枪传动机构。枪体滑道系统包括滑道、氧燃枪小车、电机、减速器等。

（2）罐盖及其升降系统。

1）罐盖壳体制作、砌砖及耐火材料打结。

2）罐盖升降机构，包括滑轮、电机、减速器等。

（3）钢架机构。钢架机构包括支撑氧燃枪传动机构、罐盖升降机构的钢架以及罐顶平台、梯子等。

4.6.4　阀门系统

（1）煤气阀（两套）：包括截止阀、流量调节阀、快速切断阀、逆止阀。

（2）氧气阀（两套）：包括截止阀、流量调节阀、快速切断阀、减压阀。

（3）水阀（两套）：包括截止阀、快速切断阀。

4.6.5　炉内测温

采用乌克兰微波波段的无线电接触式自动测温法测温。

4.6.6　仪表系统

（1）煤气表（两套）：压力表、流量表。

（2）氧气表（两套）：压力表、流量表。

（3）水表（两套）：压力表、流量表。
（4）炉温自动记录表（一套）。

4.6.7　自动控制系统

自动控制系统主要包括：
（1）罐盖升降装置。
（2）氧燃枪进、退装置。
（3）各种阀门的开、关。
1）煤气阀与氧气阀按流量比进行自动调节。
2）阀门与仪表的联动。
（4）炉内温度测量与阀门流量调节的联动装置。

4.6.8　鱼雷罐化铁操作规程

4.6.8.1　点火前的准备工作

（1）点火前检查煤气压力、成分，检查氧压、水压，使其符合操作要求。检查电压表、电流表、各种阀门、各种压力表、各种流量表以及液压系统是否正常。

（2）调整火焰的燃烧程度。准备好点火的火把，打开煤气阀，点着火，把煤气由小逐渐开启至最大，同时打开氧气阀，由小逐渐开大，观察火焰的燃烧程度、亮度、温度和形状。当煤气完全燃烧，火焰白亮，火焰刚性较好时，记录氧气的开启度，然后逐渐关小氧气和煤气，最后先关氧气，再关煤气。

4.6.8.2　化铁操作

（1）鱼雷罐车进入化渣位置，将罐车对正。如果罐口有残铁，影响氧燃枪入罐时，要把罐口的残渣、残铁清理掉。

（2）打开两支氧燃枪的进、出水阀门，冷却水的压力、流量正常。

（3）盖上罐盖。

（4）将两支 ϕ245mm 氧燃枪从罐盖的氧燃枪口斜插入罐内约 1m 处。

（5）点火操作。慢慢开启煤气阀，氧燃枪喷出火焰。如果罐内温度低，煤气不能点火，需用火焰将煤气点燃。煤气慢慢开大，同时开启氧气阀，煤气和氧气按比例调节，形成明亮稳定的火焰。

（6）如点火不成功，应立即关闭煤气阀和氧气阀，消除故障后，重新按上述程序点火。

（7）点火时严禁罐口附近处站人，以免发生人身事故。

（8）点火成功，形成明亮稳定完全燃烧的火焰后，把两支氧燃枪分别插入罐内，至火焰的核心与凝铁接触。随着凝铁的熔化，氧燃枪逐渐深入罐内，直至插入最深处。喷头距残铁的最近距离不能小于500mm。

（9）当残渣、残铁已经化清，罐内需要保温时，应将煤气和氧气按比例调小，形成较短小的火焰。

4.6.8.3　停炉熄火

（1）关闭氧燃枪的煤气阀和氧气阀。

（2）将两支氧燃枪退出炉外。

（3）抬起罐盖。

（4）如无化铁任务，关闭所有进回水的阀门。

4.7　铁水罐化铁装置

目前来看，铁水罐仍然是钢铁厂从炼铁厂运送铁水到炼钢厂的主要运输设备之一。铁水罐虽然没有鱼雷罐装载铁水量大、保温性能好的优点，但也有“一罐铁水兑入一座转炉”，中间不用倒罐的优点。

铁水罐罐口大，铁水散热较快，也存在铁水和炉渣黏罐的问题。

以120t铁水罐为例。新罐可以装120t铁水，逐渐黏罐后，装载的铁水量下降到110t、100t，甚至更少。当一罐铁水兑入转炉后，数量不足，需要补充兑入第二罐铁水，就影响了转炉的作业。所以，保证铁水装载量，减少渣铁黏罐，十分必要。

当铁水罐所黏的渣铁太厚时，铁水罐就要报废大修。铁水罐的拆除工作也十分困难。

采用氧燃枪可以熔化铁水罐所黏的渣铁，加热铁水罐，提高加入转炉的铁水温度，提高罐龄，减少铁水罐大修的次数，降低生产成本。

4.7.1　化铁方案

铁水罐化铁装置如图4-20所示。采用一支煤气氧燃枪，插入铁水罐内。氧燃枪可上下移动，加热并熔化黏铁。根据罐的大小，氧燃枪可以设计成6孔、8孔或10孔的火焰喷孔，喷孔与氧燃枪的夹角为45°，也可以根据黏铁部位的不同设计成30°或60°。熔铁过程加罐盖保温。

4.7.2　氧燃枪的设计

4.7.2.1　氧燃枪的结构

氧燃枪的结构如图4-21所示，由4层钢管组成，从里往外分别为氧气管、煤气管、进水管和回水管。

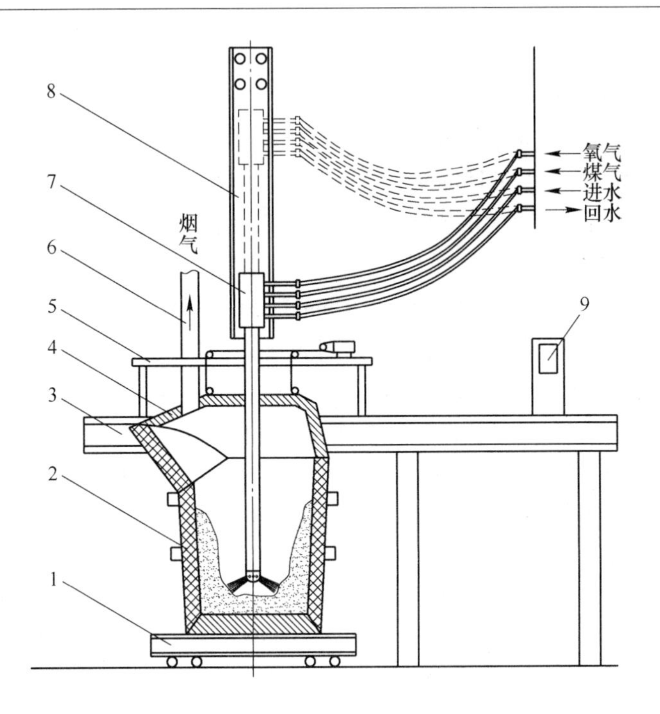

图 4-20 铁水罐化铁装置

1—铁水罐对位车；2—铁水罐；3—操作平台；4—罐盖；5—罐盖升降机构；
6—排烟道；7—氧燃枪；8—氧燃枪升降滑道；9—操作控制柜

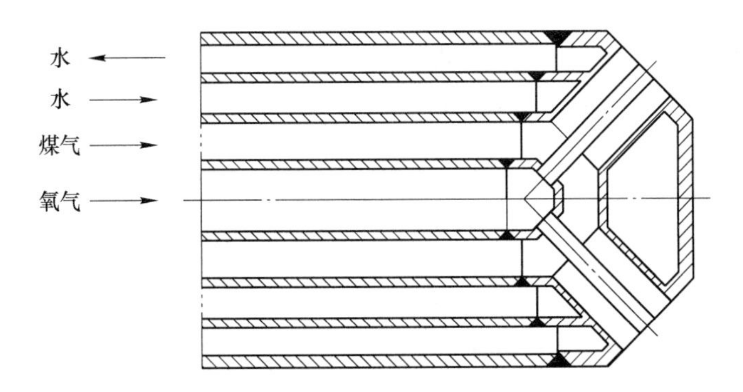

图 4-21 铁水罐化铁煤气氧燃枪

4.7.2.2 设计指标

以 120t 铁水罐为例。

（1）铁水罐最大内径 ϕ3500mm，平均黏铁厚度 400mm，黏铁高度 1000mm，黏铁约 27t。

（2）化铁加热温度 1400℃，残铁温度 800℃。

（3）燃料为高炉焦炉混合煤气，发热量 2200kcal/m^3；纯氧助燃，氧气压力大于0.8MPa。

(4) 氧燃枪结构方案。

1) 方案一：加热时间3h。氧燃枪为6孔，喷孔夹角45°，煤气喷出孔ϕ35mm，氧气喷出孔为ϕ15mm×3mm铜管，煤气流量1159m^3/h，煤气压力7.5kPa；氧气流量（标态）648m^3/h，氧气设计压力0.3MPa；冷却水流量120m^3/h，冷却水压力不小于1.2MPa。

氧燃枪4层钢管为ϕ219mm×10mm、ϕ180mm×6mm、ϕ133mm×6mm、ϕ50mm×4mm，从里往外流通的介质分别为氧气、煤气、进水、回水。

火焰长度约为1100mm，火焰温度为1900℃。

2) 方案二：加热时间2h。氧燃枪为6孔，喷孔夹角45°，煤气喷出孔ϕ42mm，氧气喷出孔为ϕ16mm×2.5mm铜管，煤气流量1738m^3/h，煤气压力7.5kPa；氧气流量（标态）974m^3/h，氧气设计压力0.3MPa；冷却水流量120m^3/h，冷却水压力不小于1.2MPa。

氧燃枪4层钢管为ϕ273mm×12mm、ϕ219mm×6mm、ϕ168mm×6mm、ϕ60mm×4mm，从里往外流通的介质分别为氧气、煤气、进水、回水。

火焰长度约为1200mm，火焰温度为1900℃。

4.7.3 机械系统的设计

机械系统包括铁水罐对位车、操作平台、罐盖升降机构、氧燃枪升降滑道等。

阀门系统、仪表系统、自动控制系统与鱼雷罐化铁装置的设备系列类似。

铁水罐化铁操作也可以参阅鱼雷罐化铁操作规程。

5 氧 枪 设 计

本章主要论述转炉氧枪的设计和计算。平炉氧枪和电炉氧枪的设计原理类似，本章不再单独论述。

氧枪设计十分重要，氧枪的吹炼效果和使用寿命与氧枪设计密切相关。

氧气射流的空气动力学基础理论，在很多书中都有专门的讲解，本章不再论述。本章主要讲述生产实践中的氧枪和喷头的设计计算。

5.1 氧枪喷头的设计和计算

喷头是氧枪最重要的组成部分，喷头的结构直接决定了氧气射流的气体动力学特性。从喷孔喷出的氧气射流的气体动力学参数，应满足炼钢工艺的要求，并能在长时间内保持不变。因此，必须根据炼钢的工艺要求来设计喷头。

要根据各厂的转炉容量、炉型尺寸、原材料条件、氧气压力、吹氧时间等参数来设计喷头。喷头的设计应达到下述目的：

（1）应提高生产率，尽可能地增大供氧量，以缩短吹炼时间，增加钢的产量。

（2）早化渣，化好渣，以利于脱磷脱硫，并缩短炉渣的返干时间。

（3）吹炼过程平稳，避免金属和炉渣的喷溅，提高金属的收得率，避免黏氧枪、黏炉口和黏烟罩。

（4）有足够的穿透能力和搅拌能力，既不能侵蚀炉底，又不能使炉底上涨过快。对炉衬的侵蚀要缓慢而均匀。

（5）要有足够高的喷头寿命。

当然，上述目的的实现，不仅与喷头的设计和结构有关，而且也与吹炼过程中的工艺操作有关，其中喷头的结构是最重要的。为了满足转炉吹炼工艺的要求，所设计的喷头除了要保证供给所需要的氧气流量之外，还要把氧气压力能有效地转变为射流的动能，并且，从喷头喷射出来的氧气射流要有较长的较稳定的超音速核心段，衰减速度要慢。氧气射流要具有良好的动力学性能，氧孔就必须采用拉瓦尔喷孔。转炉氧枪有单孔拉瓦尔喷头和多孔拉瓦尔喷头。单孔拉瓦尔喷头已很少采用，主要应用在较小的转炉上，大中型转炉采用多孔拉瓦尔喷头。

生产的发展对喷头不断提出新的要求，因此，必须根据生产中出现的新要求，不断修改喷头设计，以更好地满足炼钢生产的需要。

5.1.1 单孔拉瓦尔喷头的设计和计算

单孔拉瓦尔喷头的设计和计算是最基本的，是多孔喷头设计和计算的基础。下面结合生产实际，论述单孔拉瓦尔喷头的设计原则和计算方法。

5.1.1.1 供氧量的计算

转炉吹炼所需要的氧气可以通过计算求出。首先计算出熔池中氧化各元素所需要的氧气量和其他氧耗量，然后再减去氧化铁皮或铁矿石带给熔池的氧气量。

A 计算基本参数

某厂，转炉装入量100t，铁水比88%，废钢比12%，出钢量92t，渣量是金属装入量的8%，渣中FeO含量占16%，Fe_2O_3占6%，金属料中82%的碳氧化生成CO，18%的碳氧化生成CO_2，铁水、废钢及成品钢的化学成分见表5-1。

表5-1 铁水、废钢及成品钢的化学成分

类别 \ 成分（质量分数）/%	C	Si	Mn	P	S
铁水	4.2	1.0	0.40	0.030	0.040
废钢	0.18	0.20	0.50	0.010	0.030
脱氧前钢液	0.17	0.02	0.03	0.010	0.030
成品钢	0.18	0.20	0.50	0.010	0.030

B 氧的平衡计算（以100kg炉料计算）

（1）金属成分的计算。

$m_C = 4.2 \times 0.88 + 0.18 \times 0.12 = 3.7176\text{kg}$

$m_{Si} = 1.0 \times 0.88 + 0.02 \times 0.12 = 0.904\text{kg}$

$m_{Mn} = 0.40 \times 0.88 + 0.50 \times 0.12 = 0.412\text{kg}$

$m_P = 0.030 \times 0.88 + 0.010 \times 0.12 = 0.0276\text{kg}$

$m_S = 0.040 \times 0.88 + 0.030 \times 0.12 = 0.0388\text{kg}$

（2）金属料各元素氧化至脱氧前所需氧量的计算。100kg金属料各元素氧化氧气耗量见表5-2。

表5-2 100kg金属料各元素氧化氧气耗量

元素	100kg金属料中该元素的氧化量/kg	金属氧化反应式及产物	氧气耗量/kg
C	3.7176 − 0.17 = 3.5476	$C + \frac{1}{2}O_2 = CO$ $C + O_2 = CO_2$	$3.5476 \times 82\% \times \frac{16}{12} = 3.8787$ $3.5476 \times 18\% \times \frac{32}{12} = 1.7028$

续表 5-2

元素	100kg 金属料中该元素的氧化量/kg	金属氧化反应式及产物	氧气耗量/kg
Si	0.904 − 0.02 = 0.884	$Si + O_2 = SiO_2$	$0.884 \times \frac{32}{28} = 1.0103$
Mn	0.412 − 0.03 = 0.382	$Mn + \frac{1}{2}O_2 = MnO$	$0.382 \times \frac{16}{55} = 0.1111$
P	0.0276 − 0.010 = 0.0176	$2P + \frac{5}{2}O_2 = P_2O_5$	$0.0176 \times \frac{80}{62} = 0.0227$
S	0.0388 − 0.030 = 0.0088	$S + O_2 = SO_2$	$0.0088 \times \frac{1}{4} \times \frac{32}{32} = 0.0022$
Fe	$100 \times 8\% \times 16\% \times \frac{56}{72} = 0.996$	$Fe + \frac{1}{2}O_2 = FeO$	$0.996 \times \frac{16}{56} = 0.2846$
	$100 \times 8\% \times 6\% \times \frac{112}{160} = 0.336$	$2Fe + \frac{3}{2}O_2 = Fe_2O_3$	$0.336 \times \frac{48}{112} = 0.144$
合计	6.172		7.1564

注：气化脱硫量占脱硫总量的 1/4。

炼钢过程中，通常要加入铁矿石、氧化铁皮或铁矾土作为冷却剂。该厂加入的铁矿石用量是金属料的 0.4%，根据铁矿石的成分计算，每 100kg 金属料由铁矿石带入熔池的氧量为 0.092kg，铁量为 0.308kg。

转炉在吹炼过程中，铁被氧化，一部分进入渣中，还有一部分进入炉气。转炉冒的红烟就是铁被氧化造成的。这部分的铁量为：

$$100 - 92 - 6.172 + 0.308 = 2.136\text{kg}$$

烟尘中铁的氧化物，FeO 占 80%，Fe_2O_3 占 20%，这部分铁的氧化，氧气耗量分别是：

$$2.136 \times 80\% \times \frac{16}{15} = 0.4882\text{kg}$$

$$2.136 \times 20\% \times \frac{48}{112} = 0.1831\text{kg}$$

则每 100kg 金属料的氧耗量是：

$$7.1564 - 0.092 + 0.4882 + 0.1831 = 7.7357\text{kg}$$

转炉煤气中 CO_2 的含量要比在转炉内取样的 CO_2 含量高，这是从炉口吸入空气造成的，并使转炉煤气中含有氮气和少量的自由氧。吸入空气的多少因各厂的转炉结构不同而有所不同。

该厂氧气的利用率为 97%，氧气的纯度为 99.6%，密度（标态）为

1.429kg/m^3，则每吨金属料的氧耗量是：

$$7.7357 \div 97\% \div 99.6\% \div 1.429 \times \frac{1000}{100} = 56\mathrm{m^3/t}$$

与该厂的生产统计数据相符。

各厂由于原料条件、转炉结构、氧枪参数、操作枪位、造渣数量以及钢种含碳量的不同，吨钢耗氧量而有所不同，而且有的钢厂差异较大。铁水中 Si 含量高，耗氧量就高。大转炉生产效率高，耗氧量就比小转炉低。生产高碳钢，耗氧量就低；生产不锈钢等超低碳，耗氧量就高，等等。

氧枪供氧量可用下面较简单公式计算：

$$供氧量(\mathrm{m^3/min}) = \frac{吨钢耗氧量 \times 装入量}{吹炼时间} \tag{5-1}$$

式（5-1）的装入量也有以平均出钢量来计算的，平均出钢量一般等于转炉的公称容量，计算起来比较直观，但要对按上述步骤计算出来的吨钢耗氧量进行修正。

吹炼时间可以根据铁水成分、转炉大小和连铸需要等生产的具体条件来选定。一般的转炉，吹炼时间可以控制在 15～18min，也有长达 22min 的，先进的指标是 12～14min。考虑化渣、钢的质量等因素，吹炼时间一般不能少于 11min。

供氧量也可以用供氧强度乘以平均出钢量而得到

$$供氧量(标态)(\mathrm{m^3/min}) = 供氧强度 \times 平均出钢量 \tag{5-2}$$

供氧强度是每吨钢每分钟的供氧量，可以根据生产需要和生产经验确定。我国转炉供氧强度在 3～4.5m^3/(t·min) 范围内，小转炉和大转炉偏高，中型转炉偏低。提高供氧强度几乎可以按比例地缩短供氧时间，还可以加速成渣，提高熔池沸腾强度，减少钢中的气体和夹杂物，使钢渣之间的化学反应更加接近平衡。30t 转炉的供氧强度由 3.4 m^3/(t·min) 提高到 4.4m^3/(t·min) 时，射流到达熔池液面的速度提高 43%，搅拌能力提高 60%。宝钢 300t 转炉供氧强度由 2.78m^3/(t·min) 提高到 3.33m^3/(t·min) 时，射流对熔池的搅拌能力增加 42%，熔池均匀时间缩短 23%。国外转炉的供氧强度较高，大多在 4.0m^3/(t·min)以上，个别的达到 5～6m^3/(t·min)。近年来，我国转炉的供氧强度在逐渐提高。

现以 90t 转炉为例，平均装入量 100t，每吨钢耗氧量（标态）56m^3/t，吹炼时间为 16min，供氧强度 3.5m^3/(t·min)。

按式（5-1）计算，有

$$供氧量 = \frac{56 \times 100}{16} = 350\mathrm{m^3/min}$$

供氧量如以小时计算，则

$$供氧量 = 350 \times 60 = 21000\mathrm{m^3/h}$$

按式（5-2）计算，有

$$供氧量 = 3.5 \times 100 = 350\text{m}^3/\text{min}$$

两种计算方法，计算结果相同。

5.1.1.2　氧压的确定

氧气的压力有三个参数要明确：设计氧压 p_0，是指喷头氧孔氧气入口处的压力；喷头氧孔出口处的压力 p，实际上是指炉膛的压力；使用氧压 $p_{用}$，是指氧气管道测试点的压力。

从理论上讲，超音速喷头（喷嘴）的正确设计，应该是对某一给定的 p_0 值，在氧孔喉口处的速度是音速，喷孔出口处的压力 p 应等于炉膛内周围介质的压力 $p_{周}$，即 $p = p_{周}$。这是理想的状况，氧枪的各项性能应符合设计指标。但在实际生产中，p_0 很难控制在一恒定的值，因此，p 不是小于 $p_{周}$，就是大于 $p_{周}$，就是通常所说的“软吹”或“硬吹”。

“软吹”是由于使用氧压 $p_{用}$ 低于设计氧压 p_0 时，氧气流股在氧孔出口断面上射流过分膨胀，在氧孔出口处产生斜激波。在 $p_{用}$ 过分低于 p_0 时，即使在氧孔的扩张段里也会产生正激波，造成极大的能量损失。氧气流股在氧孔扩张段里即已膨胀完毕，氧气流股脱离氧孔壁，呈负压喷出，大大降低了对熔池的穿透能力和搅拌能力，射流的性能很不稳定，致使吹炼操作很不稳定。同时由于喷头端面和氧孔内造成负压，喷头极易吸入钢渣，造成损坏。因此，软吹在转炉操作中，危害很大，要极力避免。

制氧机生产的氧气先要存入巨大的储气罐，当转炉不吹炼的时候，储气罐的压力升高。当转炉吹炼的时候，特别是三座转炉同时吹炼的时候，储气罐的压力就要降低。因此，供氧压力很难保持恒定。虽然有稳压阀进行调节，但也做不到氧压恒定，因此，在氧枪吹炼过程中，要想使氧压在全程保持设计状态几乎是不可能的。

既然不能采用“软吹”，稳定在设计氧压下工作又做不到，那唯一的选择就是采用“硬吹”。硬吹就是在使用氧压 $p_{用}$ 高于设计氧压 p_0 的状态下进行吹炼。生产实践证明，当使用氧压 $p_{用}$ 高于设计氧压 $p_0$20% 左右时，氧气射流的特性不会发生显著的变化。首钢第二炼钢厂 210t 转炉的经验是，使用氧压 $p_{用}$ 高于设计氧压 p_0 为 6%～29% 时，转炉吹炼效果较好。采用硬吹时，氧气在氧孔出口处的压力 $p_{出}$ 要高于转炉内介质的压力 $p_{用}$，氧气射流从氧孔喷出后会产生不可控制的继续膨胀及其后的压缩，这些激波在射流中连续产生直到其速度变为亚音速为止。硬吹时，氧气射流的动量大，穿透能力强，搅拌力度大，吹炼效果较好。

确定设计氧压 p_0，要根据实际生产条件，并且在理论上，要对设计氧压的作用有充足的认识。

拉瓦尔喷嘴的氧气出口速度与喷嘴前的氧压 p_0 关系如图 5-1 所示。由图可见，当 p_0 小于 0.75MPa 时，随着 p_0 的增加，氧气喷出速度激烈地增大；当 p_0 大于 1.2MPa 时，继续增大 p_0，则氧气喷出速度增加很小。如 p_0 由 1.2MPa 增加到 2.0MPa 时，氧气喷出速度由 530m/s 相应地增加到562m/s。p_0 增加0.8MPa，氧气喷出速度却只增加了32m/s。

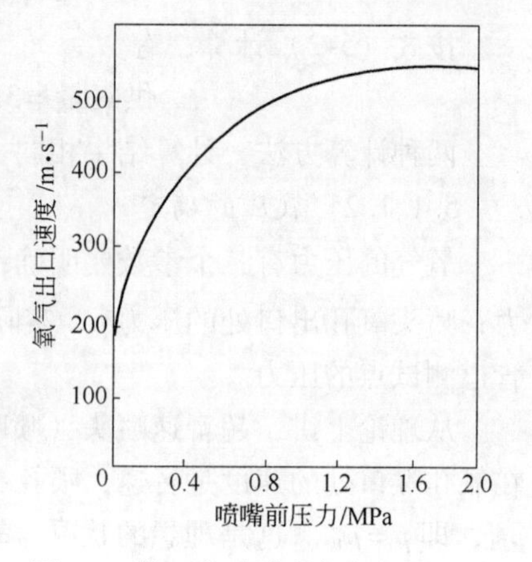

图 5-1　拉瓦尔喷嘴的氧气出口速度与喷嘴前的氧压关系

然而对于出口马赫数 Ma，情况却不同，随着 p_0 的增加，Ma 不断增大。在 p_0 大于 1.2MPa 时，随着 p_0 的增加，虽然 Ma 不断地增大，但由于氧气射流的出口温度降低，使出口处的音速 a 减小（$a = 19.1\sqrt{T}$ m/s），因此氧气的出口速度增加很小。所以，没有必要采用过大的 Ma（或 p_0）了。

在炼钢生产中，通常采用的设计氧压 p_0 在 0.75 ~ 1.10MPa 之间，对应的出口马赫数 Ma 为 1.95 ~ 2.20。国内的钢厂多数采用 Ma 在 1.97 ~ 2.05 之间，对应的 p_0 在 0.77 ~ 0.88MPa。欧美的钢厂选用较高的马赫数。如采用 p_0 过低，则氧气出口速度小，氧气射流动能低，对熔池的搅拌能力较弱，氧的利用率低，渣中 ΣFeO 含量过高，容易引起喷溅；如果压低枪位，则要降低氧枪寿命。如果采用 p_0 过高，达不到应有的作用，亦没有必要。至于各钢厂采用多大的设计氧压，取决于钢厂本身氧气管网的供氧能力。氧气管网氧压高，可选上限；氧气管网氧压低，则选下限。

由实践经验可知，设计氧压和实际吹炼氧压不是一个数，实际吹炼氧压要比设计氧压高出 0.05 ~ 0.10MPa，以保证氧枪一直在设计氧压之上工作，避免“软吹”。

设计氧压 p_0 是指氧枪喷头氧孔入口处的压力，这是个未知数，通常是未测的。我们知道的氧气压力是氧枪管网中测定点的压力。从测定点要经过数道阀门、氧气支管、氧枪软管和氧枪中心氧管才到达氧孔入口处，氧压的损失为 0.10 ~ 0.16MPa。p_0 通常未经过实测。在氧枪管网的设计中，从测定点到氧孔入口处的氧压损失，要求越小越好，通常为 0.1MPa 是合理的，如果超过 0.1MPa 就说明氧气管网的设计是不合理的。管路太细，阀门口径太小都可能增加压力损失，就应该改进。

设计氧压 p_0 是绝对压力，测定点的氧压是相对压力，二者相差 0.1MPa。我们要求的测定点到氧孔入口处的氧压损失在 0.1MPa 之内，因此，通常把测定点的氧压就作为设计氧压 p_0。

氧孔的出口压力 p 应等于或稍高于周围介质的压力 $p_{周}$。转炉炉膛内的压力与氧枪的枪位和转炉内泡沫渣的高度及浓度有关，这个压力很难测量，也是随着吹炼时间和枪位高低而变化的。在氧枪设计中，氧气的出口压力 p，要根据各厂转炉的具体条件，取一个等于或略高于 $p_{周}$ 的平均值。

从以上分析得知，正确地确定 p_0、$p_{用}$、p、$p_{周}$ 的数值，对氧枪喷头的设计和制定转炉操作规程是十分重要的。

5.1.1.3 喉口直径的计算

当供氧量 Q 和设计氧压 p_0 确定后，就可以按式（5-3）计算氧孔喉口断面面积。

$$A_0 = \frac{Q\sqrt{T_0}}{1.7824p_0} \tag{5-3}$$

式中 A_0——喉口断面面积，mm^2；

Q——供氧量，m^3/min；

T_0——氧气滞止温度，K；

p_0——设计氧压，MPa。

由 A_0 即可以计算出喉口直径 D_0（mm）：

$$D_0 = \sqrt{\frac{4A_0}{\pi}} \tag{5-4}$$

标准拉瓦尔喷管的收缩段，喉口和扩张段是圆滑过渡的，其喉口直径实际上是一圈线。标准拉瓦尔喷管的加工复杂，精度要求高。作为商品生产的氧枪喷头，氧孔采用标准拉瓦尔喷管是不现实的，只能采用简易拉瓦尔喷管。喉口尺寸的加工精度和光洁度对氧气流量的影响很大。为了保证喉口的尺寸精度，喉口必须有一定的长度，通常为 5 ~ 10mm 比较合适。喉口的内表面也要有足够高的光洁度，粗糙的表面必定增加附面层的厚度，降低氧气流量。

式（5-3）也可以改写为计算氧气流量的公式：

$$Q = 1.7824C_D \times \frac{A_0 p_0}{\sqrt{T_0}} \tag{5-5}$$

式中 C_D——氧孔流量系数。

由于喉口加工粗糙度和长度不同等因素的影响，氧气流通过喉口时有摩擦，不能完全绝热，按 A_0、p_0、T_0 数值计算出的氧气流量，有时要加以修正，C_D 可选 0.96 ~ 0.99。

5.1.1.4 出口直径的计算

在超音速流中，压强比唯一地取决于面积比。也就是说在一定的氧压比 $\left(\frac{p}{p_0}\right)$ 下，必定有一定的断面积比 $\left(\frac{A}{A_0}\right)$。其关系式为：

$$\frac{A}{A_0} = \sqrt{\frac{k-1}{k+1} \times \frac{\left(\frac{2}{k+1}\right)^{\frac{2}{k-1}}}{\left(\frac{p}{p_0}\right)^{\frac{2}{k}} - \left(\frac{p}{p_0}\right)^{\frac{k+1}{k}}}} \tag{5-6}$$

式中　A ——氧孔出口断面面积，mm^2；

k ——比热比，对于氧气，$k=1.4$。

由 A_0、p_0、p 通过式（5-6）即可计算出氧孔出口断面面积 A，由 A 即可以计算出氧孔出口直径 D（mm）。

$$D = \sqrt{\frac{4A}{\pi}} \tag{5-7}$$

如果已知出口马赫数 Ma，也可以通过下式计算出氧孔出口断面面积 A。

$$\frac{A}{A_0} = \frac{1}{Ma}\left[\left(\frac{2}{k+1}\right)\left(1 + \frac{k-1}{2}Ma^2\right)\right]^{\frac{k+1}{2(k-1)}} \tag{5-8}$$

已知氧气的 k 值为1.4，代入式（5-8）中，可简化为：

$$\frac{A}{A_0} = \frac{1}{Ma}(0.833 + 0.167Ma^2)^3 \tag{5-9}$$

如果已知 A_0、p_0、p 或者已知 A_0、Ma，更简捷地计算方法是从等熵流函数表（见表5-3）中查出 $\frac{A}{A_0}$ 的比值，计算出 A，再计算出氧孔出口直径 D。

表5-3　等熵流函数表（完全气体，$k=1.4$）

Ma	p/p_0	ρ/ρ_0	T/T_0	A/A_0
1.95	0.83813	0.24317	0.56802	1.6193
1.96	0.13600	0.24049	0.56551	1.6326
1.97	0.13390	0.23784	0.56301	1.6461
1.98	0.13184	0.23522	0.56051	1.6595
1.99	0.12981	0.23262	0.55803	1.6735
2.00	0.12780	0.23005	0.55556	1.6875
2.01	0.12583	0.22751	0.55310	1.7017
2.02	0.12389	0.22499	0.55064	1.7160
2.03	0.12198	0.22250	0.54819	1.7305
2.04	0.12009	0.22004	0.54576	1.7452
2.05	0.11823	0.21760	0.54333	1.7600
2.06	0.11640	0.21519	0.54091	1.7750
2.07	0.11460	0.21281	0.53850	1.7902
2.08	0.11282	0.21045	0.53611	1.8056

续表 5-3

Ma	p/p_0	ρ/ρ_0	T/T_0	A/A_0
2. 09	0. 11107	0. 20811	0. 53373	1. 8212
2. 10	0. 10935	0. 20580	0. 53135	1. 8369
2. 11	0. 10766	0. 20352	0. 52898	1. 8529
2. 12	0. 10599	0. 20126	0. 52663	1. 8690
2. 13	0. 10434	0. 19902	0. 52428	1. 8853
2. 14	0. 10272	0. 19681	0. 52194	1. 9018
2. 15	0. 10113	0. 19463	0. 51962	1. 9185
2. 16	0. 09956	0. 19247	0. 51730	1. 9354
2. 17	0. 09802	0. 19033	0. 51499	1. 9525
2. 18	0. 09650	0. 18821	0. 51269	1. 9698
2. 19	0. 09500	0. 18612	0. 51041	1. 9873
2. 20	0. 09352	0. 18405	0. 50813	2. 0050

注：*Ma*—马赫数；p—氧孔出口压力，MPa；p_0—设计氧压，MPa；ρ—氧孔出口氧气的体积密度，kg/m^3；ρ_0—氧孔入口前氧气的体积密度，kg/m^3；T—氧孔出口处氧气温度，K；T_0—氧气滞止温度，K；A—氧孔出口断面面积，cm^2；A_0—氧孔喉口断面面积，cm^2。

拉瓦尔喷嘴的计算方法很多，除本节介绍的计算方法之外，还有氧气重量流量法、焓-熵计算法、多变指数计算法等。不管用哪种方法计算，其结果都是一样的。

5.1.1.5 扩张段长度的选定

标准的拉瓦尔喷管可以产生均匀的超音速流。设计拉瓦尔喷管的扩张段，需要大量的计算和分析，在设计结构上都要求非常精确。

氧枪喷头采用的是简易拉瓦尔喷管，用简单的圆锥形扩张段也能获得相当均匀的超音速流。这样做需要的设计工作量最少，机械加工也比较容易。

在喉口直径和出口直径决定之后，扩张段的长度取决于扩张角的大小。扩张段越长，则阻力损失越大，附面层厚度加厚。在一定的马赫数下，扩张段长度太短，即扩张角太大，就可能产生氧流来不及充分膨胀而出现分离现象，即氧流离开孔壁，以至于射流不稳定，更严重的是喷溅物被吸入孔内，加速喷头的损坏。

因此，最理想的扩张段长度，是在氧流不分离而且比较均流的情况下的扩张段长度。根据试验得出不同出口马赫数时要求不同的扩张段长度，其关系见表 5-4。

表 5-4 马赫数与扩张段长度的关系

Ma	1.5	2.0	3.0
$\dfrac{\text{扩张段长度}}{\text{出口直径}}$	约 1.0	约 1.4	约 2.0

在工业生产的条件下，扩张段的扩张角一般取 8°～10°，半锥角 $\alpha\approx4°\sim5°$。

5.1.1.6　氧气喷出速度的计算

气流速度小于音速时为亚音速，大于音速时为超音速，音速随温度而变。

$$W_0 = \sqrt{kgRT_0} \tag{5-10}$$

式中　W_0——音速，对于氧枪而言，即为氧气滞止温度的音速，m/s；

k——比热比，对于氧气，$k=1.4$；

g——重力加速度，9.81m/s^2；

R——气体常数，对氧气，$R=26.5\text{kg}\cdot\text{m}/(\text{kg}\cdot\text{K})$；

T_0——氧气滞止温度，K。

对氧气来说：

$$W_0 = 19.07\sqrt{T_0} \tag{5-11}$$

从表 5-3 可以查出，在喷头设计 Ma（或 p_0）时，按 T/T_0 的比值，计算氧孔出口处氧气温度 T。

氧孔出口处的音速：　$$W = 19.07\sqrt{T} \tag{5-12}$$

氧孔出口处氧气喷出速度：　$$W_{出} = MaW \tag{5-13}$$

5.1.2　多孔喷头的设计和计算

在氧气顶吹转炉发展的初期，都是采用单孔氧枪喷头供氧。随着供氧强度的提高和转炉容量的大型化，采用单孔喷头吹炼时，发生较严重的喷溅，降低了金属收得率，同时成渣迟缓、炉衬寿命低等缺点突显出来了。因此，要求革新喷头构造，寻求新的喷头结构，以适应生产发展新需要。经过反复试验，多孔喷头便应运而生。其中最典型的是 3 孔喷头及 4 孔喷头，也试验过 8 孔喷头。现在的多孔喷头已规范为 3 孔、4 孔、5 孔、6 孔 4 种孔型。生产上采用最多的是 4 孔和 5 孔喷头。

我国于 1970 年首先在石景山钢铁公司（现为首钢）30t 转炉上试验和推广使用 3 孔喷头，取得了良好的效果。其后逐渐推广到全国。现在，我国的转炉炼钢厂，已见不到单孔喷头。单孔喷头只在试验室还有应用。世界各国也都已采用多孔喷头炼钢。

采用多孔喷头取得了良好的使用效果：

（1）吹炼时间缩短，冶炼强度提高，作业率提高 8% 以上。采用多孔氧枪后，转炉吹炼时间由 20 min 缩短到 14～15min，有的缩短到 11～12min，使钢的产量得到了大幅度的提高。

（2）喷溅少，金属收得率提高 1.0%～3.0%。采用单孔氧枪吹炼时，喷溅多，还经常出现大喷现象。喷溅物中包含很多金属，根据分析，金属含量多达 18.8%～44.28%。采用多孔氧枪后，喷溅大为减少，金属收得率显著提高，生产成本明显降低。

(3) 辅助时间减少，体力劳动减轻。采用单孔氧枪时，由于喷溅多，黏炉口，黏烟罩，黏氧枪，炉子外壳结钢、结渣严重。清理这些设备，要花费大量时间，降低转炉的作业率，影响钢的产量，而且极大地增加了工人的劳动强度。采用多孔氧枪后，生产得到了大大地改善。

(4) 化渣快，脱磷脱硫效果好。由于多孔氧枪吹炼面积大，炉渣化得快，化得好，给去磷创造了良好的条件。由于石灰化得快，炉渣碱度高，脱硫效果明显改善。

(5) 转炉热效率提高，增加了废钢装入量。采用多孔氧枪，由于吹炼时间缩短，炉子热损失减少；由于喷溅减少，能量损失降低；由于化渣好，造渣材料减少，热支出降低；由于 CO 二次燃烧率提高，炉子热量增加。所以，采用多孔氧枪，提高了转炉热效率，转炉废钢比提高 2% 以上，降低了转炉的生产成本。

(6) 转炉炉龄提高。采用多孔氧枪吹炼，由于吹炼时间缩短，喷溅减少，反应平稳，气流对炉衬的冲刷程度减轻，炉帽、渣线和出钢口部位尤其显著。另外，由于冲击深度减小，可避免炉底出现深坑。炉衬的侵蚀缓慢而均匀，所以转炉炉龄得到了大幅度的提高。炉龄提高，降低生产成本最为显著。

(7) 多孔氧枪吹炼平稳，降碳速度均匀，枪位变化对吹炼过程影响较小，动枪次数和幅度较小，有利于转炉冶炼过程的自动控制。

多孔喷头的设计原理与单孔喷头相同。因此，单孔喷头的设计原则和计算公式适当的修正后，即可以用于多孔喷头的设计和计算。

多孔喷头的设计最重要的是确定合适的喷孔数目和氧孔中心线与氧枪中心线的倾斜角，通常称为张角。

5.1.2.1 喷孔数目的选择

多孔氧枪的喷孔数目主要决定于转炉的公称容量、供氧强度和化渣要求。大转炉通常采用 6 孔或 5 孔氧枪，孔数多有利于提高供氧强度。孔数多，熔池反应面积大，化渣好。小转炉通常采用 3 孔氧枪。中型转炉采用 4 孔或 5 孔氧枪，由于我国的中型转炉数量多，因此，4 孔和 5 孔氧枪喷头的应用最为广泛。

图 5-2 是 Donold P. Cottage 工程师等人对欧洲 50 座运转中的转炉所使用的氧枪喷头进行分析得出转炉容量与喷头孔数的关系，转炉的容量为 50 ~ 350t，图 5-2 中数据表明欧洲的氧枪喷头 46% 为 6 孔喷头，32% 为 5 孔喷头。欧洲所有容量超过 200t 的转炉都使用 5 孔或 6 孔的喷头。

作者对 2005 年使用鞍山热能研究院设备研制厂氧枪喷头的 52 家钢厂进行分析统计，8% 为 6 孔喷头，17% 为 5 孔喷头，48% 为 4 孔喷头，27% 为 3 孔喷头。这 52 家钢厂的转炉容量为 30 ~ 300t。

欧洲的大中型转炉占多数，数量达到 78%，我国的中小型转炉占多数，数

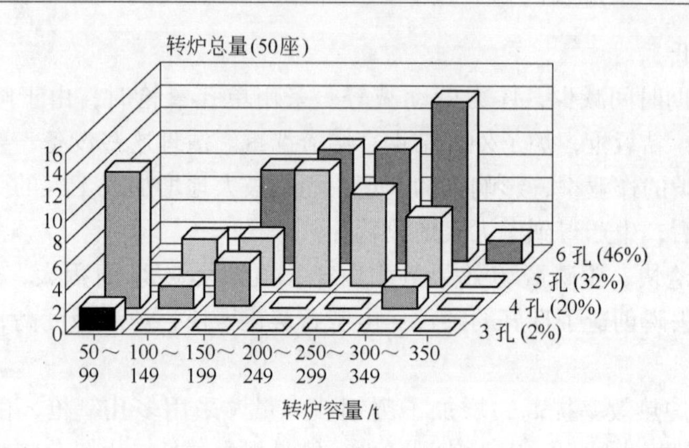

图5-2 转炉容量与喷头孔数的关系

量达到75%。我国还有个别的小转炉使用单孔氧枪。但最近几年，我国的大型转炉发展迅速，小转炉正逐渐被淘汰。作为氧枪喷头生产厂，大喷头的生产数量正在逐年增加，小喷头的生产数量在逐年减少，其中以外径为273mm的氧枪喷头生产数量最多。作者对31家钢厂的转炉氧枪喷头进行统计，ϕ245mm以上的大喷头占了总数的53%，喷头的重量比占了81%。ϕ245mm以上的喷头，4孔和5孔喷头占了大多数。

供氧强度较高，应该选择5孔或6孔喷头；供氧强度较低，应该选择3孔或4孔喷头。图5-2统计的欧洲50座转炉，供氧强度数值（标态）为2.5～4.2m^3/min，平均值为3.26m^3/min。我国转炉的供氧强度波动在3～4.5m^3/min之间，采用5孔或6孔喷头的大转炉，供氧强度偏高；采用3孔或4孔喷头的中小转炉，供氧强度偏低。但也有个别采用3孔喷头的小转炉，为了追求产量，吹炼时间控制在11～12min之内，供氧强度反而较高。

孔数多，吹炼面积大，化渣速度快，去除P、S等有害杂质的效果好。对钢的质量要求较高的钢种，吹炼时，宜采用孔数多的氧枪。

对氧孔数目多少考虑的另一个因素就是炉型尺寸。矮胖型转炉，熔池面积大，宜采用孔数多的氧枪。细长型的转炉，熔池面积小，宜采用孔数少的氧枪。不过，现代的转炉设计都已走上标准化，不同吨位的转炉，熔池直径与转炉高度之比，已经很合理。因此，氧孔数目最主要的考虑因素就是转炉的公称容量。

5.1.2.2 氧孔张角的选择

氧孔中心线与氧枪中心线之间的夹角即氧孔张角，是多孔喷头的重要参数之一。氧孔张角对氧气流股的衰减、吹炼面积、穿透深度、化渣和炉衬侵蚀等，都会造成明显的影响，因此，正确地选择氧孔张角，非常重要。

选择氧孔张角首先要考虑的因素，是从多孔喷头喷射出的氧流能相互分开不汇合，以避免各个氧气射流之间互相干扰，从而在熔池面上能形成各自的反应区。通过分散供氧以提高吹炼强度，减少喷溅，增加氧流与熔池的接触面积，均匀搅拌和加速化渣。从上述意义上来说，氧孔张角应该加大。但过大的氧孔张角又会造成氧流对炉衬的侵蚀加重，降低炉衬寿命，而炉龄又是影响炼钢成本的最重要的因素之一。同时过大的氧孔张角也会使氧流对熔池的穿透深度减弱，影响氧枪的吹炼效果。因此，氧孔张角的选择，应综合转炉的公称容积、尺寸、供氧强度、供氧压力、枪位、化渣要求等因素，统筹考虑。

试验证明，氧孔间距较小和氧孔张角较小（5°~6°）的喷头，从氧孔出来的射流，在喷头中心区发生汇合，使分散氧流的效果减弱，其射流的气体动力学特性近似于单孔喷头，失去了多孔喷头所具有的优越性能。当氧孔张角过大时，则射流深入熔池的深度减小，同时在射流作用下形成的火焰和高温反应区接近于转炉炉壁，会造成炉衬的局部损坏。

因此，在进行氧枪设计时，一定要选择一合适的氧孔张角，以寻求氧枪的最佳性能。但由于影响因素较多，至今还不能进行理论计算。应根据各厂的生产条件，通过试验来确定不同喷头的合适的氧孔张角。确定氧孔张角时应考虑下列因素：

（1）炉子大小。大炉子的张角取大些；小炉子的张角取小些。

（2）炉型。矮胖炉子张角取大些；细长炉子张角取小些。

（3）设计氧压或出口马赫数。p_0 和 Ma 较大时张角取小些；p_0 和 Ma 较小时张角取大些。

（4）喷头类型。5 孔和 6 孔喷头，张角取大些；3 孔和 4 孔喷头，张角取小些。

根据试验室空气动力学测试和多年来氧枪设计的经验总结，喷头氧孔孔数和张角有一定关系，见表 5-5。

表 5-5 喷头氧孔孔数与张角的关系

氧孔孔数 n	3	4	5	6
氧孔张角 α/(°)	8~12	10~15	12~16	14~18

5.1.2.3 冲击深度，有效冲击面积和氧枪高度（枪位）

氧气射流与炼钢熔池的相互作用机理，是氧气顶吹转炉炼钢研究的重要课题。虽然对这个课题进行了大量的试验，但由于这一过程实际上很难直接在高温炉内进行试验研究，而且涉及物理化学、流体力学、传质传热等多学科领域，以及试验研究的复杂性和困难性，至今还没有获得一种最符合实际的计算方法，也没有满意的实际测定方法。

为了获得良好的反应速度，必须保证氧气流股对熔池具有一定的冲击深度和冲击面积，控制合适的枪位，使熔池得到平稳均匀而强烈的良好搅拌条件，达到升温快、降碳快、化渣快的目的。

氧气射流到达熔池表面时具有较大的速度，对熔池表面形成较高的冲击压力，熔池被冲击成一个深坑。凹坑内一部分金属被粉碎成液滴，并被迅速氧化，形成小气泡，从深坑中沿切线方向飞溅出来；一部分被卷入熔池进行循环运动。由于氧气射流的冲击和CO气泡上浮的联合作用，金属熔池发生强烈的搅拌。转炉内熔融的炉渣、未熔解的炉渣、气泡和金属液滴的乳浊层，形成泡沫渣层。当泡沫渣层达到一定高度时，就会发生喷溅，造成炉口溢渣现象。

凹坑的深浅，即氧气流对熔池的冲击深度十分重要。如冲击深度不够，则熔池吸氧程度降低，氧的利用率和脱碳速度减小，但增加了炉渣的氧化性，有利于化渣；如冲击深度较深，则熔池的吸氧程度增加，增大了氧的利用率和脱碳速度，但减少了炉渣的氧化性，影响化渣；如果冲击深度过大，则容易损坏炉底，造成安全事故。因此，必须在转炉的不同冶炼时期，控制不同的枪位，形成合适的冲击深度，以满足吹炼工艺的要求。

关于冲击深度、有效冲击面积和吹炼枪位，作者未做过这方面的研究，也未见到权威的计算方法，参阅有关资料，介绍几种关系式，供参考。

在转炉模型内，用单孔氧枪进行吹炼试验，测定冲击深度的关系式为：

$$h = 340\frac{p_0 D_0}{\sqrt{H}} + 3.8 \tag{5-14}$$

式中　h——冲击深度，cm；

p_0——喉口前压力，MPa；

D_0——喷孔喉口直径，cm；

H——氧枪枪位，cm。

美国密执安大学训练班的讲义给出的冲击深度计算公式为：

$$h = \frac{1.5 p_0 D_0}{\sqrt{H}} - 1.5 \tag{5-15}$$

式中　h——冲击深度，in（1in = 25.4mm）；

p_0——喉口前滞止压力；

D_0——喷孔喉口直径，in；

H——氧枪枪位，in。

乌克兰 B. И. Балтиэманский 教授的计算公式为：

$$h = k\frac{p_0^{0.5} D_0^{0.6}}{\rho_{液}^{0.4}\left(1 + \frac{H}{D_0 B}\right)} \tag{5-16}$$

式中　h——冲击深度，m；

p_0——喉口前氧压，atm（1atm = 0.1MPa）；

D_0——喉口直径，m；

H——氧枪枪位，m；

B——常数，对于低黏度的液体为40；

k——常数，为40（它与所使用的单位有关）；

$\rho_{液}$——钢液的密度，kg/m^3。

计算枪位可以采用下列经验公式：

$$H = kMaD \tag{5-17}$$

式中 H——枪位，mm；

k——常数，通常为21～23.5；

Ma——氧气出口马赫数；

D——氧孔出口直径，mm。

计算枪位的另一经验公式为：

$$H = 30 \sim 40D_0 \tag{5-18}$$

冲击深度h与熔池深度L的比h/L，平均冲击深度可取25%～40%，最大冲击深度可取40%～70%。

有效冲击面积与枪位、冲击深度和在熔池面上氧气流股的中心流速有关。

$$h = \sqrt{\frac{\rho_{O_2}}{g \cdot \rho_{Fe}}} \cdot v_{max} \cdot \sqrt{2r_{效}} \tag{5-19}$$

式中 h——冲击深度，m；

ρ_{O_2}——氧气密度，1.429kg/m^3；

g——重力加速度，9.81m/s^2；

ρ_{Fe}——铁水密度，7000kg/m^3；

v_{max}——熔池面上氧气流股的中心流速，m/s；

$r_{效}$——有效冲击半径，m。

在一定的喷头结构下，氧枪的搅拌强度决定于氧枪枪位、冲击深度和有效冲击面积。而这三者既相互影响，又共同对吹炼过程发生作用。在生产条件下，冲击深度和有效冲击面积是很难观测的，不会像计算的那样。而枪位的计算和控制是最重要的。枪位的高低，直接影响冲击深度和有效冲击面积，实际影响的是吹炼效果。

【实例1】 鞍钢260t转炉，装入量270t，其中铁水230t，废钢40t，出钢量240t。氧枪三层钢管的尺寸为ϕ402mm×12mm、ϕ351mm×8mm、ϕ273mm×10mm，喷头为6孔，氧孔张角17.5°，氧孔喉口直径44mm，出口直径60mm，设计氧压0.98MPa，Ma=2.11，设计氧气流量（标态）为53850m^3/h，为国外某公司设计。

在炼钢生产中，氧气总管道氧压1.35～1.45MPa，氧枪吹炼氧压0.75～0.85MPa，吹炼氧气流量42250～47900m^3/h，吹炼时间14～15min。开吹枪位2.5～2.6m，过程枪位1.9～2.0m。

在生产中出现的问题有：

（1）炉料大翻，炉口黏钢。

（2）渣稀，从炉口跑渣。

（3）氧孔“长眼圈”（氧孔出口处黏一圈钢渣），新喷头也如此。

（4）喷头使用到80～100炉时，氧孔出口处“倒棱”（被熔融成喇叭形），吹炼性能恶化，不得不换枪。

（5）黏枪比较严重。有时处理黏枪要花好几个小时。

问题看起来很多，那么症结在哪里呢？作者去厂里进行了“诊断”，同现场技术人员一起进行了分析。新喷头的氧孔出口处也“长眼圈”，说明不是由于喷头漏水引起的，氧孔出口处黏一圈钢渣，说明氧孔出口处氧气喷出时呈负压，是过度“软吹”引起的。氧孔出口处黏一圈钢渣，在炉内的高温作用下，钢质向喷头的铜质里扩散，使喷头冷却能力下降，氧孔出口处逐渐被熔蚀成喇叭口形，氧孔出口断面积变小，马赫数降低，氧气流股的穿透能力下降，炉料大翻，压不住渣，从炉口跑渣、黏枪等现象都发生了，氧枪的性能变坏。说明问题是出在过度软吹上。

那么，为什么不按设计氧气压力0.98MPa、氧气流量53850m^3/h进行吹炼呢？原因是14～15min的吹炼时间符合该厂的生产节奏，如果按设计的氧气参数吹炼，吹炼时间太短。为了控制生产节奏，使之符合前后工序的要求，采用0.75～0.85MPa供氧压力，因此造成严重软吹。

解决方案：为杜绝软吹，作者为该厂重新设计氧枪参数，设计氧气压力0.90MPa，$Ma=2.07$，设计氧气流量46000m^3/h，吹炼氧压0.95MPa，吹炼氧量48560m^3/h。保证氧枪在高于设计氧压条件下工作，氧气管网的压力不可能是恒定的，吹炼的转炉座数少时，管网压力就高，三座转炉同时吹炼时，管网压力就降下来了。所以吹炼氧压必须高于设计氧压，才能杜绝软吹，才能保证氧枪具有良好的吹炼性能。

为了增加氧枪对熔池的穿透能力，将氧孔张角由17.5°改为15°，增加对熔池的搅拌。

（1）喉口直径D_0的计算。按式（5-3），有：

$$A_0=\frac{Q\sqrt{T_0}}{1.7824p_0}=\frac{46000\times\sqrt{300}}{1.7824\times60\times0.90}=8277.6\text{mm}^2$$

氧孔为6孔，每孔的喉口直径D_0为：

$$D_0=\sqrt{\frac{4\times8277.6}{6\times\pi}}=42\text{mm}$$

（2）出口直径D的计算。已知$Ma=2.07$，查表5-3，查出$A/A_0=1.7902$，则氧孔出口面积为：

$$A = 1.7902A_0 = 1.7902 \times \frac{8277.6}{6} = 2469\text{mm}^2$$

氧孔出口直径

$$D = \sqrt{\frac{4A}{\pi}} = \sqrt{\frac{4 \times 2469}{\pi}} = 56\text{mm}$$

鞍钢260t转炉氧枪采用新参数后，吹炼平稳，冶炼效果较好，溢渣、长眼圈、黏枪严重等问题都得到了解决。更可喜的是每炉钢节约氧气2000～3000m^3，平均节省氧气7～10m^3/t。喷头在使用100多炉后，由于氧孔出口部位的烧损，氧枪参数偏离设计指标，氧枪的吹炼效果下降。

【实例2】　作者为鞍钢第二炼钢设计专用炼钢氧枪和专用溅渣氧枪。

溅渣护炉技术从20世纪90年代兴起后迅速在全国得以普遍采用。采用溅渣护炉技术后，我国大中型转炉炉龄平均提高3～4倍，转炉利用系数提高2%～3%，炉衬砖消耗吨钢降低0.2～1.0kg，全国转炉吨钢平均获益4.0元。

冶炼对于氧枪的要求是氧气流股的速度要快，穿透能力要强，对熔池要有足够高的搅拌能力，化渣效果好，喷溅要小，对炉衬的侵蚀要小，既不能损害炉底，又不能使炉底上涨过快，所要产生的吹炼工艺效果就是要升温快、降碳快、化渣快、炉渣返干时间短、对炉衬损害小。因此，炼钢氧枪要有良好的综合性能，在炼钢氧枪喷头设计时，氧枪喷头孔数、氧孔张角、氧气压力、氧气流量、马赫数等参数，都要反复进行设计、计算，综合考虑确定合理的氧枪喷头参数。

溅渣护炉技术对氧枪喷头的要求是氮气流股的动量越大越好，产生的喷溅越大越好，在短时间内能将炉渣均匀地溅在炉衬的各个部位，为此，在溅渣氧枪喷头设计时，要求孔数要少，张角要小，压力要高，流量要大，马赫数要高。

从以上论述可知，转炉炼钢氧枪喷头和溅渣氧枪喷头，是两种性能有很大区别的氧枪喷头。但是在我国众多的炼钢厂中，几乎所有的钢厂炼钢和溅渣却使用的是同一支氧枪。

我国转炉炼钢厂的氧枪升降横移机构，基本都安装两个氧枪位置，一个安装一支正在使用的氧枪，另一边安装一支备用氧枪。如果使用中的氧枪损坏了需对氧枪进行更换，则将正位氧枪从升降滑道的位置上移走，将备用氧枪移至升降滑道上，成为使用氧枪，再对备用位置的氧枪进行更换，使其成为备用氧枪。

我国的转炉炼钢厂，每座转炉只能安装两支氧枪的现实条件，造成了我国的转炉氧枪，既炼钢又溅渣。两种使用要求有很大区别的工艺条件，要在同一支氧枪上实现，因此在氧枪喷头的设计、制作和性能要求上，只能互相打折扣，使其既能满足冶炼的要求又要兼顾溅渣的需要。而冶炼和溅渣兼用的结果是，冶炼时效果不是太好，溅渣时效果也不是太好，我国的转炉氧枪基本都是兼用，既炼钢又溅渣，这是一个全国性的各转炉炼钢厂普遍存在的问题。

溅渣护炉是一项非常重要的技术，在全国都取得了非常好的技术经济效益，炉役寿命大大提高，各炼钢厂采用溅渣护炉技术是逐渐进行的。在此过程中，并未对氧枪喷头提出新的要求，随着冶炼钢种的要求越来越高及各炼钢厂在薄利时代追求效益的最大化，现有氧枪喷头使用的弊端就呈现出来了。为了提高转炉冶炼工艺效果和溅渣护炉工艺效果，必须设计、制作专用炼钢氧枪和专用溅渣氧枪，把现有的氧枪区分成两类，使其充分发挥各自的优点，满足时代对于炼钢厂的要求。

鞍钢第二炼钢厂北区（原第三炼钢厂）有公称容量150t转炉2座，公称容量180t转炉1座。为满足下道精炼工序的要求，3座转炉的金属装入量均为205t/炉，其中铁水185t，废钢20t；年产钢450万吨。其中150t转炉使用的是外径245mm氧枪，装配有4孔和5孔两种喷头。4孔氧枪喷头技术参数为：氧孔喉口直径41.6mm，出口直径54.6mm，氧孔张角13.5°，设计氧压0.83MPa，马赫数2.02，设计氧量30000m^3/h；5孔喷头技术参数为：氧孔喉口直径39mm，出口直径51mm，氧孔张角14°，设计氧压0.83MPa，马赫数2.02，设计氧量30020m^3/h。180t转炉使用的是外径299mm氧枪，装配有4孔5孔两种喷头。4孔氧枪喷头技术参数为：氧孔喉口直径42mm，出口直径53.5mm，氧孔张角14°，设计氧压0.76MPa，马赫数1.96，设计氧量32000m^3/h；5孔氧枪喷头技术参数为：氧孔喉口直径38mm，出口直径48mm，氧孔张角14.5°，设计氧压0.73MPa，马赫数1.93，设计氧量25070m^3/h。此两种氧枪的4种喷头，是根据炼钢工艺的不同需要，有时采用5孔喷头，有时采用4孔喷头。吹炼氧压控制在0.78MPa。150t转炉氧气流量30000m^3/h，180t转炉氧气流量32000m^3/h，吹炼时间20~21min，吹炼时间较长。氧气耗量：150t转炉为56.7m^3/t，180t转炉为57.6m^3/t。180t转炉氧枪吹炼是在高于设计参数状态工作的，效果稍好。150t转炉氧枪吹炼是在工作氧压低于设计氧压下冶炼的，氧枪呈软吹状态下工作，效果不好。溅渣护炉时，仍然采用上述氧枪，氮气流量28000m^3/h，溅渣时间长达4~6min，而溅渣效果并不理想。

为了提高转炉冶炼工艺效果和溅渣效果，我们对氧枪喷头设计参数重新进行了优化设计，同时在现有快速氧枪横移的基础上把吹炼氧枪和溅渣氧枪分开，设计制作了专用吹炼氧枪和专用溅渣氧枪。

首先在180t转炉上对ϕ299mm氧枪进行了重新设计。炼钢氧枪采用5孔，氧孔张角13.5°，喉口直径38mm，出口直径50.4mm，设计氧压0.87MPa，马赫数为2.05，设计氧量29880m^3/h。吹炼氧压0.92~0.97MPa，吹炼氧量31600~33310m^3/h。氧枪吹炼流量上升后，提温、降碳、化渣等吹炼效果与原5孔氧枪相比，各项指标明显提高，吹炼时间缩短至18min。溅渣枪采用4孔，氧孔张角

12°，氧孔喉口直径 42mm，出口直径 56.2mm，设计压力 0.90MPa，马赫数为 2.07，设计氮量 30200m³/h。溅渣护炉时氮气压力和氮气流量尽可能的开大，溅渣时间缩短到 3～4min。由于是初次将炼钢氧枪和溅渣氧枪分开，还担心炼钢氧枪损坏时，换枪时间过长，影响转炉作业率，所以这支溅渣氧枪在设计时，就考虑到要具有炼钢的功能，即在炼钢氧枪报废的换枪时间内，溅渣氧枪可以照样炼钢。因此，这支溅渣氧枪是兼用的，以溅渣为主，炼钢为辅。另外，长时间使用炼钢氧枪，炉底有上涨的趋势。当炉底上涨到一定程度，可以采用溅渣氧枪炼两炉钢，侵蚀一下炉底，使炉底恢复正常形状。由于这支溅渣氧枪是兼用的，所以流量设计得不是很大。

在 180t 转炉冶炼氧枪和溅渣氧枪取得较好效果的基础上，我们为两座 150t 转炉设计了专用冶炼氧枪喷头和溅渣喷头。溅渣喷头采用 4 孔，氧孔张角为 12°，氧孔喉口直径 43mm，出口直径 57.5mm，设计压力 0.90MPa，马赫数为 2.07，设计氮气流量 31660m³/h。溅渣护炉效果非常好，既缩短了溅渣时间，又节省了氮气。这支专用溅渣氧枪，不再兼用炼钢。

ϕ245mm 氧枪也设计了专用炼钢氧枪，专用炼钢氧枪采用 5 孔，张角 13.5°，喷头参数与 ϕ299mm 炼钢氧枪相同。

使用专用冶炼氧枪和专用溅渣氧枪后，平均冶炼时间缩短 2min，平均溅渣时间缩短 1min，减轻了工人处理氧枪黏钢的劳动强度，提高了氧气利用系数，降低了氧气消耗，降低了氮气消耗。

在现有氧枪系统基础上采用专用吹炼氧枪和专有溅渣氧枪，实现氧枪的吹氧和溅渣功能分离，同时对氧枪参数进行优化，可以改善吹炼和溅渣效果，创造可观的经济效益。

国内部分钢厂的氧枪喷头参数详见表 5-6。

表 5-6 国内部分钢厂氧枪喷头参数

序号	三层钢管尺寸 /mm × mm	孔数	张角 /(°)	喉口尺寸 /mm	出口尺寸 /mm	马赫数 *Ma*	设计氧压 /MPa	设计氧量（标态）/m³·h⁻¹	吹炼氧压 /MPa	吹炼氧量（标态）/m³·h⁻¹	用途
1	ϕ406.4×12、ϕ355.6×8、ϕ246.7×10	6	15	45.7	59.9	2.02	0.83	49460	0.85～0.90	50660～53640	炼钢
2	ϕ402×12、ϕ351×8、ϕ245×10	6	15	45	58.4	2.00	0.81	46800	0.90～0.95	52000～54900	炼钢

续表 5-6

序号	三层钢管尺寸 /mm × mm	孔数	张角 /(°)	喉口尺寸 /mm	出口尺寸 /mm	马赫数 Ma	设计氧压 /MPa	设计氧量（标态） /$m^3 \cdot h^{-1}$	吹炼氧压 /MPa	吹炼氧量（标态） /$m^3 \cdot h^{-1}$	用途
3	ϕ402 × 12、ϕ351 × 8、ϕ245 × 10	5	16	48	62.3	2.00	0.81	44380	0.90 ~ 1.03	49310 ~ 56430	炼钢
4	ϕ355.6 × 10.3、ϕ305 × 8、ϕ209.5 × 10	6	16	43	55.6	1.99	0.79	41680	0.85 ~ 0.90	45420 ~ 48090	炼钢
5	ϕ351 × 12、ϕ299 × 8、ϕ219 × 10	6	17.5	40.9	55.4	2.10	0.95	45350	1.00 ~ 1.10	47740 ~ 52510	炼钢
6	ϕ351 × 12、ϕ299 × 8、ϕ219 × 10	5	15	44.6	60.4	2.10	0.95	45000	1.00 ~ 1.15	47370 ~ 54470	溅渣
7	ϕ325 × 12、ϕ273 × 8、ϕ203 × 6	6	15.5	41.3	53.9	2.01	0.82	39910	0.85 ~ 0.95	41370 ~ 46240	炼钢
8	ϕ325 × 12、ϕ273 × 8、ϕ203 × 6	5	16	48	62.4	2.01	0.82	44930	0.85 ~ 0.95	46570 ~ 52050	溅渣
9	ϕ299 × 12、ϕ245 × 7、ϕ194 × 6	6	15	37	48	2.00	0.81	31640	0.93 ~ 0.98	36330 ~ 38280	炼钢
10	ϕ299 × 12、ϕ245 × 7、ϕ194 × 6	6	15	38.5	50	2.00	0.81	34260	0.85 ~ 0.92	35950 ~ 38910	炼钢
11	ϕ299 × 12、ϕ245 × 7、ϕ194 × 6	5	14	44	56	1.95	0.75	34530	0.80 ~ 0.86	36830 ~ 39950	炼钢
12	ϕ299 × 12、ϕ245 × 7、ϕ194 × 6	5	14	42	52.6	1.91	0.70	29360	0.75 ~ 0.95	31460 ~ 39850	炼钢
13	ϕ299 × 12、ϕ245 × 7、ϕ194 × 6	4	11	39.1	50.8	2.00	0.81	23560	0.85 ~ 0.95	24720 ~ 27630	提钒

续表 5-6

序号	三层钢管尺寸 /mm × mm	孔数	张角 /(°)	喉口尺寸 /mm	出口尺寸 /mm	马赫数 Ma	设计氧压 /MPa	设计氧量（标态）/$m^3 \cdot h^{-1}$	吹炼氧压 /MPa	吹炼氧量（标态）/$m^3 \cdot h^{-1}$	用途
14	φ299 × 12、φ245 × 7、φ180 × 6	5	14	39	50.6	2.00	0.81	29300	0.85 ~ 0.90	30740 ~ 32550	炼钢
15	φ299 × 12、φ245 × 7、φ180 × 6	4	12	45.6	59.2	2.00	0.81	32000	0.86 ~ 0.91	34000 ~ 36000	溅渣
16	φ299 × 12、φ245 × 7、φ180 × 6	4	13	45.6	59.2	2.00	0.81	32000	0.85 ~ 0.90	33580 ~ 35560	炼钢
17	φ273 × 12、φ219 × 6、φ168 × 6	5	13	38	49.3	2.00	0.81	27810	0.85 ~ 0.90	29190 ~ 30900	炼钢
18	φ273 × 12、φ219 × 6、φ168 × 6	5	12	37	48	2.00	0.81	26370	0.85 ~ 0.95	27670 ~ 30930	炼钢
19	φ273 × 12、φ219 × 6、φ168 × 6	5	12	39	50.6	2.00	0.81	29300	0.85 ~ 0.90	30740 ~ 32500	炼钢
20	φ273 × 12、φ219 × 6、φ168 × 6	5	12	39.6	49.4	1.91	0.70	26000	0.75 ~ 0.90	27860 ~ 33800	炼钢
21	φ273 × 12、φ219 × 6、φ168 × 6	5	12	31	38.8	1.91	0.70	16000	0.75 ~ 0.80	17140 ~ 18280	提钒
22	φ273 × 12、φ219 × 6、φ168 × 6	4	12	41.8	54.3	2.00	0.81	27000	0.85 ~ 0.90	28330 ~ 30000	炼钢
23	φ245 × 10、φ203 × 6、φ159 × 6	5	12	31.7	41.2	2.00	0.81	19440	0.85 ~ 0.95	20440 ~ 22800	炼钢
24	φ245 × 10、φ203 × 6、φ159 × 6	5	12	34.5	44.1	1.96	0.76	21600	0.80 ~ 0.90	22740 ~ 25880	炼钢
25	φ245 × 10、φ203 × 6、φ159 × 6	4	12	34.5	44.8	2.00	0.81	18340	0.85 ~ 0.90	19250 ~ 20380	炼钢

续表 5-6

序号	三层钢管尺寸 /mm × mm	孔数	张角 /(°)	喉口尺寸 /mm	出口尺寸 /mm	马赫数 *Ma*	设计氧压 /MPa	设计氧量(标态) /$m^3 \cdot h^{-1}$	吹炼氧压 /MPa	吹炼氧量(标态) /$m^3 \cdot h^{-1}$	用途
26	ϕ219 × 10、ϕ180 × 6、ϕ133 × 6	5	12	32.5	42.2	2.00	0.81	20360	0.85 ~ 0.90	21360 ~ 22620	炼钢
27	ϕ219 × 10、ϕ180 × 6、ϕ133 × 6	5	12	31	40.2	2.00	0.81	18846	0.85 ~ 0.90	19780 ~ 20940	炼钢
28	ϕ219 × 10、ϕ180 × 6、ϕ133 × 6	4	12	33.2	43.1	2.00	0.81	17000	0.85 ~ 0.90	17840 ~ 18890	炼钢
29	ϕ219 × 10、ϕ180 × 6、ϕ133 × 6	3	10	27.9	36.2	2.00	0.81	9000	0.85 ~ 0.87	9440 ~ 9670	炼钢
30	ϕ194 × 8、ϕ159 × 6、ϕ121 × 6	4	11	28.8	37.4	2.00	0.81	12800	0.85 ~ 0.90	13430 ~ 14220	炼钢
31	ϕ194 × 8、ϕ159 × 6、ϕ121 × 6	4	13	45.6	59.2	2.00	0.81	32000	0.85 ~ 0.90	33580 ~ 35560	炼钢
32	ϕ180 × 8、ϕ152 × 6、ϕ114 × 6	4	12	27.8	34.8	1.91	0.70	10270	0.75 ~ 0.80	11000 ~ 11730	炼钢
33	ϕ168 × 8、ϕ133 × 5、ϕ95 × 5	4	11.5	26.9	34.9	2.00	0.81	11150	0.85 ~ 0.90	11700 ~ 12390	炼钢
34	ϕ159 × 8、ϕ133 × 5、ϕ102 × 5	4	12	27	35.1	2.00	0.81	11230	0.85 ~ 0.95	11790 ~ 13180	炼钢
35	ϕ152 × 8、ϕ121 × 5、ϕ89 × 5	4	11	26	32.5	1.91	0.70	9000	0.75 ~ 0.80	9640 ~ 10280	炼钢
36	ϕ152 × 8、ϕ121 × 5、ϕ89 × 5	3	11	27	35	2.00	0.81	8430	0.80 ~ 0.90	8320 ~ 9360	炼钢

5.2 氧枪枪体的设计和计算

在第 1 章中已做过介绍，氧枪的枪体由三根同心的无缝钢管所组成，内管是进氧管，中层管是进水管，外管是回水管。

5.2.1 内管直径的计算

内管氧气的流通截面积可用下式计算：

$$A_{氧}=6.3\times10^{-6}\times\frac{QT_0}{p_0v_{氧}} \tag{5-20}$$

式中 $A_{氧}$——内管氧气流通的截面积，m^2；

Q——供氧量，m^3/min；

T_0——氧气的滞止温度，K；

p_0——氧孔喉口前压力，MPa；

$v_{氧}$——氧气在内管中的实际流速，氧气的安全流速取 40 ~ 60m/s，若 $v_{氧}$ 过大，则会造成不安全和增加阻力损失，若 $v_{氧}$ 过小，则增加管道直径，使设备重量增加，增加投资，通常取 $v_{氧}=50m/s$。

现以 90t 转炉为例。已知 $Q=350m^3/min$，$T_0=300K$，$p_0=0.90MPa$，$v_{氧}=50m/s$，则：

$$A_{氧}=6.3\times10^{-6}\times\frac{350\times300}{0.90\times50}=0.0147m^2$$

内管直径 $$d_{氧}=\sqrt{\frac{4\times0.0147}{\pi}}=0.1368m=136.8mm$$

钢管壁厚选用 6mm，选部颁标准钢管 $\phi159mm\times6mm$ 管。

5.2.2 中层管和外管直径的计算

氧枪的冷却水从内管的外表面和中层管的内表面之间的环缝进入，在喷头处折转 180°返回，从中层管的外表面和外管内表面之间的环缝流出。

确定中层管和外管直径的原则是必须保证进入氧枪的冷却水有足够的流量和合适的冷却水流速。进水因不受热，为减少阻力损失，流速要低些，根据实际经验，进水流速可选择 4 ~ 5m/s。氧枪的冷却靠回水，所以回水的流速要高些，通常选为 6m/s，或者更高些。喷头部位的冷却水流速更高，这将在第 6 章中专门论述。

中层管和外管直径的选择，还要考虑氧枪装配工艺上的要求。因为转炉氧枪很长，三层钢管之间的装配有些困难，既要保证同心度，不能弯曲，又要使三层管之间有一定的缝隙，以便穿管能够容易进行。作者对我国 17 种标准氧枪的统计，三层钢管之间的进水环缝平均为16.47mm，其中ϕ219mm以上的7种大氧枪平均环缝为23mm，ϕ194mm以下的10种小氧枪平均环缝为11.85mm；三层钢管之间的回水环缝平均为9.9mm，其中ϕ219mm以上的7种大氧枪平均环缝为13mm，ϕ194mm以下的10种小氧枪平均环缝为7.65mm。

氧枪冷却水的压力选为1.0~1.5MPa。

进水环缝有效流通截面积$A_{进}$（m^2）：

$$A_{进} = \frac{冷却水流量(m^3/s)}{进水流速(m/s)} \tag{5-21}$$

回水环缝有效流通截面积$A_{回}$（m^2）：

$$A_{回} = \frac{冷却水流量(m^3/s)}{回水流速(m/s)} \tag{5-22}$$

冷却水流量按下式计算：

$$M_{水} = \frac{Q_{冷}}{C \times \Delta t} = \frac{Q_{吸}}{C \times \Delta t} \tag{5-23}$$

式中　$M_{水}$——氧枪冷却水流量，m^3/h；

$Q_{冷}$——冷却水带走的热量，kJ/h；

$Q_{吸}$——枪身吸收的热量，kJ/h；

C——水的比热，4180kJ/(m^3·℃)；

Δt——水的允许温升，一般取15~25℃。

根据现场实测资料，在转炉正常吹炼条件下，氧枪枪体单位工作表面在单位时间内的换热量为0.96×10^6kJ/(m^2·h)。

仍以90t转炉为例，内管直径159mm，加上进水环缝$16.47 \times 2 = 32.94$mm，加上中层管厚$6 \times 2 = 12$mm，加上回水环缝$9.9 \times 2 = 19.8$mm，加上外管壁厚$10 \times 2 = 20$mm，则氧枪外径预计为243.74mm。氧枪伸入炉内大约15m，则氧枪的受热面为：

$$\left(\frac{0.24374}{2}\right)^2 \times \pi + 0.24374 \times 15 \times \pi = 11.5\text{m}^2$$

$$Q_{吸} = 0.96 \times 10^6 \times 11.5 = 11.04 \times 10^6 \text{kJ/h}$$

取$\Delta t = 16$℃，按式（5-23）就可算出冷却水量$M_{水}$为：

$$M_{水} = \frac{0.96 \times 10^6}{4180 \times 16} = 165\text{m}^3/\text{h} = 0.0458\text{m}^3/\text{s}$$

代入式（5-21），有：

$$A_{进} = \frac{0.0458}{5} = 0.00916\text{m}^2$$

因为

$$A_{进} = \left(\frac{D_{中}}{2}\right)^2 \pi - \left(\frac{D_{内}}{2}\right)^2 \pi = \frac{\pi}{4} \times D_{中}^2 - \frac{\pi}{4} \times D_{内}^2 = \frac{\pi}{4}(D_{中}^2 - D_{内}^2) \tag{5-24}$$

所以

$$D_{中} = \left(\frac{4A_{进}}{\pi} + D_{内}^2\right)^{\frac{1}{2}} = \left(\frac{4 \times 0.00916}{\pi} + 0.159^2\right)^{\frac{1}{2}} = 0.192\text{m}$$

中层管的壁厚选 6mm，则中层管的外径为 0.192 + 0.006 × 2 = 0.204m，中层管选部颁标准 ϕ203mm × 6mm 管。

由式（5-22）有：

$$A_{回} = \frac{0.0458}{6} = 0.0076\text{m}^2$$

因为

$$A_{回} = \frac{\pi}{4} \times D_{外}^2 - \frac{\pi}{4} \times D_{中}^2 = \frac{\pi}{4}(D_{外}^2 - D_{中}^2) \qquad (5\text{-}25)$$

所以

$$D_{外} = \left(\frac{4A_{回}}{\pi} + D_{中}^2\right)^{\frac{1}{2}} = \left(\frac{4 \times 0.0076}{\pi} + 0.203^2\right)^{\frac{1}{2}} = 0.225\text{m}$$

外径壁厚选 10mm，则外管的外径为 0.225 + 0.01 × 2 = 0.245m，外管选为部颁标准 ϕ245mm × 10mm 管。

则 90t 转炉氧枪的三层钢管为 ϕ245mm × 10mm，ϕ203mm × 6mm，ϕ159mm × 6mm。氧枪外管确定后，氧枪的冷却水量还要重新验算。

5.3 氧枪全长和行程的确定

氧枪全长为喷头、枪身和枪尾三部分长度之和。它与转炉尺寸、炉口高度、活动烟罩的上升高度、固定烟罩的高度、氧枪孔的标高和枪尾的结构尺寸等相关，如图 5-3 所示。

氧枪的最低枪位 h_0，应保证在炉役后期炉膛尺寸扩大，熔池液面下降时仍能点着火。h_0 一般为 200 ~ 400mm，大炉子取上限，小炉子取下限。

$$氧枪全长\ H_{枪} = h_1 + h_2 + h_3 + h_4 + h_5 + h_6 + h_7 + h_8 \qquad (5\text{-}26)$$

式中 h_1——氧枪在最低位置时喷头端面至炉口的距离；

h_2——转炉炉口至烟罩下沿的距离，当活动烟罩提起后，便于观察火焰，一般取 350 ~ 500mm，大转炉取上限，小转炉取下限；

h_3——烟罩下沿至烟道拐点的距离，这个距离与直烟道的高度，拐点的角度以及转炉吨位有关，避免炉内喷出的钢渣进入斜烟道内造成堵塞；

h_4——烟道拐点至氧枪的距离，主要决定于斜烟道的尺寸和倾斜角的大小；

h_5——喷头或枪身黏渣、黏钢或局部漏水时，需要把氧枪提出烟道的氧枪插入孔进行处理，当氧枪性能变化时也需要近距离的观察喷头氧孔的变化，一般取 500 ~ 800mm；

h_6——根据氧枪把持器下段的要求决定；

h_7——氧枪把持器中心线的距离，根据把持器设备要求确定；

h_8——根据把持器上段要求和枪尾尺寸决定。

氧枪的行程 $H_行$ 为：

$$H_行 = h_1 + h_2 + h_3 + h_4 + h_5 \tag{5-27}$$

氧枪全长和氧枪行程与氧枪滑道等相关设备的布置和要求相关，必须全面考虑。

氧枪行程确定后，上面假定的枪身受热面积是否合适，还要进行验算。

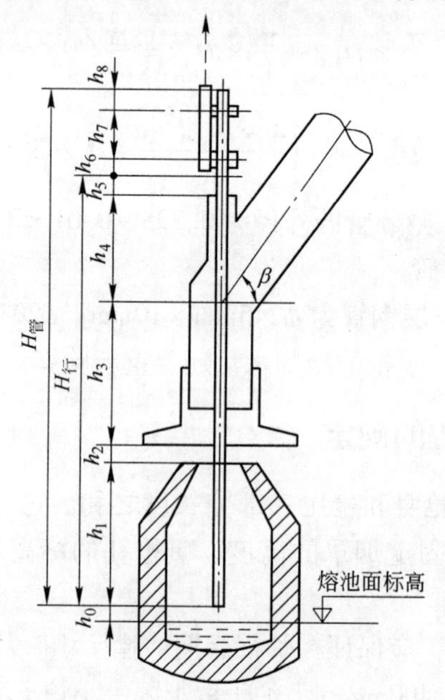

图 5-3　氧枪全长和行程

5.4　我国转炉氧枪的标准化和系列化

我国的转炉型号众多，有 300t、260t（250t）、210t、180t、150t、120t、100t、80t、60t、50t、30t、25t、20t、15t、10t、6t 等 16 种炉型，是世界上转炉型号最多的国家。因此，我国的转炉氧枪也是型号最多的。以氧枪外径 mm 来区分，有 ϕ406.4、ϕ402、ϕ355.6、ϕ325、ϕ299、ϕ273、ϕ245、ϕ219、ϕ203、ϕ200、ϕ194、ϕ180、ϕ168、ϕ159、ϕ152、ϕ140、ϕ133、ϕ127、ϕ121、ϕ114、ϕ108、ϕ102 等 22 种。虽然型号众多，但目前还没有统一的标准，也未形成系列化。

对氧枪及喷头进行规范化设计，制定氧枪和喷头的质量标准，建立氧枪喷头的质量检验制度，形成我国转炉氧枪的系列化标准，十分重要。

转炉氧枪枪体的标准化、系列化标准如下：

（1）不同吨位转炉所采用的氧枪，通常是以氧枪外层管的口径来表示，这实际上是不确切的。转炉氧枪的内管是氧气通道，内管口径的大小决定了氧枪的吹氧能力，实际上氧枪内管的大小才是转炉氧枪能力的标志。

（2）转炉氧枪枪体主要由三层无缝钢管组合而成。我国热轧无缝钢管的系列标准，是制定我国转炉氧枪系列化标准的依据。

（3）转炉氧枪枪体三层钢管的配制，冷却水进水断面要大，水的流速要低，通常为4～5m/s，尽量减少冷却水的阻力损失。冷却水回水断面要小，水的流速要高，要达到6m/s以上，加强氧枪的水冷强度。

根据上述三条标准，作者对我国现有的转炉氧枪系列逐一做了分析。

宝钢300t转炉氧枪是从日本引进的，三层钢管的尺寸分别为ϕ406.4mm×12mm、ϕ355.6mm×8mm、ϕ246.7mm×10mm。我国不生产这三种钢管，生产这种氧枪，需要从国外购买这三种钢管，因此，这种型号的氧枪不能作为我国转炉氧枪的标准。取而代之的应该是ϕ402mm×12mm、ϕ351mm×8mm、ϕ273mm×8mm型号的氧枪。

武钢250t转炉和首钢210t转炉的氧枪，也是从国外引进的，三层钢管分别为ϕ355.6mm×10.3mm、ϕ305mm×8mm、ϕ209.5mm×10mm。我国也不生产这三种钢管，因此，这种型号的氧枪也不能作为我国转炉氧枪系列的标准。按照内管的通氧能力，应以ϕ351mm×12mm、ϕ299mm×8mm、ϕ219mm×8mm型号的氧枪取代。

我国现有氧枪系列中的ϕ219mm×10mm、ϕ180mm×6mm、ϕ133mm×6mm，ϕ203mm×10mm、ϕ168mm×6mm、ϕ133mm×6mm，ϕ200mm×8mm、ϕ168mm×6mm、ϕ133mm×6mm三种型号的氧枪，内管均为ϕ133mm×6mm，应属于同一型号的氧枪。外径ϕ203mm×10mm、ϕ200mm×8mm两种氧枪较细，进、回水的通道狭小，氧枪冷却不好，枪龄较低，应予取消。

ϕ121mm×7mm、ϕ89mm×4mm、ϕ57mm×4mm和ϕ114mm×6mm、ϕ89mm×4mm、ϕ57mm×4mm两种氧枪，内管相同，属于同一型号的氧枪。ϕ121mm氧枪的进水速度快，回水速度慢，水冷不合理，应予取消。同样的道理，ϕ108mm×6mm、ϕ76mm×4mm、ϕ51mm×4mm和ϕ102mm×6m、ϕ76mm×4mm、ϕ51mm×4mm也属于同一型号的氧枪，应取消ϕ108mm氧枪。

作者整理出的我国17种转炉氧枪系列及最大的设计氧气流量见表5-7。转炉氧枪系列及适用的转炉公称容量见表5-8。

一座新设计新建设的转炉，可根据它的装入量、铁水比、吹炼时间、供氧压力等参数，查表5-7、表5-8，选出适用的氧枪。

表 5-7　我国转炉氧枪系列及最大设计氧气流量

序号	设计氧压/MPa	0.69	0.71	0.75	0.78	0.81	0.83	0.85	0.87	0.90	0.93	0.96	0.99	1.02	1.05	1.09	1.12
	马赫数 Ma	1.90	1.92	1.95	1.98	2.00	2.02	2.03	2.05	2.07	2.09	2.11	2.13	2.15	2.17	2.19	2.21
	氧枪钢管配制（直径×壁厚）/mm×mm	最大设计氧气流量（标态）/$m^3 \cdot h^{-1}$															
1	$\phi402\times12$ $\phi351\times8$ $\phi273\times10$	52257	53772	56801	59073	61354	62860	64373	65889	68161	70433	72705	74977	77250	79522	82551	84823
2	$\phi351\times12$ $\phi299\times8$ $\phi219\times10$	40878	42062	44432	46210	47987	49172	50357	51541	53319	55096	56873	58651	60428	62205	64575	66352
3	$\phi325\times12$ $\phi273\times8$ $\phi203\times6$	37657	38749	40932	42569	44206	45298	46389	47481	49118	50755	52392	54030	55667	57304	59487	61125
4	$\phi299\times12$ $\phi245\times7$ $\phi194\times6$	34192	35183	37165	38652	40138	41129	42120	43111	44598	46085	47571	49058	50544	52031	54013	55500
5	$\phi273\times12$ $\phi219\times6$ $\phi168\times6$	25121	25849	27305	28397	29489	30217	30946	31674	32766	33858	34950	36043	37135	38227	39683	40775
6	$\phi245\times10$ $\phi203\times6$ $\phi159\times6$	22306	22952	24245	25215	26185	26831	27478	28124	29094	30064	31034	32004	32974	33943	35236	36206
7	$\phi219\times10$ $\phi180\times6$ $\phi133\times6$	15113	15551	16427	17084	17741	18179	18617	19056	19713	20370	21027	21684	22341	22998	23874	24531
8	$\phi194\times8$ $\phi159\times6$ $\phi121\times6$	12264	12619	13330	13864	14397	14752	15108	15463	15997	16553	17063	17596	18129	18663	19374	19907
9	$\phi180\times8$ $\phi152\times6$ $\phi114\times6$	10739	11051	11673	12140	12607	12918	13230	13541	14008	14475	14942	15407	15876	16343	16965	17432

续表 5-7

序号	设计氧压/MPa	0.69	0.71	0.75	0.78	0.81	0.83	0.85	0.87	0.90	0.93	0.96	0.99	1.02	1.05	1.09	1.12
	马赫数 *Ma*	1.90	1.92	1.95	1.98	2.00	2.02	2.03	2.05	2.07	2.09	2.11	2.13	2.15	2.17	2.19	2.21
	氧枪钢管配制（直径×壁厚）/mm×mm	最大设计氧气流量（标态）/$m^3 \cdot h^{-1}$															
10	ϕ159×8 ϕ133×5 ϕ102×5	8737	8990	9497	9876	10256	10510	10763	11016	11396	11776	12156	12535	12915	13295	13802	14182
11	ϕ168×8 ϕ133×5 ϕ95×5	7458	7674	8106	8431	8755	8971	9197	9403	9728	10052	10376	10700	11025	11349	11781	12106
12	ϕ152×8 ϕ121×5 ϕ89×5	6442	6629	7002	7282	7563	7749	7936	8123	8403	8683	8963	9243	9523	9803	10177	10457
13	ϕ140×8 ϕ108×5 ϕ76×5	4496	4627	4887	5083	5278	5409	5539	5569	5865	6060	6256	6451	6647	6842	7103	7299
14	ϕ133×7 ϕ102×4 ϕ70×5	3716	2824	4039	4201	4362	4470	4578	4685	4847	5009	5170	5332	5493	5655	5870	6032
15	ϕ127×7 ϕ95×4 ϕ60×5	2581	2655	2805	2917	3029	3104	3179	3254	3366	3478	3590	3703	3815	3927	4077	4189
16	ϕ114×6 ϕ89×4 ϕ57×4	2478	2550	2694	2802	2909	2981	3053	3125	3233	3340	3448	3556	3664	3771	3915	4023
17	ϕ102×6 ϕ76×4 ϕ51×4	1909	1964	2075	2158	2241	2296	2351	2407	2489	2572	2655	2738	2821	2904	3015	3098

注：本表的计算数据：氧气温度 27℃（300K），氧管内的氧气流速 60m/s。

已经投产的转炉也可以根据表 5-7、表 5-8 中的数据，核实现用的氧枪大小是否合适、使用是否安全，是否应该更换新型号的氧枪。

表 5-8　转炉氧枪系列及适用的转炉

序号	氧枪钢管配制（直径×壁厚）/mm×mm	适用的喷头孔数	适用的转炉公称容量/t
1	ϕ402×12，ϕ351×8，ϕ245×10	6，5	350～250
2	ϕ351×12，ϕ299×8，ϕ219×10	6，5	249～200
3	ϕ325×12，ϕ273×8，ϕ203×6	6，5	220～200
4	ϕ299×12，ϕ245×7，ϕ194×6	5，4	199～150
5	ϕ273×12，ϕ219×6，ϕ168×6	5，4	149～120
6	ϕ245×10，ϕ203×6，ϕ159×6	5，4	119～100
7	ϕ219×10，ϕ180×6，ϕ133×6	5，4	99～80
8	ϕ194×8，ϕ159×6，ϕ121×6	4	79～60
9	ϕ180×8，ϕ152×6，ϕ114×6	4	60～50
10	ϕ159×8，ϕ133×5，ϕ102×5	4，3	50～30
11	ϕ168×8，ϕ133×5，ϕ95×5	4，3	50～30
12	ϕ152×8，ϕ121×5，ϕ89×5	4，3	30～20
13	ϕ140×8，ϕ108×5，ϕ76×5	3	20～15
14	ϕ133×7，ϕ102×4，ϕ70×5	3	15～10
15	ϕ127×7，ϕ95×4，ϕ60×5	3	10～6
16	ϕ114×6，ϕ89×4，ϕ57×4	3	10～5
17	ϕ102×6，ϕ76×4，ϕ51×4	3	10～3

6 氧枪的水冷

6.1 氧枪的损坏原因及其机理

6.1.1 氧枪枪体的损坏原因

氧枪枪体的损坏主要有下列原因：

（1）氧枪外层下部钢管漏水。这是氧枪枪体损坏最主要的原因。氧枪外层钢管下部漏水，主要是由于氧枪黏枪，工人用火焰清理黏附在外层钢管上的钢渣混合物时，容易将氧枪外层钢管割漏，而不得不更换一段外层钢管。

（2）氧枪变弯或外层钢管严重变形。氧枪在运输过程中安全措施处理不当或炉子倾动时安全链索失灵，容易造成氧枪变弯。用刮渣器清理氧枪钢渣黏附物时，容易造成氧枪外层钢管变形。

（3）焊缝漏水，主要是喷头与枪体连接的铜-钢焊缝漏水。由于焊接质量欠佳或枪体结构不合理，氧枪在长期使用过程中，造成焊缝疲劳破坏漏水。

（4）氧气回火，里层氧管被烧漏。由于操作不当，氧枪在吹炼过程中，喷头处于泡沫渣中关氧，枪体内吸入熔融状态的钢渣，马上开氧“点吹”，引发里层钢管燃烧，从而造成氧枪漏水事故。

6.1.2 氧枪喷头的损坏原因

氧枪喷头的损坏主要有下列原因：

（1）喷头被逐渐熔蚀、烧穿而漏水，主要是氧孔逐渐被烧成喇叭形或孔间部位熔蚀变薄而漏水。这是喷头报废最主要的原因。我们通常所说的氧枪坏了，主要就是喷头被烧漏了。出现这种状态，如果是在喷头使用时间较短时发生的，那么是由于喷头的制造质量欠佳，或偶尔枪位过低，热负荷过大，喷头冷却强度不足而造成“烧枪”。如果是喷头使用时间较长，那么出现这种状况是正常的，是喷头的自然烧损。

（2）喷头的制造质量欠佳而引发的漏水。铸造喷头由于气孔、裂纹等缺陷而引发漏水。锻造组装式喷头由于焊缝开裂而发生漏水。

（3）由于喷孔变形或喷头整体变形，吹炼效果恶化而换枪。

（4）氧孔堵塞。由于机械或电气事故，未开氧、开氧过迟或提枪时关氧过早而造成氧孔堵塞。

（5）喷头被撞坏。炉内废钢过多，枪位过低而撞坏喷头。

（6）氧气流被反射而“吃”漏喷头。炉内某处有大块废钢，氧流高速喷吹在废钢上，氧流再被反射回喷头上，而使喷头损坏。

在上述枪体和喷头损坏的原因中，最危险的是喷头与枪体的外层钢管之间的铜-钢焊缝引发的事故。如果这道焊缝开焊，则喷头就要掉入炉中，大量的氧枪冷却水喷入炉内，引发恶性爆炸事故。所以，在喷头的制造过程中，这道焊缝要采用氩弧焊，焊后还要进行 X 光探伤，并进行水压检验，质量完全合格，喷头才能出厂。

6.1.3　喷头熔蚀烧损的损坏机理

喷头在使用过程中，喷头端面，特别是氧孔周围，会被逐渐熔蚀烧损。在炼钢炉内的高温环境中，在氧气高速喷出的条件下，这种烧损是不可避免的。那么，这种烧损过程是怎么进行的呢?

作者在鞍钢第二炼钢厂工作期间，与鞍钢钢铁研究所炼钢室的科研人员一起对氧枪喷头烧损的损坏机理进行了检验分析。对使用过的氧枪喷头，取样，做切片，进行金相检验。

样品取自鞍钢第二炼钢厂 300t 氧气顶吹平炉氧枪喷头，分别对铸造喷头和锻造喷头取样。铸造喷头由鞍钢机修总厂铸造车间生产，锻造喷头由二炼钢机修车间用紫铜棒进行锻造，车床车削加工制造。

6.1.3.1　化学成分

铸造喷头和锻造喷头的化学成分见表 6-1。

表 6-1　喷头的化学成分（质量分数）　　%

喷头种类	ZY	Fe	Pb	As	Bi	Ni	Sn	Sb	P	S	Cu	杂质总量	分析方法
铸造	—	—	—	—	—	—	1.42	—	0.104	痕	98.36	>1.524	化学法
锻造	0.00056	0.0015	0.00072	0.00021	<0.00025	<0.0003	<0.0007	0.0006	0.030	0.0030	>99.95	0.04784	光谱法

按照 GB 466—1964 铜的化学成分规定：锻造喷头的材质为一级铜，即 T1 或 Cu-1；铸造喷头的材质为铸造锡青铜。

6.1.3.2　金相组织

铸造喷头和锻造喷头除化学成分和体积密度不同外，金相组织的差异，要取样进行检验。

喷头取样部位如图 6-1 所示，试样都取自氧孔附近。

铸造和锻造两种喷头的金相组织对比如图 6-2 所示。

加工的一块铸态铜喷头如图 6-3 所示。

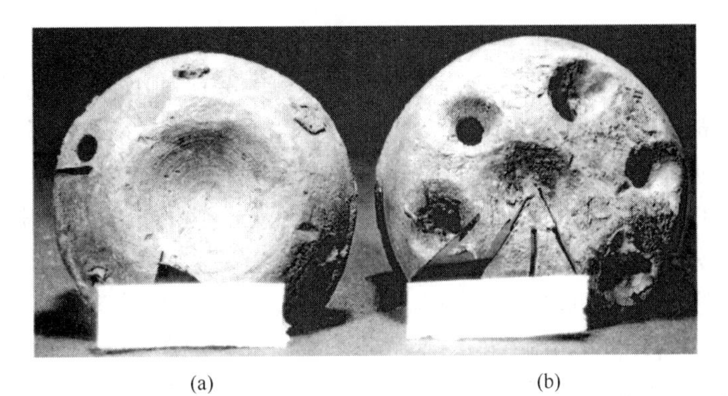

(a) (b)

图 6-1 喷头取样部位

（a）锻造喷头；（b）铸造喷头

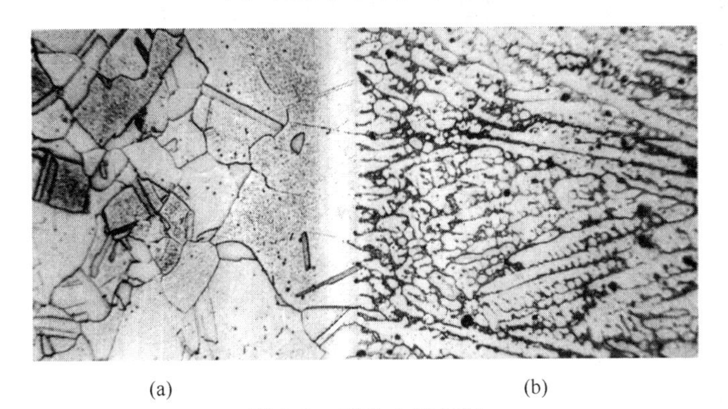

(a) (b)

图 6-2 喷头金相组织

（a）锻造喷头金相组织；（b）铸造喷头金相组织

图 6-3 铸态金相组织

（下方为喷头表面）

铸造喷头属于锡青铜的铸造组织，因铜是主体，金相组织仍为 α-Cu。在铜的浇注过程中，靠模壁冷却速度较快，形成很薄的一层细小致密的晶粒（见图 6-3 的下部），被称为“激冷层”。激冷层很可贵，但在喷头加工的过程中被车削掉了。激冷层的里面，由于冷却速度变慢，逐渐形成柱状晶，由于锡、磷等杂质元素的存在，在柱状晶的形成过程中有偏析，并开始有锡的包晶组织出现。靠中心由于冷却减慢，产生少量等轴晶。因此，铸态有三种类型的结晶组织，不均匀。

在各个视野观察，锻造喷头均为典型锻态 α-Cu，组织均匀。

铸态粗大树枝晶状如图 6-4 所示，铸态粗大晶粒如图 6-5 所示。锻态细小均匀的金相组织，比如锻态等轴状晶粒如图 6-6 所示。锻态细小晶粒状如图 6-7 所示。四张照片对比，可以明显看出铸态和锻态金相组织的不同。

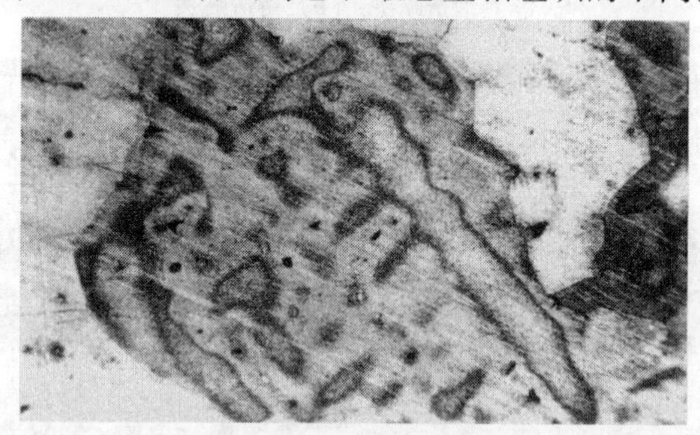

图 6-4　铸态粗大树枝状晶

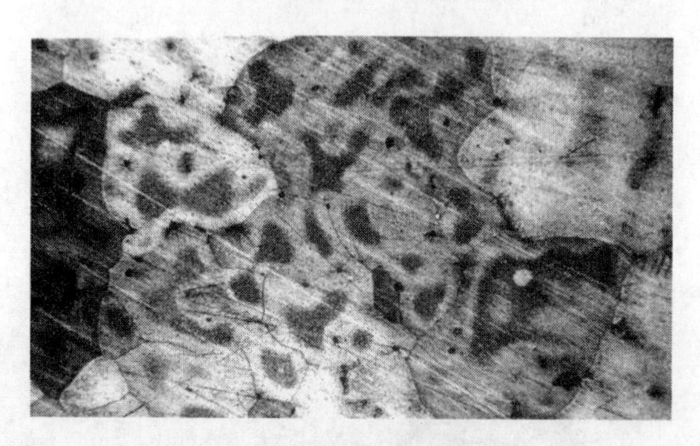

图 6-5　铸态粗大晶粒

6.1.3.3　喷头损毁分析

铸造喷头的平均寿命为 6.5 炉，锻造喷头的平均寿命为 15 炉。从图 6-1 可以看出，铸造喷头氧孔熔蚀严重，所以寿命较短；锻造喷头氧孔熔蚀较轻，所以寿命较长。

除了金相组织检验，还委托沈阳金属研究所对铜的导热系数进行测定。用卡计法测比热，用激光脉冲法测热扩散率，计算而得出热导率，见表 6-2。

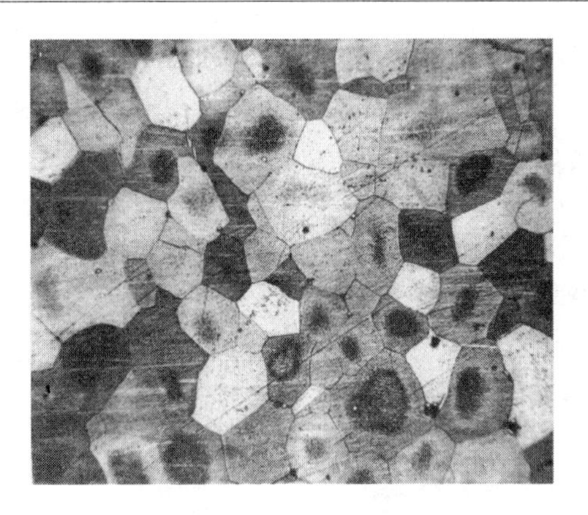

图 6-6 锻态等轴状晶粒

图 6-7 锻态细小晶粒

表 6-2 导热系数

温度/℃	导热系数/kJ·（s·℃·cm）$^{-1}$		
	铸造喷头	锻造喷头	14MnVN（钢）
300	0.379×4.18	0.746×4.18	0.0742×4.18
400	0.399×4.18	0.694×4.18	0.0625×4.18
500	0.408×4.18	0.665×4.18	0.0536×4.18
600	0.425×4.18	0.638×4.18	—

在300℃时，铸造喷头比锻造喷头导热系数低49.2%，而钢的导热系数只有锻造喷头的1/10。

喷头是怎样被熔蚀而损坏的？为什么铸造喷头和锻造喷头的使用寿命不同？从图6-8～图6-10三张照片中我们可以找出答案。

氧枪喷头在吹氧时，受到高温的作用，铜的晶粒要长大，这是铜的特性。提枪时，喷头变冷，铜的晶粒要收缩。多次热胀冷缩的结果，就使铜的晶间出现裂纹。图6-8的喷头表面（照片的下方）还黏附了一层钢渣，其中有一部分铁质在

图 6-8　铸态横向裂纹
（下方为喷头表面）

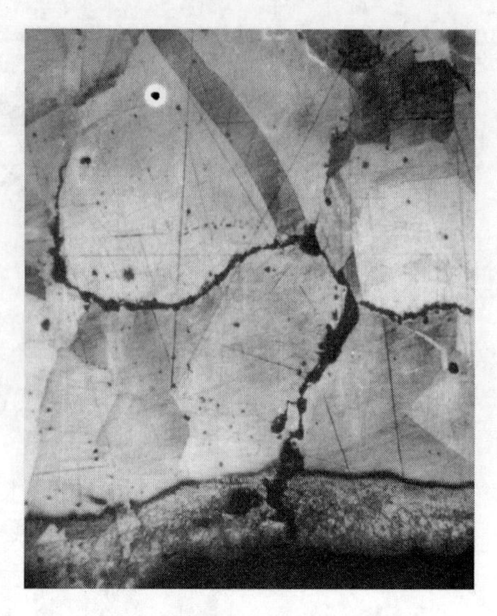

图 6-9　铸态粗大纵深裂纹
（下方为喷头表面）

图 6-10　锻态细小垂直裂纹
（下方为喷头表面）

高温的作用下，还扩散进入铜的晶体中，铁的进入降低了铜的导热性能。喷头表面形成了一层横向裂纹，裂纹的形成，阻止了热量的传递，这一薄层铜得不到水冷，就熔化脱落了。横向裂纹的形成，使喷头一层层地烧损，加快了喷头的损坏速度。

图 6-9 所示的铸态晶粒十分粗大，既形成了纵向裂纹，又形成了横向裂纹，喷头的烧损速度很快。

图 6-10 所示为锻态晶粒中出现的细小垂直裂纹。锻铜由于晶粒细小均匀，

晶粒长大很慢，裂纹也就很细很小，而且不容易形成横向裂纹，热的传导较好，不容易形成一层层的脱落，所以，锻造的喷头寿命较长。

6.2 氧枪枪体的水冷

6.2.1 转炉氧枪的水冷

6.2.1.1 传热机理

转炉内的温度很高，炉膛和熔池的温度大约是1650℃，氧气流股喷出后在炉内的燃烧温度大约是2480℃。氧枪在这样的高温条件下工作，还要承受钢、渣的喷溅与侵蚀，工作条件十分恶劣。

氧枪主要是靠氧枪外管与冷却水之间的热量传递来冷却的，热流进入氧枪表面的机理，十分复杂。

（1）辐射。由于氧气转炉内部温度极高，实际上是从四面八方向氧枪辐射，所以辐射传热是向氧枪传热的主要机理。因为辐射能的传递与绝对温度4次方的差值成正比，炉温又极高，所以水冷氧枪将接受大量的辐射能。

（2）对流。当气态燃烧产物逸出转炉流经氧枪时，将一些能量输送给氧枪，但与辐射传热相比，这种对流输入的热量通常是较小的。

（3）传导。当氧气射流喷入熔池，将钢液或熔渣喷溅到枪身上，这些液体虽随即流去，但也会有一些热量传递给氧枪。由于喷溅程度、喷溅形式难以确定，这种传热的比重就无法计算。如果喷溅物黏附并凝固在氧枪上，则情况又不同。考虑到附着在氧枪上的物质，其数量和性质可以有很大变化，来自这种机理的总热量也是难以确定的。冶炼的某些阶段，氧枪埋没在泡沫渣中，则情况就更加复杂了。

氧枪表面上发生的任何放热反应也能给氧枪传热。由于存在着过量的氧气，这种反应随时可能存在。热的铁粒暴露在氧气中，就会产生很大的局部热流进入氧枪。所以传导的传热是难以精确计算的。

6.2.1.2 最小冷却水流量的计算

氧枪各部件的熔点比炼钢炉内产生的最高温度低得多。为了使氧枪具有足够高的寿命，必须对氧枪提供充分的冷却。冷却水量取决于氧枪的尺寸、受热面的大小及冷却水本身的情况。

为了取得理想的吹炼效果，现在的枪位较低，进入氧枪的热流较大。为了获得稳定长寿的氧枪，需要较大的冷却水流量。目前，最小冷却水流量可用式(6-1)计算。

$$Q_{水} = 6.45 \times 10^{-2} D \times L_{效} \tag{6-1}$$

式中 $Q_{水}$——水流量，m^3/h；

D——氧枪外管外径，mm；

$L_{效}$——暴露于炉内气体和烟罩内气体的氧枪有效长度，m。

式（6-1）计算出的是氧枪的最小冷却水流量，为了使氧枪得到足够高的寿命，式（6-1）计算出的水量需要再增加50%~100%。

国内具有代表性的氧枪的水冷参数见表6-3。作者引用氧枪水冷强度的概念，即氧枪的横截面积（cm^2）每小时流通的冷却水量，用以比较各种氧枪水冷强度的高低。从表6-3可以看出，除宝钢300t转炉氧枪外，我国的大中型氧枪冷却水流量较大，进回水速度较快，水冷强度较大，而小型氧枪水冷强度偏低。

表6-3 国内具有代表性的氧枪的水冷参数

序号	氧枪钢管配制（直径×壁厚）/mm×mm	冷却水压力/MPa	冷却水流量/$t \cdot h^{-1}$	进水水速/$m \cdot s^{-1}$	回水水速/$m \cdot s^{-1}$	冷却水温差/℃	水冷强度/$t \cdot (h \cdot cm^2)^{-1}$	转炉吨位/t
1	ϕ406.4×12 ϕ355.6×8 ϕ246.7×10		300	2.4	4.1		0.23	300
2	ϕ402×12 ϕ351×8 ϕ273×10	1.4	443	4.2	7.9	<10	0.35	260
3	ϕ299×12 ϕ245×7 ϕ194×6	1.94	330	7.2	6.6	<10	0.47	180
4	ϕ273×12 ϕ219×6 ϕ168×6	1.5	270	5.95	6.5	<10	0.46	210
5	ϕ245×10 ϕ203×6 ϕ159×6	2.05	210	6.5	7.7	<10	0.44	150
6	ϕ219×10 ϕ180×6 ϕ133×6	>1.2	150	4.7	9.5	<20	0.40	120
7	ϕ194×8 ϕ159×6 ϕ121×6	1.0	130	6.6	7.2		0.44	80
8	ϕ159×8 ϕ133×5 ϕ102×5	1.15	60	3.2	9.7	18	0.30	30

续表 6-3

序号	氧枪钢管配制（直径×壁厚）/mm×mm	冷却水压力/MPa	冷却水流量/t·h^{-1}	进水水速/m·s^{-1}	回水水速/m·s^{-1}	冷却水温差/℃	水冷强度/t·(h·cm^2)$^{-1}$	转炉吨位/t
9	ϕ133×7 ϕ102×4 ϕ70×5	1.0	32	3.7	4.0	8~12	0.23	15
10	ϕ127×7 ϕ95×4 ϕ60×5	0.95	30	2.7	2.6	15	0.24	10
11	ϕ102×6 ϕ76×4 ϕ51×4	1.0	25	4.3	3.6	15	0.30	10

6.2.1.3 冷却水压力

迫使冷却水流过氧枪内冷却水通道所需的压力，随氧枪的尺寸和设计而异，这个压力大体与通过氧枪的 Δp 相等。根据国外 0.254m 氧枪不同点上的压力测量结果，通过枪体各部分的压力损失约为：枪身 10%，进水环缝 15%，喷头 25%，出水环缝 50%。

6.2.1.4 冷却水温度

为了对处于转炉和烟罩内高温环境中的氧枪外表面提供有效的水冷，冷却水必须足量供应，在关键部位要有适当的线速度，而且有合适的入口温度。进水温度升高时要用更多的水，但这个温度不得超过 60℃，以防止喷头最关键部位发生局部沸腾。

氧枪的冷却水量很大，水的资源又越来越宝贵，氧枪的冷却水通常纳入钢厂的水冷系统中，循环使用。也有的钢厂，氧枪的冷却水是单独的闭路循环系统。不管采用哪种供水方式，冷却水必须有散热装置，以保证水温低于使用要求。

我国的北方水温较低，冬季水温更低。水温低，有利于氧枪的冷却，鞍钢氧枪的冷却水温差只有几度。

6.2.1.5 冷却水质量

氧枪的冷却水质量是保证氧枪寿命的重要因素。如果在冷却水的内通道表面积存了外来物或沉淀了水垢，都会妨碍氧枪外管向冷却水的传热，结果是降低了氧枪寿命。为了防止水中夹带大块固体可能堵塞氧枪中的水路，要求用滤网等进行充分的过滤。对闭路循环系统的循环水要加药剂处理，以保证与水接触的表面的清洁，并将 pH 值保持在 6.7~8.5 的范围内。也可以加润湿剂以改善热交换，加入剂的用量取决于水源条件和系统所需要的补充水量。

6.2.2 氧枪水冷系统测定与传热分析

由于冶炼工艺的要求，平炉吹氧时氧枪的枪位很低，喷头逐渐接近钢-渣界面，甚至误入钢液中吹氧。在这种条件下，氧枪的热工条件十分恶劣，如果不改进喷头结构，加强冷却，其工艺要求就难以实现。为此，作者在鞍钢第二炼钢厂从事氧枪工作期间，对平炉氧枪的水冷系统进行了测定，以便分析其受热和冷却条件，为改进氧枪结构和确定合理的冷却参数提供依据。

下面就是测定的结果。这一测定对电炉氧枪以及转炉氧枪仍有借鉴作用。

6.2.2.1 平炉氧枪水冷系统的测定

氧枪外层钢管为 ϕ133mm × 6mm、中层管为 ϕ102mm × 4mm、内层管为 ϕ57mm × 4mm。氧枪全长 5100mm，有效长度 4730mm，氧枪外接 2 时夹布耐压胶管，长度为 3500mm。

按照图 6-11 布置平炉氧枪水冷系统测定装置，测定了氧枪冷却水通道各测量点的静压，测定的结果见表 6-4。

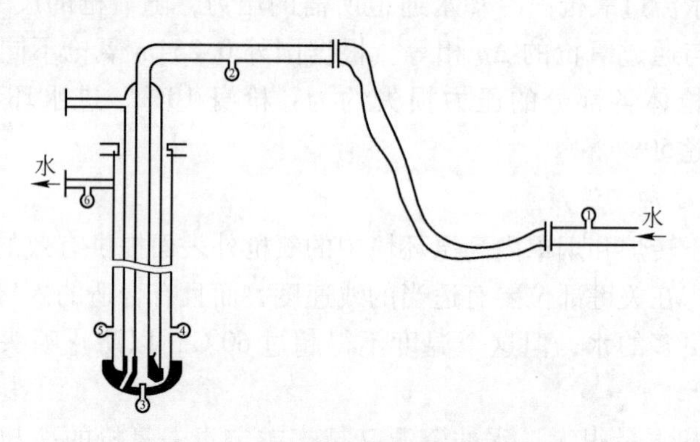

图 6-11 平炉氧枪水冷系统测定装置

表 6-4 各测量点静压实测数据

测量点	冷却水静压（表压）/MPa								
1	0.2	0.3	0.4	0.5	0.6	0.7	0.8	0.9	0.94
2	0.15	0.22	0.30	0.39	0.46	0.55	0.64	0.71	0.74
3	0.18	0.25	0.30	0.40	0.47	0.54	0.61	0.66	0.70
4	0.10	0.14	0.17	0.22	0.26	0.32	0.37	0.41	0.43
5	0.10	0.14	0.17	0.23	0.27	0.33	0.37	0.41	0.43
6	0	0	0.04	0.05	0.08	0.10	0.12	0.14	0.15

注：测量点 4 为正对喷头出水孔的静压；测量点 5 为正对喷头氧孔的静压。

A 冷却水流量

冷却水管路系统未安装流量计，因此，依据喷头（见图 2-11）上 6 个直径为 16mm 的水孔来计算冷却水流量，见表 6-5。

表 6-5 冷却水流量

p_1（表压）/MPa	0.2	0.3	0.4	0.5	0.6	0.7	0.8	0.9
p_3-p_4/MPa	0.08	0.11	0.13	0.18	0.21	0.22	0.24	0.25
$q_{水}/m^3\cdot s^{-1}$	0.00945	0.0114	0.0125	0.0157	0.0169	0.0175	0.0185	0.0187
$Q_{水}/m^3\cdot s^{-1}$	34.0	41.0	45.0	56.4	61.0	63.0	66.7	67.2

根据表 6-5 中的数据绘制出氧枪冷却水流量，如图 6-12 所示。

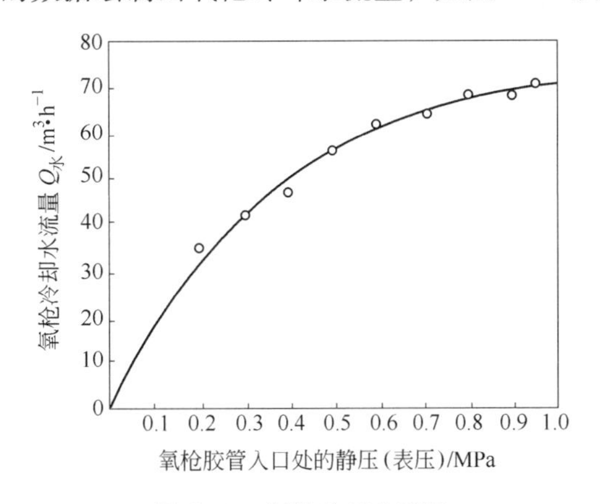

图 6-12 氧枪冷却水流量

B 氧枪水冷通道中冷却水的流速

根据冷却水流量和氧枪及喷头的结构，计算出在不同 p_1 值下氧枪冷却水通道中水的流速，计算结果见表 6-6。

表 6-6 氧枪通道中的水速

p_1（表压）/MPa	0.2	0.3	0.4	0.5	0.6	0.7	0.8	0.9
中心进水通道的水速/$m^3\cdot s^{-1}$	5.00	6.05	6.64	8.33	8.97	9.28	9.82	9.93
喷头水孔中的水速/$m^3\cdot s^{-1}$	7.82	9.46	10.36	13.00	14.05	14.52	15.35	15.50
环形回水通道的水速/$m^3\cdot s^{-1}$	2.86	3.44	3.78	4.75	5.10	5.30	5.60	5.65

氧枪的冷却是依靠冷却水与氧枪外管内壁之间的对流传热进行的。这种传热与水的流动性质有密切的关系。在氧枪水冷通道中，水是紊流运动。但是，在靠近壁面处有一薄层水保持层流的特征，这就是层流边界层。在层流边界层内，传热是以传导方式进行的。由于水的导热系数很小，在边界层内将造成很大的温度

梯度。因此，冷却水对枪壁的冷却在很大程度上取决于边界层的导热。

增加冷却水的流速，会使边界层减薄。冷却水的流速越快，边界层越薄，导热性能越好，枪壁温度降得越低，氧枪寿命会越高。

鞍钢二炼钢平炉氧枪的冷却水压力为0.8MPa，从表6-6可知，氧枪回水通道中水的流速较低，仅5.6m/s，难以满足氧枪的冷却需要。而中心进水管的进水流速高达9.82m/s，这必将增大水的阻力损失，降低冷却水流量。所以，氧枪的结构是不合理的，应当加以改进，增大中心进水管的截面积，减小回水环形通道的截面积，降低进水水速，增加回水水速，回水水速高于进水水速才是合理的。

C　氧枪冷却水通道的阻力损失

将位能的基准面取在喷头处，根据上述有关数据，可以确定各测量点的总压如图6-13所示。

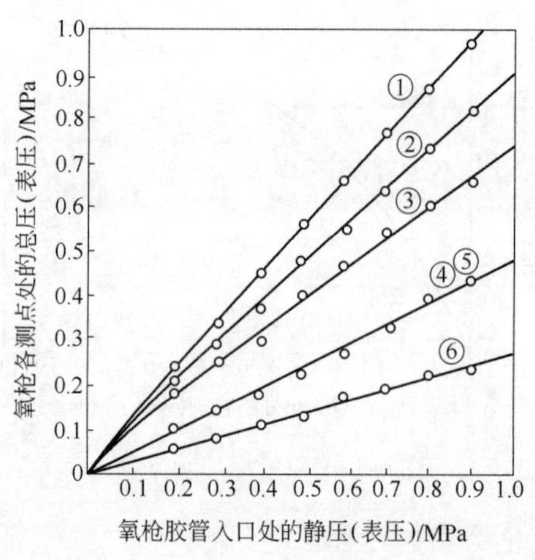

图6-13　氧枪各测量点处冷却水的总压

根据各测量点冷却水的总压，可以确定氧枪冷却水通道的阻力损失，见表6-7。

表6-7　氧枪水冷通道的阻力损失　　MPa

p_1（表压）	0.2	0.3	0.4	0.5	0.6	0.7	0.8	0.9
$h_{失2-3}$	0.033	0.039	0.073	0.075	0.081	0.104	0.129	0.150
$h_{失3-4}$	0.076	0.104	0.123	0.168	0.197	0.206	0.224	0.234
$h_{失4-6}$	0.044	0.080	0.067	0.100	0.105	0.143	0.170	0.189
氧枪的阻损 $h_{失2-6}$	0.153	0.223	0.263	0.343	0.383	0.453	0.523	0.573

D　氧枪胶管的阻力损失

实测氧枪胶管冷却水的阻力损失数据见表6-8。

表 6-8 氧枪胶管的阻力损失 MPa

p_1（表压）	0.2	0.3	0.4	0.5	0.6	0.7	0.8	0.9
胶管入口处的总压	0.238	0.344	0.448	0.560	0.666	0.769	0.874	0.975
胶管出口处的总压	0.213	0.289	0.373	0.475	0.551	0.644	0.739	0.810
胶管的阻损	0.025	0.055	0.075	0.085	0.115	0.125	0.135	0.165

6.2.2.2 氧枪的传热分析

平炉吹氧过程中，氧枪喷头接近钢液面或者埋入钢液中，在这种情况下，喷头的热工条件要比在渣面以上吹氧的转炉喷头坏得多。为了提高枪龄，必须加强喷头的冷却。实测表明，喷头在钢渣界面吹氧，冷却水带走的最大热量为 4.079×10^6 kJ/h。从传热计算得知，通过枪壁传给冷却水的平均热流约为 2.048×10^6kJ/(m^2·h)。通过喷头传给冷却水的热流约为 18.39×10^6kJ/(m^2·h)。下面对氧枪喷头冷却较差的部位做简略分析。

A 氧孔周围的冷却

喷头氧孔周围主要是依靠氧孔之间的 6 个水孔来冷却的，这个部位水冷壁厚约 30mm，而且受热强度最大，因此，是最容易损坏的部位。根据热流为 18.39×10^6kJ/(m^2·h)，可以计算出水孔壁和氧孔周围的喷头表面温度，如图 6-14所示。从图 6-14 可以看出，当水孔中水速小于 10m/s 时，增加水速，喷头表面温度降低较明显。当水速超过 10m/s 时，喷头表面温度降低较缓慢。所以在设计喷头时，关键部位的水速一定要达到 10m/s 以上。二炼钢氧枪冷却水在喷头水孔中的水速为 15.4m/s，从图 6-14 中曲线可知，水孔壁温可达 130℃，氧孔周

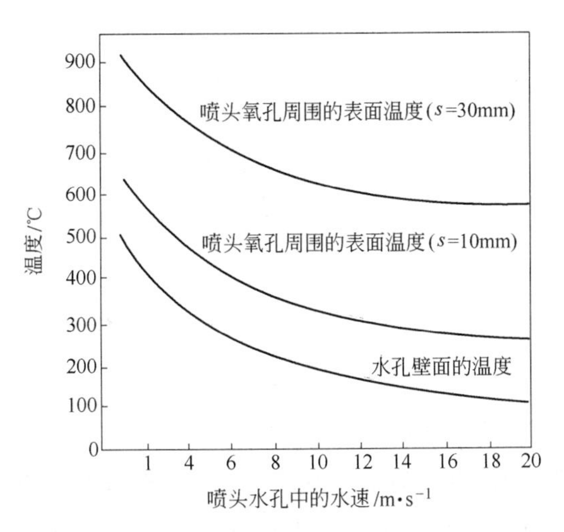

图 6-14 喷头水孔中的水速与壁温的关系

围的喷头表面温度可达570℃。根据喷头水孔冷却水的静压可知，水的沸点约为150℃，表明水孔壁附近未出现汽化现象。如果喷孔周围有黏钢与氧气流相遇燃烧，这种局部过热会使水孔边界层中出现汽化现象，喷孔周围将被熔化而使水冷壁减薄。

在喷头设计中，如果能把水孔移至喷头表面附近，使水冷壁减薄为10mm，在现有的水冷条件下，喷孔之间的表面温度可降至300℃以下，在出现局部过热情况下，也不至于使喷头表面温度超过铜的熔点。

B　冷却水环流区处的冷却

喷头水孔的入口和出口附近都存在冷却水的环流区。特别是水孔出口附近的环流区位于氧孔的上方并靠近受热壁一侧。环流区又称死水区，该区水的流速很慢，水的更新也慢，这些都不利于喷头的冷却。

从传热计算可知，在喷头现有的受热条件下，环流区的热壁温度 t_w 已超过水的饱和温度 t_s，热壁附近的水将汽化沸腾。这种情况下的传热与水不沸腾时有太大的区别。从传热理论得知，沸腾时壁面上生成的蒸汽泡数量取决于靠近壁面的水过热的程度，即取决于温差 $\Delta t = t_w - t_s$ 的大小。当通过喷头水冷壁的热流增大时，Δt 将增大，蒸汽泡数量随之增多，沸腾也就愈猛烈。与此同时，对流给热系数 a 将随温差 Δt 加大迅速增加，如图6-15所示，这对喷头冷却是有益的。但是，当 Δt 增大到某一数值后，继续增大 Δt，沸腾状况将发生变化，由于气泡数量不断增加，最终导致它们彼此汇合，形成一层气膜，我们称之为膜态沸腾。此时 a 将急剧降低，壁温迅速升高，喷头水冷壁被烧穿。

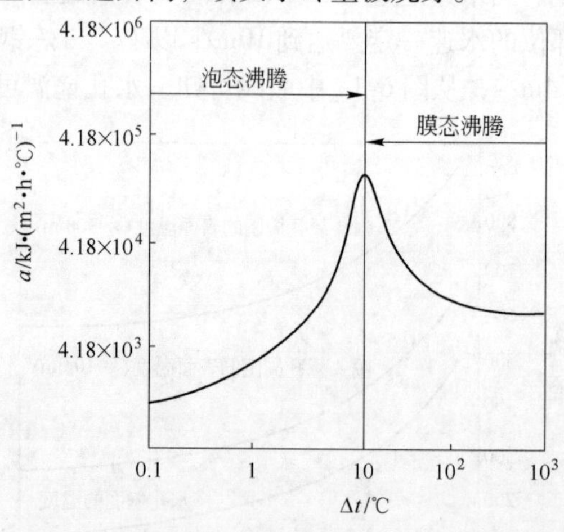

图6-15　泡态沸腾和膜态沸腾时给热系数的变化

根据传热计算，在现有受热条件下，喷头水孔出口附近的环流区已出现泡态沸腾，壁温约为170℃。当喷头氧孔逐渐被烧短后，该环流区将暴露在氧孔上方很近处，当氧孔附近出现局部过热现象，热流超过 29.26×10^6 kJ/（m^2 · h）时，环流区冷却壁将出现膜态沸腾而被烧穿。

设计氧枪喷头和选择水冷参数时，一定要避免膜态沸腾的出现，才能保证氧枪具有良好的吹炼效果和喷头具有较高的使用寿命。

从传热理论得知，增加冷却水的静压将使由泡态沸腾转变为膜态沸腾的对流给热系数 a 的临界值显著增大，如图 6-16 所示。因此，提高冷却水压力使喷头冷却部位静压增高，将使喷头所能承受的最大热流显著增大，这对提高喷头寿命会有明显效果。

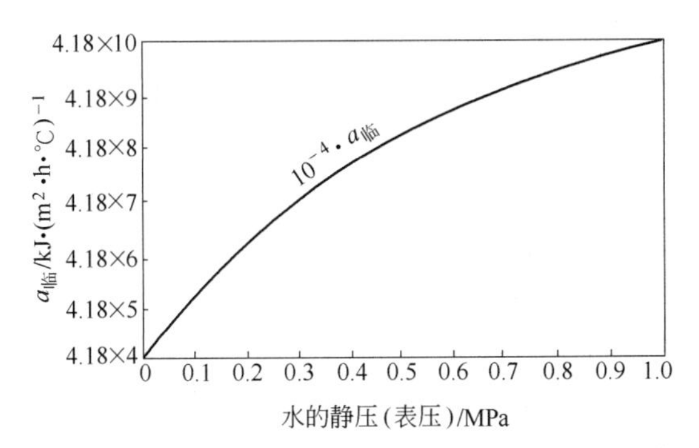

图 6-16 $a_{临}$随静压改变的情况

从传热理论得知，冷却水温度愈高，喷头所能承受的热愈小。例如，环流区水温升到 100℃，喷头承受的热流为 5.016×10^6kJ/(m^2·h)时，就会出现膜态沸腾，使水冷壁烧穿。因此，要增加水压和水速，降低水温，消除环流区（死水区）。

平炉氧枪的冷却机理，同样适用于转炉氧枪。

6.3 喷头的水冷

本节主要介绍转炉喷头的水冷。

转炉氧枪喷头的端面，承受着很高的热负荷，英国测定其数值为 2.717×10^6 kJ/(m^2·h)，前苏联测定其为 3.595×10^6kJ/(m^2·h)。喷头的侧面承受的热负荷很小。因此，喷头的水冷实际上是对端面的水冷。报废的氧枪喷头，损坏的部位都是在端面，极少出现在侧面，也验证了这一点。

转炉早期采用的单孔喷头如图 1-21 所示，喷头端面的中央是一个大的氧孔，氧孔高速喷出的氧气，温度在 -100℃以上，有很好的气冷，端面的四周又有很好的水冷。所以，单孔喷头的冷却不存在问题。当 3 孔喷头及多孔喷头出现之后，喷头端面的水冷，就提到科研课题上来了。

6.3.1 中心气冷喷头

3 孔喷头是用紫铜棒经车床加工、钻孔而制成。不管是最早的单三式喷头

（见图 1-22），还是稍后的三喉式喷头（见图 6-17），喷头的中心部位都是没有水冷的。三个氧孔之间的部位，炼钢现场称之为“鼻梁子”，是通过三股高速喷出的低温氧气流来冷却的。由于氧气流的冷却能力有限，为了使孔间部位不至于过早的损坏，3 个氧孔靠得很近，尽量减少孔间部位的面积，这样的设计结果是三股氧气流股提前汇合，影响了氧枪的吹炼效果。即便如此，“鼻梁子”部位经常被烧穿，使 3 孔喷头变成了单孔喷头而报废。

6.3.2　中心水冷喷头

为了解决锻造喷头孔间部位的水冷问题，美国哈顿（HUTTON）公司生产的锻造喷头，在氧孔之间钻孔，通水冷却（见图 6-18），避免孔间部位被烧穿，在转炉生产中被采用。

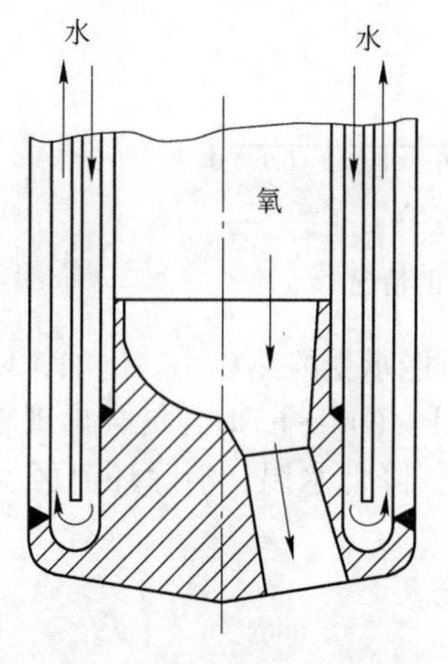

图 6-17　锻造喷头的水冷

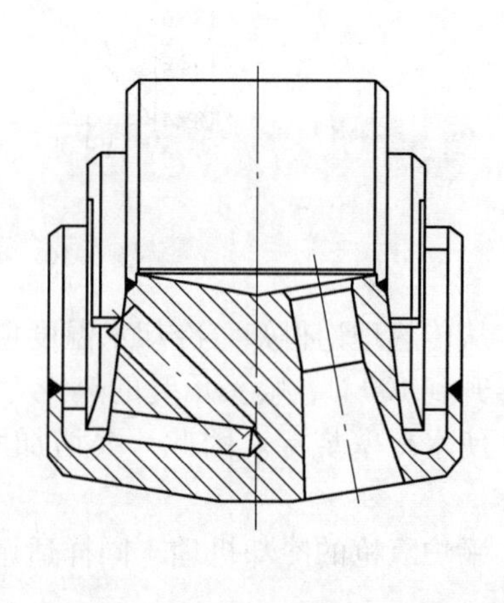
图 6-18　美国锻造喷头

铸造喷头和锻压组装式喷头都很好地解决了喷头的中心水冷问题。

6.3.2.1　水量和水速

喷头水冷的核心就是水量和水速问题。要有足够高的水量把氧枪和喷头吸收的热量带走，要有足够高的冷却水流速保证喷头底端内表面的冷却，使边界层尽量薄，传热尽量好。

在第 5 章中已介绍，氧枪的进水流速可选择 4 ~ 5m/s，有的更低，控制在 2 ~ 3m/s，为的是尽量减少冷却水的阻力损失，增加冷却水的流量。回水流速可选为 6m/s，甚至更高些，加强氧枪和喷头的冷却。但在喷头端面的冷却水流速要达到 8 ~ 10m/s，喷头中心的水速要达到 12m/s 以上。

6.3.2.2　导水板

喷头各部位的冷却水速度是靠导水板的形状和尺寸来控制的。氧枪喷头的水冷设计确切地说就是对导水板的形状设计和尺寸的计算。

导水板的形状多种多样，有向上翘起的（见图6-19），有直形的（见图6-20），有向下弯曲的（见图1-42）。图6-21所示为“鸭头”形导水板的喷头，各种孔数的喷头都可以采取这种设计。

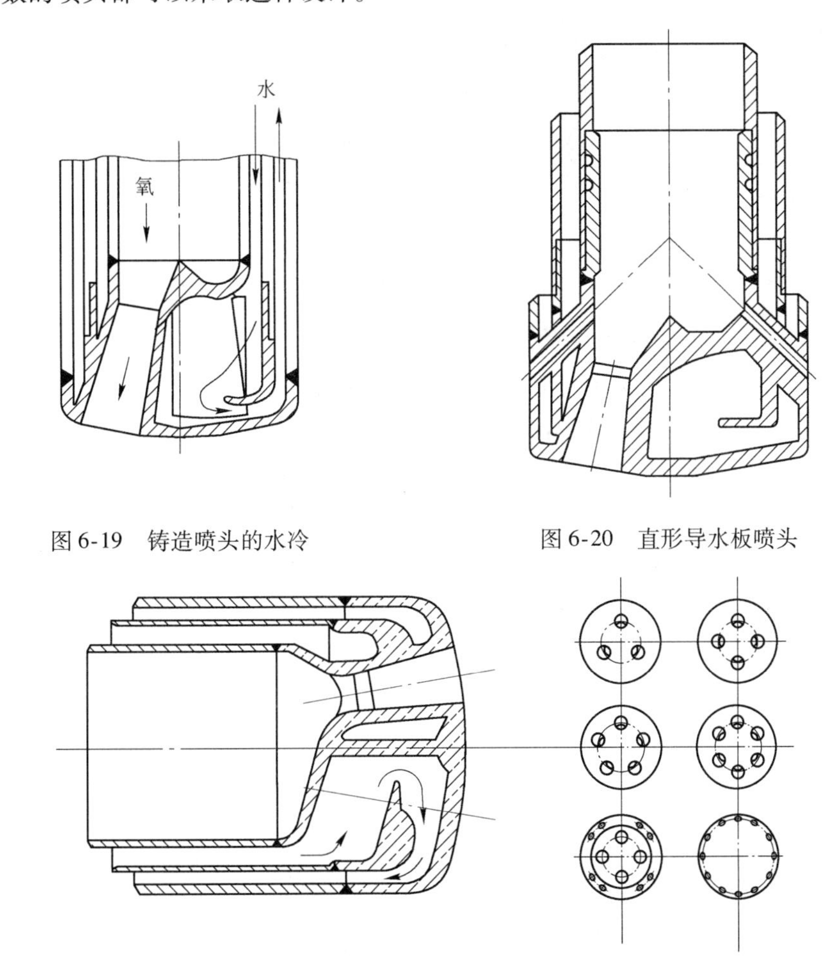

图6-19 铸造喷头的水冷

图6-20 直形导水板喷头

图6-21 “鸭头”形导水板喷头

水冷性能考虑比较周全的转炉氧枪喷头，综合水冷性能氧枪喷头如图6-22所示。导水板的形状是经过严格计算画出来的，冷却水从导水板的中央以12m/s速度垂直流至喷头端面，经下导水锥分流，沿喷头端面，以10m/s的速度，流返氧枪中层管与外管环缝。

该喷头还设计了上导水锥，以便使冷却水沿设计的水流线路快速流向喷头端面。

有的氧枪喷头在氧柱旁边的导水板上开一个小孔，以冷却下面的缓流区。

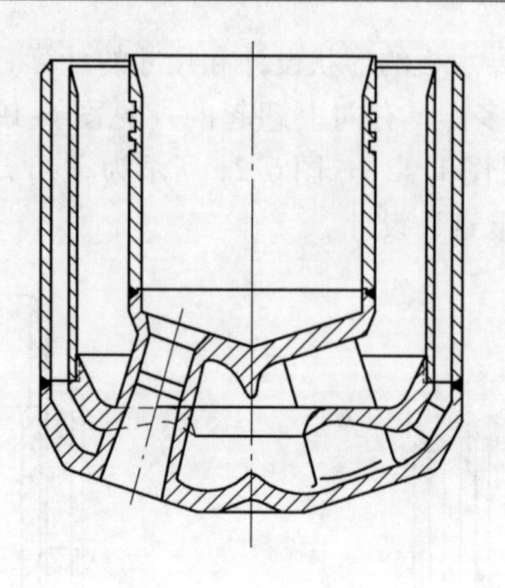

图 6-22　综合水冷性能氧枪喷头

6.3.2.3　喷头端面头冠的厚度

喷头端面头冠的厚薄对于喷头的水冷、抗热变形的能力、氧孔射流的稳定状态和喷头的使用寿命等，都有重要的影响。

铜冠壁厚过薄，虽然有利于导热，但抗变形的能力较差；壁厚过厚，不利于导热。对于铸造喷头，由于难以避免气孔、疏松、裂纹等缺陷，壁厚要适当的厚些，通常 14～20mm 比较合适。对于锻压组装式喷头，壁厚可薄些，8～12mm 比较合适。另外，大喷头壁厚要厚些，小喷头壁厚要薄些。

7 氧枪射流的试验测定

氧枪是氧气顶吹转炉炼钢法中的关键设备。由于氧枪射流是复杂的多股组合的超音速射流，其在转炉内的流动是极其复杂的。除进行理论分析外，在实验室对氧气流股的运动规律进行测定，就成为研究氧气射流的重要手段。

决定氧气顶吹转炉吹炼效果的诸因素中，有三点至关重要：

（1）氧气射流吹炼形成的熔池运动状态。而熔池的运动状态取决于氧气射流到达熔池表面时射流的动压头分布状况。

（2）氧气射流与熔池反应的表面积。反应表面积大，则脱碳速率高，升温速度快，化渣效果好。而这一反应表面积的大小，则取决于被氧气罩住的熔池表面积的大小。

（3）射流进入熔池中氧的浓度。这对熔池的脱碳速度至关重要。进入熔池中氧的浓度取决于氧气射流与周围炉气的混合程度。

氧枪射流由氧孔出口到达熔池表面这一段距离的流动特性，与转炉的冶炼效率、金属的收得率、氧气的利用率、造渣材料的消耗、炉龄、生产成本等一系列冶炼技术经济指标密切相关。为了提高转炉的生产率和经济效益，研究氧气射流的流动特性，是极其有意义的。

7.1 氧气射流检测系统

在国外，奥地利、日本、美国和德国等国家从20世纪50年代就加强了对各种组合射流的研究，其成果对指导生产和科研工作起到了重要作用。

在我国，20世纪70年代初，大专院校、冶金科研院所和生产厂联合，对氧枪射流和氧枪喷头设计方法进行了深入的研究，取得了一定的成绩，对转炉冶炼生产起了很好的作用。

为了更好地开展氧枪技术的研究，1974年北京大学力学系和北京钢铁研究总院、包钢等有关单位联合提出了在北京大学汉中分校建立氧枪技术实验室的建议，得到了冶金部的赞同和支持。后来实验室在北京建成。20世纪90年代，实验室的全套设备转让给了鞍山热能研究院。这期间，北京钢铁学院、鞍山钢铁学院、中科院化工冶金研究所等单位也建起了规模不等的氧枪射流实验室。

鞍山氧枪射流检测系统主要由空气压缩机站及输气管路系统、射流喷射装置、射流测点定位装置、射流信号采集和数据处理系统组成。

（1）空气压缩机站及输气管路系统。

1）工作流程。空气→空气过滤器→空气压缩机一级气缸→一级冷却器→一级油水分离器→空气压缩机二级气缸→二级冷却器→二级油水分离器→空气压缩机三级气缸→三级冷却器→三级油水分离器→除油器→油水分离器→干燥器→储气罐→实验室。

2）主要设备，见表7-1。

表7-1 主要设备

序号	设 备	参 数
1	空气压缩机	1-5/50 型，排气量 $5m^3/min$，排气压力 5.5MPa
2	电动机	JP115-6 型，功率 210kW，转速 975rad/min
3	除油器	ϕ600mm
4	干燥器	170×2 型，干燥空气量 $860m^3/h$
5	电加热棒	功率 5kW
6	罗茨鼓风机	LGA55-3000 型，全风压 29430Pa（$3000mmH_2O$）
7	电动机	JQ51-4 型，功率 7.5kW
8	储气罐	承压能力 5.5MPa，体积 $15m^3$

3）空气的干燥与净化处理。

压缩空气虽然经过冷却器和过滤器，但仍含有一定的水分和尘埃。为了达到使用要求，采用吸附式干燥装置。干燥器的吸附剂采用硅胶（$SiO_2 \cdot H_2O$）。空气净化采用装有棕麻及焦炭的除油器。

由于吸附剂吸收水分达到饱和后，需要再生，因此干燥净化装置设置两台以交替工作。

干燥器内的吸附剂再生气体采用热空气。该热空气原设计是用一台小型鼓风机送风经加热后形成的。但用每次试验完剩余的压缩空气代替热空气，送至再生空气各个支管作为吸附剂再生气体，取得了良好的效果。

因为吸附水蒸气过程是放热过程，因此在吸附过程中要进行冷却，以提高吸附能力和维持吸附过程的正常进行。所以两台较大的干燥器外套通过人工冷却水冷却。

4）冷却水循环系统。空气压缩机为卧式活塞压缩机，运行过程中必须对气缸进行冷却，需要水量大。另外，冷却干燥器和除油器也需要水，为节水而安装了冷却水循环系统。

5）输气管路系统。从储气罐至氧枪射流喷射装置的输气管路为 ϕ245mm×22mm 的无缝管，再加上减压阀、流量调节阀、止回阀、安全阀、快速切断阀、稳压罐、支管道等组成了输气管路系统。

（2）射流喷射装置。稳压罐的末端装有内收缩管，使得连接在收缩管末端的主流道内的流速均匀。氧枪喷头或其他射流喷管即与主流道接管相连，从而形

成了试验所需要的射流。因此，这一路是测试装置的主体。

如果测试需要在主射流周围形成伴随流或者被测射流是由不同的驱动压力主、副流道同时供气所产生的复杂组合射流，例如测试双流道氧枪，可以从外缩管引出气流，形成主射流的伴随流，满足双流道氧枪喷头的测试。这一路是试装置的副体。

(3) 射流测点定位装置。进行复杂组合射流流场特性的测定，需要确定量坐标系统。在这个坐标系统里，容易准确地测定射流流场中各点的特征物量。因为复杂组合射流流场是空间流场，故取空间直角坐标系作为测量坐标系射流的对称轴线取为 X 轴，Y 轴水平并垂直于 X 轴。Z 轴垂直于 X-Y 平面并指上方，X-Y-Z 轴按照右手螺旋法则构成坐标系。坐标原点取在射流出口端面的称轴线上。

按以上坐标系规定，为测定空间任意点上的流动参数，例如速度、压力等测量探头应能方便地移向该点，并应符合测量对方向探头方位安置的要求。因需要一个精密的测量坐标架。该坐标架应具有六个方向的自由度。由于射流对头具有强烈的冲击力，坐标架要具有足够的强度和刚度。

(4) 射流信号采集和数据处理系统。如图 7-1 所示，由测压排管引出的每根压力传导管与相应的一个压力传感器相连接。本系统目前使用了 61 个压力感器。压力传感器与多通道测量放大器相连接，实现压力传感器与通道一一应。测量放大器的每一通道放大倍数可调。测量放大器后面接多通道 A/D 快采样器，再与计算机相连接。由计算机通过采样软件进行采样。由数据处理软进行数据处理。其结果由打印机或绘图机输出。

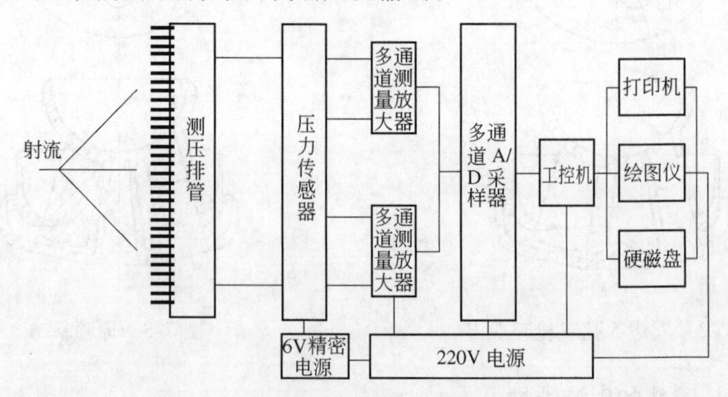

图 7-1 测量系统结构

7.2 氧枪喷头射流特性检测实例

上海宝山钢铁总厂的 300t 转炉自 1985 年开工以来使用的 5 孔氧枪喷头（中心 1 孔、周边 4 孔）是从国外引进的，在生产中使用多年。随着供氧强度的提

高，特别是实现顶底复吹以来，这种氧枪喷头已难以适应炼钢生产的需要，需研制适合新的生产技术、国产化的氧枪喷头。为此，宝钢炼钢厂与冶金部鞍山热能研究院合作，完成了周边5孔氧枪喷头的设计、测试和制造工作，在300t复吹转炉上使用获得成功，各项经济技术指标得到了明显改善。

7.2.1　喷头的主要设计参数

周边5孔氧枪喷头的5个氧孔沿周边对称分布，如图7-2所示，每个喷孔开口于喷头端面上。为进行对比，将原喷头（A）和新喷头（B）的主要设计参数列表，见表7-2。原喷头有4个喷孔沿周边对称分布，1个喷孔位于喷头中轴线。原喷头A的结构如图7-3所示。

表7-2　喷头的主要设计参数

喷　头	孔　数	出口直径/mm	喉口直径/mm	出口马赫数	张角/（°）	设计压力/MPa
A	周边4	62.1	48	1.99	12	0.755
	中心1	56.1	42	2.06	0	0.843
B	周边5	66.2	50	2.05	12	0.830

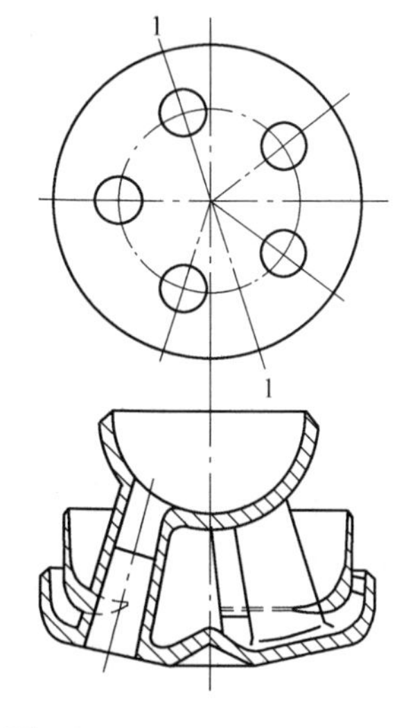

图7-2　周边5孔氧枪喷头B

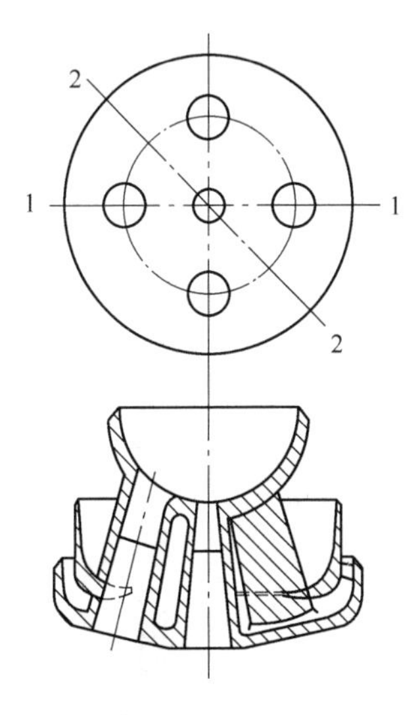

图7-3　原喷头A

7.2.2　喷头的射流特性

为了检验周边5孔喷头的射流特性，将新喷头（B）与原喷头（A）进行了对比测试。

7.2.2.1　测试条件和内容

根据喷头的主要设计参数及使用现场的氧压范围，测试工作在氧气压力 p_{O_2}

分别为0.981MPa、0.833MPa、0.755MPa和0.588MPa四种情况下进行。其中较小的三个p_{O_2}分别相当于原喷头周边孔的过膨胀、等熵流及不完全膨胀情形，较大的三个p_{O_2}分别相当于新喷头各孔（或1号喷头中心孔）的过膨胀、等熵流及不完全膨胀情形。

宝钢300t转炉在吹氧的同时用副枪进行测温定碳，副枪距转炉轴心1300mm，在冷态测试时，除完成常规测量项目外，还重点考察了氧枪射流的扩散情况，验证氧射流是否会对副枪造成威胁。

根据上述要求及现场实际需要，测试枪位选为1800mm、2000mm、2200mm、2400mm和2600mm 5个高度。

测试项目有：

（1）喷头中心对称纵剖面上的速度分布；

（2）射流中心线相对喷头几何中轴线的偏转；

（3）喷孔射流中心线上速度的衰减规律；

（4）喷头中轴线上的速度分布；

（5）射流冲击铁水表面时的冲击面积与速度分布。

7.2.2.2 测试设备及装置

测试工作在北京大学力学系氧枪实验室进行。数据的采集、处理、打印、绘图全部由计算机及在其控制下的数据采集与处理系统完成。

7.2.2.3 射流特性与分析

（1）射流的冲击半径。射流冲击半径与枪位的关系如图7-4所示。测试结果表明，射流的冲击半径随枪位的提高而增大，受氧气压力p_{O_2}的影响不大。射流的扩散主要同喷孔与氧枪轴线的夹角有关，其次与多股射流间的干扰有关。在高枪位时两种喷头的最大作用半径趋向一致，低枪位时逐渐增大。

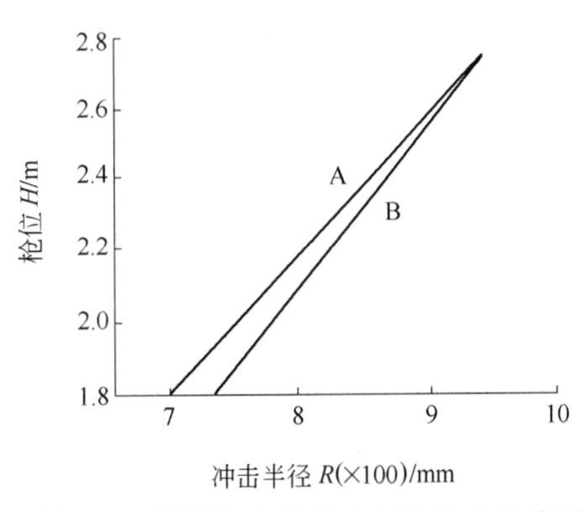

图7-4 射流冲击半径R与枪位H的关系

（2）射流的冲击面积。射流的冲击面积与枪位的关系如图7-5所示。测试结果表明，在同一p_{O_2}及同一枪位处，周边5孔喷头比原喷头的冲击面积明显增大，特别是在高枪位时更是如此（在枪位2600mm处，冲击面积约增大27%，作用面积增大的还要多）。这表明喷头B的化渣性能会比喷头A好。同时由于射流的扩展面积比较大，冲击力不过于集中，有利于在提高氧压、增大供氧强度时减少喷溅，对于改善冶炼效果有利。

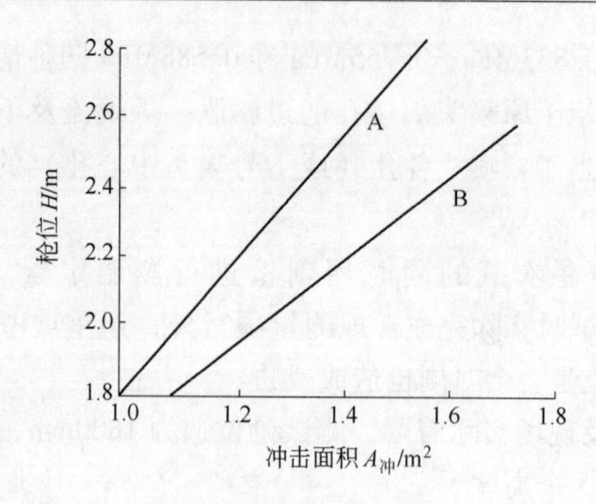

图 7-5　射流的冲击面积 $A_冲$ 与枪位 H 的关系

（3）射流的冲击速度。射流的冲击速度与枪位的关系如图 7-6 所示。测试结果表明，在正常使用压力下，周边 5 孔喷头的冲击速度从总体上看比原喷头大，搅拌能力强。在正常 p_{O_2} 下，周边 5 孔喷头的 3 条速度衰减曲线与图 7-6 中所示比较接近，表明它在吹炼时性能比较稳定，即使压力有些波动，也不致对射流流态有很大影响。当 $p_{O_2}=0.588$MPa 时，射流的速度明显降低（图 7-6 中最下面一条曲线），这是不正常氧压时的情形，在使用中应尽量避免出现这种情况。图 7-6 中的虚线为喷头在 $p_{O_2}=0.588$MPa 时的曲线，表明周边 5 孔喷头在适当降低氧压时，也可以获得原喷头各种 p_{O_2} 时的速度分布。可见，在正常使用压力下，周边 5 孔氧枪喷头，又具有操作比较稳定的特点。

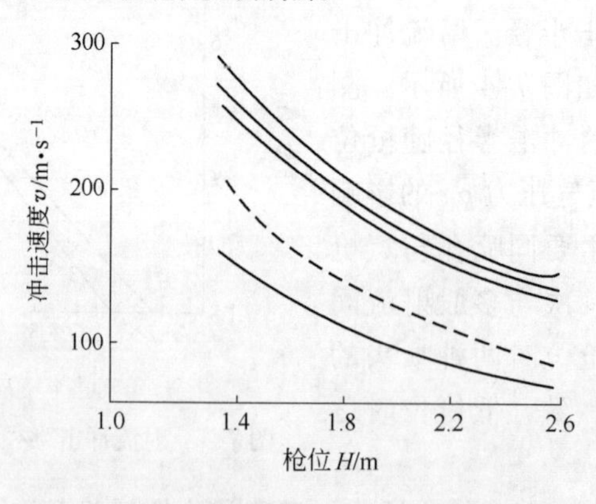

图 7-6　射流的冲击速度 v 与枪位 H 的关系

（4）多股射流间的干扰。在各种工作压力下，原喷头各喷孔射流的 30m/s 及 60m/s 的等速线基本上都是连在一起的（除 $p_{O_2}=0.981$MPa 外），这表明诸股射流间的相互干扰比较大，能量损失较大。而在同样条件下，周边 5 孔喷头各喷孔射流的 30m/s 等速线是连在一起的，但 60m/s 的等速线基本上各自独立（$p_{O_2}=$ 0.588MPa 时除外），这表明诸股射流间的相互干扰比原喷头小，能量损失小，有利于充分发挥氧枪射流的冲击搅拌作用。

7.2.3　应用效果

周边5孔喷头自1993年12月在宝钢300t转炉上使用以来，已取得明显的技术经济效益，喷头的射流特性有了明显提高，深受操作者的欢迎，达到了设计的各项指标。实践证明，与原喷头相比，周边5孔喷头具有下列特点：

（1）避免了诸股射流间的相互干扰和抽吸，射流的冲击速度快，搅拌力强，吹炼时操作比较稳定，而且氧压的波动对射流的影响也较小，发挥出多孔氧枪的优良性能。

（2）在冲击半径基本不变的情况下（不影响副枪的寿命），冲击面积明显加大，在高枪位时可增大27%。因此，可以提高氧压，增加供氧强度，减少喷溅，提高转炉的生产率。

（3）氧气利用率提高，冶炼时间缩短，A、B喷头的供氧流量和吹炼时间见表7-3。由表7-3可知，不但氧耗降低，每炉供氧量略有减少，而且供氧时间可缩短约2.8min，为增产降耗创造了有利条件。

表7-3　A、B喷头的供氧流量和吹炼时间

喷　头	供氧流量/$m^3 \cdot h^{-1}$	吹炼时间/min
A	50200	18.4
B	60150	15.6

（4）成渣快、化渣好是周边5孔喷头最显著的特点，也是受到操作者欢迎的原因。

我国自己设计制造的宝钢氧枪喷头取得初步成功。

包钢、首钢、太钢、鞍钢、南钢等厂也都做过氧枪射流特性测试。

p_{O_2} = 0.833MPa 时纵向速度分布，如图7-7～图7-9所示。

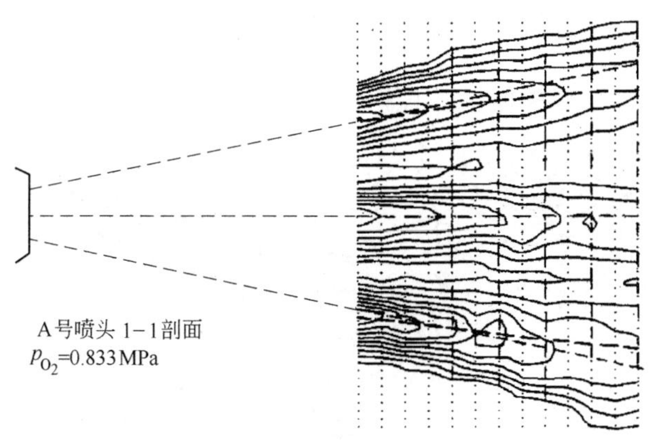

图7-7　p_{O_2} = 0.833MPa 时纵向速度分布1

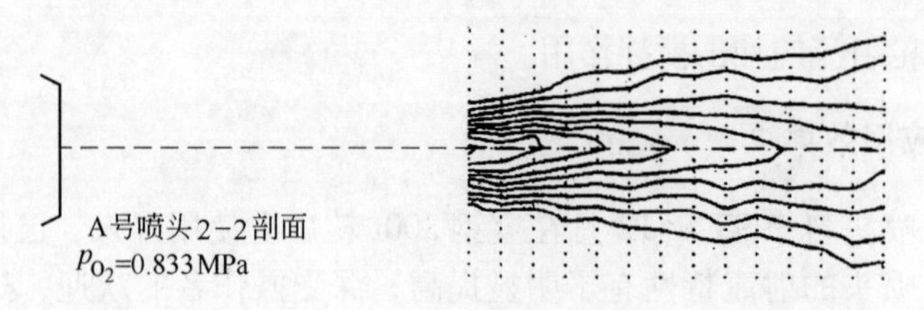

图 7-8　$p_{O_2}=0.833\text{MPa}$ 时纵向速度分布 2

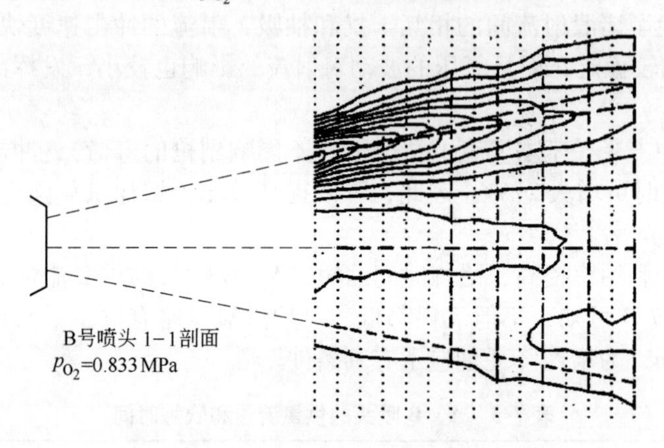

图 7-9　$p_{O_2}=0.833\text{MPa}$ 时纵向速度分布 3

$p_{O_2}=0.833\text{MPa}$ 时喷头 A 的等速线，如图 7-10 ~ 图 7-14 所示。

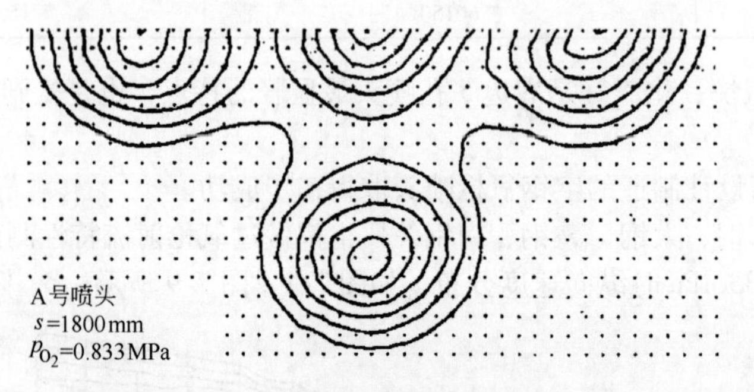

图 7-10　$p_{O_2}=0.833\text{MPa}$ 时喷头 A 的等速线 1

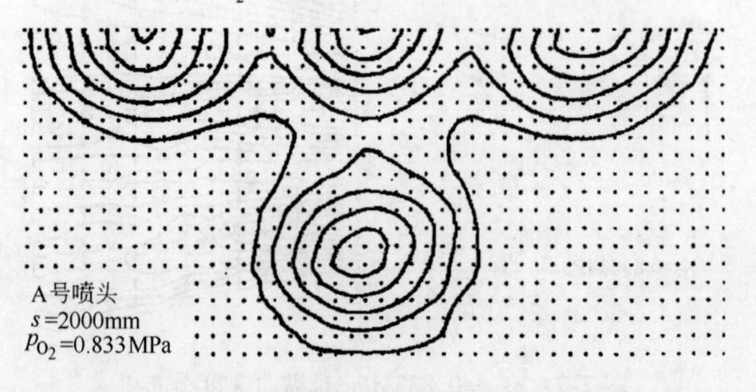

图 7-11　$p_{O_2}=0.833\text{MPa}$ 时喷头 A 的等速线 2

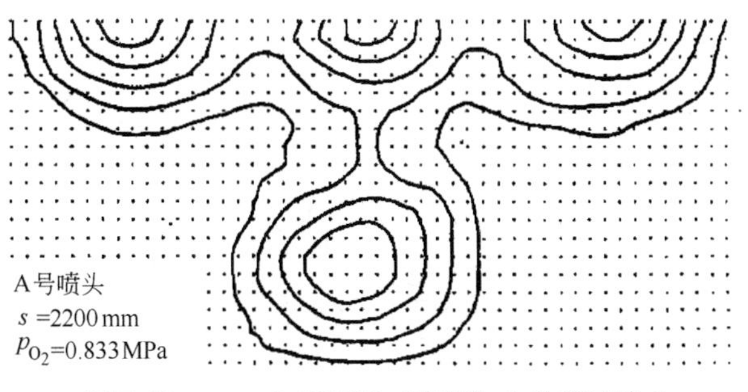

图 7-12 $p_{O_2}=0.833\text{MPa}$ 时喷头 A 的等速线 3

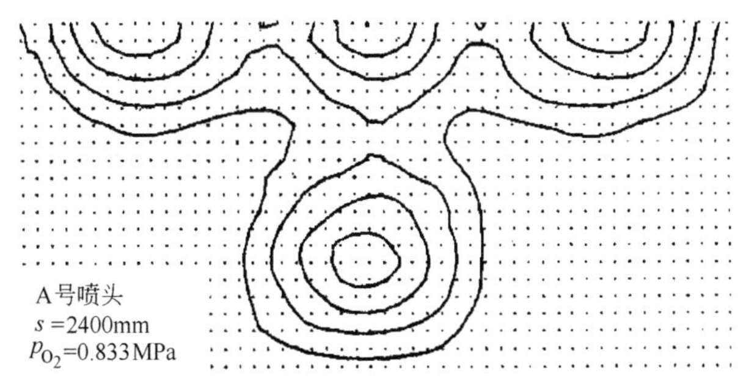

图 7-13 $p_{O_2}=0.833\text{MPa}$ 时喷头 A 的等速线 4

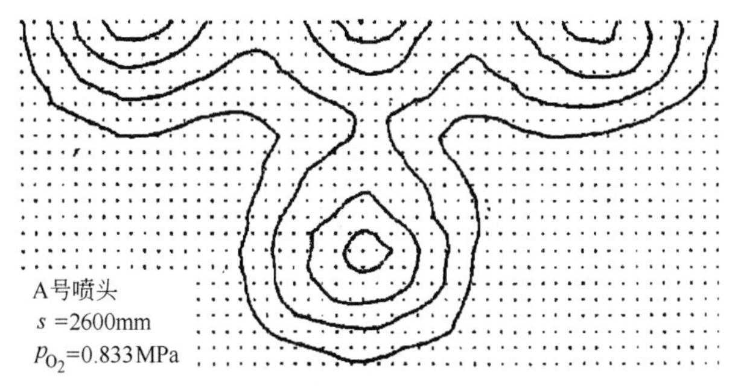

图 7-14 $p_{O_2}=0.833\text{MPa}$ 时喷头 A 的等速线 5

$p_{O_2}=0.833\text{MPa}$ 时喷头 B 的等速线，图 7-15 ~ 图 7-19 所示。

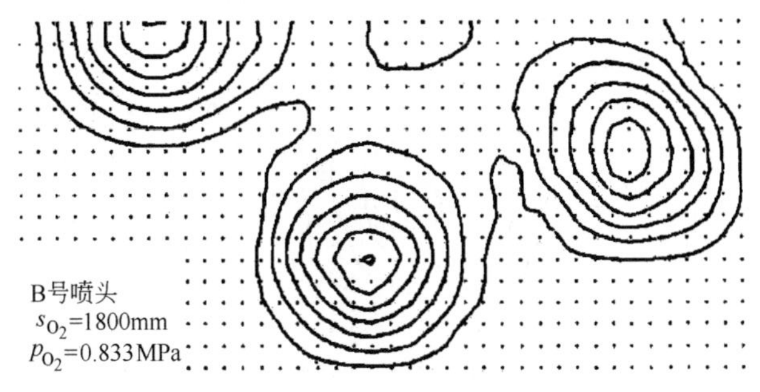

图 7-15 $p_{O_2}=0.833\text{MPa}$ 时喷头 B 的等速线 1

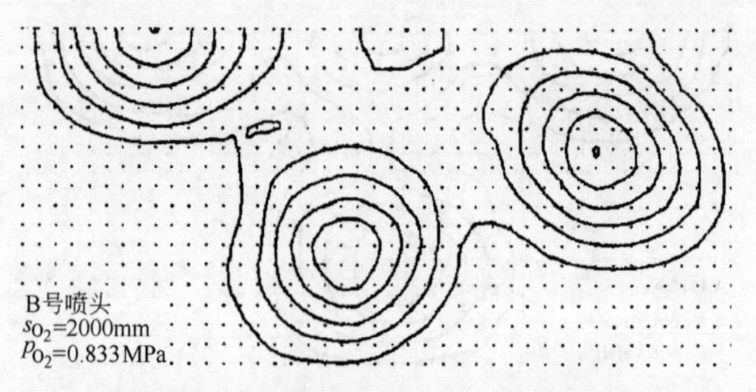

图 7-16　p_{O_2} = 0. 833MPa 时喷头 B 的等速线 2

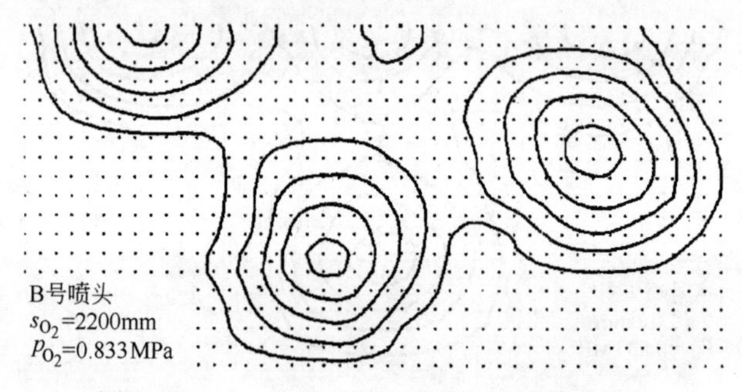

图 7-17　p_{O_2} = 0. 833MPa 时喷头 B 的等速线 3

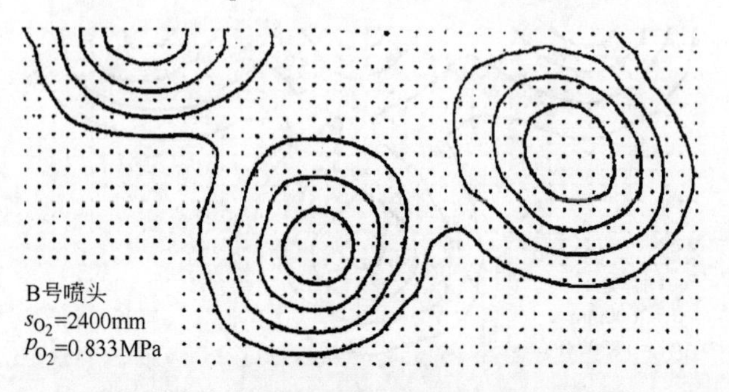

图 7-18　p_{O_2} = 0. 833MPa 时喷头 B 的等速线 4

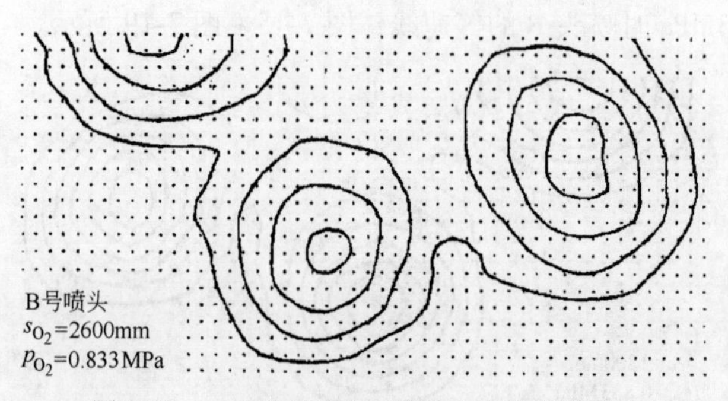

图 7-19　p_{O_2} = 0. 833MPa 时喷头 B 的等速线 5

8 氧枪喷头的制造

8.1 铸造喷头

世界各国制造的氧枪喷头，大多数都是采用铸造方法生产的。铸造喷头结构合理，任何复杂的形状都能铸造出来，制作成本较低，适合大批量生产。紫铜在铸造过程中，容易产生气孔、裂纹、疏松等缺陷。欲克服铸造缺陷，生产出合格的产品，需要高超的制造技术。

铸造喷头生产工艺流程如下：

喷头结构设计→组装砂芯设计→单件砂芯设计→单件砂芯

混砂↘

模具设计与制作→制芯→合箱→浇注→

熔铜→脱氧→铜水出炉↗

拆箱清砂→切除冒口和清理飞边、毛刺→机加工→水压检验→焊管→水压检验→X 光检验→喷丸处理→装箱→出厂

8.1.1 型砂系统

8.1.1.1 铸造砂

因天然砂呈圆形，透气性好，所以采用天然砂，粒度 210 ~ 420μm。不能采用人工砂，因为人工砂有棱有角，透气性不好。

8.1.1.2 黏结剂

黏结剂有多种，各厂根据生产条件选择使用。

（1）水玻璃。水玻璃在铸钢件中应用较多，在铸铜件中应用较少，但也有应用较好的实例。水玻璃配方可见表 8-1、表 8-2。

表 8-1 水玻璃配方 A（按质量比）

橄榄岩砂（210μm）	水玻璃	KD 添加剂	珍珠岩粉
300	10.5	3	6

表 8-2 水玻璃配方 B（按质量比）

天然硅砂（150μm）	黄糊精	海泡石	MS 水玻璃（MS:水玻璃 = 1:9）
100	1	0.8	4

配方 A 说明：水玻璃中，$SiO_2/Na_2O \approx 2.4/1$，水分 40% 左右。KD 添加剂主

要成分为碳水化合物，包括淀粉、糊精、葡萄糖等的混合物。

先将干料在混砂机中混匀，然后将水玻璃边加入边混匀。装入桶内以塑料膜覆盖，防止与杂气接触。用这种混好的水玻璃砂即可以制成砂芯。做好砂芯，通$CO_2$1min，砂芯即硬化，可以脱模装配砂箱。

配方B说明：黄糊精其水溶液有黏结性能，高温下燃烧碳化、挥发，破坏了水玻璃的连续性。海泡石能提高湿强度和抗潮性，同时起到溃散作用。MS有机溃散剂，浇注前与水玻璃有共同黏接作用，浇注后的冷却过程中，与水玻璃的收缩率有极大的差异，破坏了水玻璃的连续性，有极强的溃散作用。

先将干粉在混砂机干混2min，再加入MS水玻璃混匀7min出砂制芯，在电热鼓风箱内烘30~60min，控制温度160℃±5℃，再用CO_2气体吹1~2min，砂芯制作即完成。

（2）树脂。树脂砂在紫铜铸造中应用广泛。树脂砂的优点是成型好、强度高、溃散性好，缺点是成本高、发气量大。

酚醛树脂砂需用金属模具造型，然后加热烘干硬化。呋喃树脂砂可以用木模造型，制后自行硬化。

8.1.1.3　合箱

各个单件的砂芯做好后，即可进行组合装配合箱，等待浇注。转炉喷头的浇注方式有两种，如图8-1、图8-2所示。

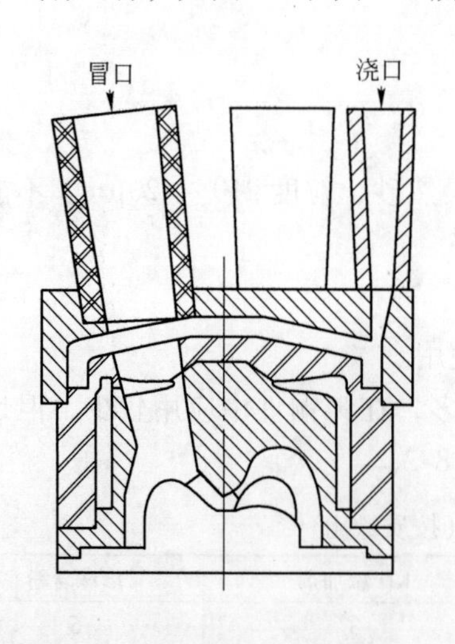

图8-1　转炉喷头砂芯的组装1

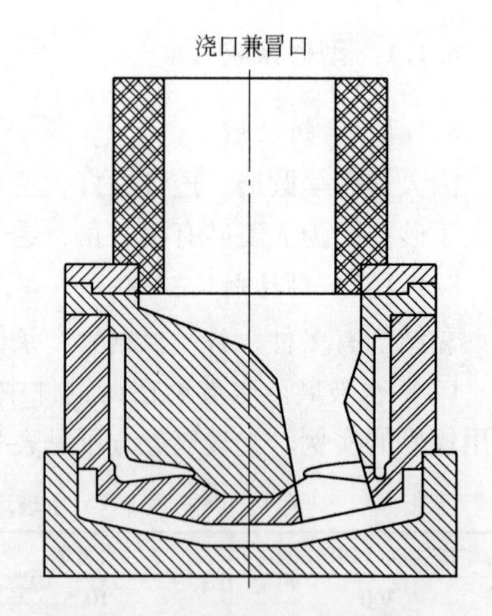

图8-2　转炉喷头砂芯的组装2

在图8-1中砂芯由4个单件组合而成，浇口放置在喷头端面的一侧，每个氧孔的上方设置一个冒口，喷头有几个氧孔，就要设置几个冒口。冒口是用来排气和对喷头进行补缩的。冒口要用保温材料制成，能有发热保温功能的冒口更好。冒口里面的铜液要最后凝固。喷头内的铜液在浇注后逐渐凝固，铜液在凝固的过程中，体积要收缩，冒口内的铜液要进行补充，如果不能进行补充或者补充的效果不好，喷头就要出现缩孔。也可以把几个冒口连在一起做成一个大的冒口。两种冒口的布置各有长处。

从图 8-2 中可以看出，砂芯由 4 个单件砂芯组合而成，上面放置一个具有保温功能的大冒口，这个冒口兼做浇口用，铜水从这里浇入砂箱中，冒口的功能与图 8-1 的浇注方式是一样的。

以上两种浇注方式各有优缺点。第一种方式冒口多，还要单独设置浇口，结构的布置比较麻烦，但因喷头的端面是最后凝固，补缩好，密度较高，喷头的成品率也较高。第二种方式冒口和浇口合为一个，结构的布置比较简单，但因喷头的端面最先凝固，补缩效果不如第一种方式，而且冒口要做得很大，浇注用铜较多。

8.1.2 熔铜

8.1.2.1 原料

氧枪喷头对铜的纯度要求很高，一律采用国标一级紫铜做原料，即牌号 T_1 或 Cu_1 的紫铜，要求 $w(Cu) \geqslant 99.95\%$ 。

国内生产厂采用阴极电解铜板切成条状入炉。欧美发达国家采用铜厂生产的紫铜块入炉。为了降低生产成本，国内的喷头生产厂有的允许加入少部分回头料。国际上的知名厂家，为了保证喷头的纯度，是不允许加入任何回头料的。

8.1.2.2 熔铜炉

国内外应用最多的熔铜炉是中频感应电炉或其他类型的电炉。也有的工厂采用柴油炉、焦炭炉等。

8.1.2.3 铜的熔炼

影响纯铜铸件质量的主要因素是三个方面：一是铸件在凝固过程中形成的缩孔和疏松；二是铸件凝固过程中气体析出所形成的气泡；三是铸件的纯度、密度和金相组织。防止缩孔和疏松，是在设计芯砂浇注系统时实现顺序凝固，并寻求合理的补缩工艺。防止气孔，必须在浇注前对铜液进行除气和脱氧处理。保证铸件具有高纯度，则必须在熔铜和脱氧过程中，要求进入铜液的杂质尽可能地少。上述各项技术措施完成得好，才能保证纯铜铸件具有较高的密度和较好的金相组织。

纯铜在熔炼的过程中，极容易吸收气体，因此，对氢氧含量的控制便成了纯铜铸造技术的关键环节。氢主要来源于空气中的水蒸气、炉料及炉壁所吸附的各种含氢化合物。氢以原子态溶解于铜液中，与铜液形成真溶液。氧主要来源于炉料（普通阴极电解铜中氧含量为 0.03%~0.05%）和熔炼过程中铜的氧化。为了防止在熔炼过程中铜液的吸气和氧化，当电炉装入铜料时，应同时加入相当数量的干燥的木炭屑。铜料熔化后，木炭上浮，形成一层厚约60mm的赤红的木炭层，使空气与铜液隔绝，减少铜液的吸气与氧化。

木炭屑的粒度，以红枣大小为宜。加入电炉前，先在加热炉内烘干，以免将水分带入电炉内。

木炭为炭素，其本身及其氧化物CO，皆有脱氧能力。CO上升如烟幕，保护铜液，避免铜液从空气中吸收水分。

铸铜的最大困难是避免气孔。气孔的生成是由于铜液中溶解了氢和氧，当铜液浇注后，温度下降，氢和氧的溶解度下降，氢和氧结合为水气，当铜液凝固时形成气孔。

铜液脱氢十分困难，但脱氧较易，如能高度脱氧，氢气极容易从铜液中逸出。

在一定的温度和压力下，铜液中氢氧存在着相互制约的关系，氧高，氢就低。例如在压力为92.5kPa、温度为1150℃时，氧含量提高到0.13%，氢含量便降至$1.3\times10^{-5}\%$以下。这样就控制了氢含量，浇注前再进行脱氧处理，就可得到氢氧含量都较低的铜液。提高铜液中氧含量的措施，是采用含有CuO和MnO_2等高级氧化物的氧化性覆盖剂覆盖铜液，取代木炭。

也有采用中性覆盖剂覆盖铜液的。常用的中性覆盖剂有氟盐（CaF_2和NaF_2的混合物）、水晶石、硼化物等。

8.1.2.4　除气

当铜液温度合格（约1200℃，视脱氧剂种类而定），出炉至铜水罐后，在脱氧之前，要先对铜液进行除气处理。除气主要是除氢以及去除铜液中的不溶性气体如H_2O、CO、CO_2等。除气工艺有以下几种：

（1）通气除气。采用空心石墨棒，插入铜液深处，吹入氩、氮等惰性气体，在铜液中产生大量的小气泡，这些气泡吸附铜液中的氢等气体，并携带其上浮，排出铜液。通入的气体量越多、气泡的尺寸越小、插入熔池越深，脱气效果越好。通气时间3min左右，即可达到良好的除气效果。

（2）固体除气剂除气。向铜液中喷吹干燥的固体除气剂，通过它们在高温状态下发生分解，产生不溶性气体，将铜液中的氢吸附，携带上浮，排出铜液。常用的除气剂有碳酸钙、碳酸钡、石灰石等。这种方法简单而有效，但会使铜液降温，所以要控制好熔铜温度。

（3）真空除气。真空除气是一种很有效的除气方法，它不但可以除氢，而且可除去所有的气体。但真空除气需用真空电炉等设备，设备投资大，操作复杂。

8.1.2.5　脱氧

铜液除气后，马上进行脱氧。脱氧是纯铜熔炼最关键的操作。氧含量是纯铜最重要的指标之一。脱氧就是将溶解在铜液中的氧化亚铜还原出来。脱氧剂的种类很多，选择脱氧剂的原则，一是脱氧效果好，脱氧产物能顺利去除，二是脱氧剂的微量残留对铜的导电、导热性能的影响。

国内铜加工业采用的脱氧材料主要是磷和锰。欧美等国主要的铜加工厂最受推崇的脱氧材料是锂和硼化钙。下面介绍几种最主要的脱氧剂：

（1）磷。作为脱氧剂，磷铜的应用历史悠久，使用广泛。磷的脱氧效果十分明显，但其微量的残留对铜的导电导热性能影响甚大。冶标 145-71 中磷脱氧铜的含磷标准是 0.01%~0.04%，此时已将导电率降低了 10%~34%。

鉴于磷对纯铜产品产生的负面影响，有的工厂加入少量的磷铜进行预脱氧，然后再加入稀土元素进行终脱氧。

（2）锰。锰作为脱氧剂也是十分有效的，但它对铜导电率的影响也是不容忽视的。其残留量高达 0.1%~0.3%，对导电率的降低达到 24% 以上。

（3）铜硼合金。铜硼合金含硼 2%。生产实践证明，其脱氧行之有效。脱氧产物为 B_2O_3 和 $2Cu_2O \cdot B_2O_3$ 液态渣，易于去除。主要指标：相对导电率大于 96%；基本平均密度大于 8.92g/cm^3；氧含量小于 20×10^{-6}。

（4）锂。锂是良好的脱氧材料，兼有良好的脱氢能力。锂能溶于铜液而不溶于固态铜，由于其强烈的反应能力，锂在铜中的残留量很少。锂在铜液中发生如下反应：

$$2Li + Cu_2O = 2Cu + Li_2O$$

$$Li + [H] = LiH$$

$$LiH + Cu_2O = 2Cu + LiOH$$

脱氧产物 Li_2O 和 LiOH 形成流态渣，很容易去除。

锂的加入量为 0.03%~0.05%，残留量约为 0.012%。

锂是十分活泼的金属，在保存和使用中，要非常注意。用锂脱氧，操作工艺比较复杂。锂是贵金属，脱氧成本较高。

（5）硼化钙。硼化钙是一种黑色晶粒状粉末物质，分子式 CaB_6，密度 2.33g/cm^3，熔点 2235℃，成分为：氧 0.81%、碳 3.84%、钙 34.54%、硼 59.73%。

由于 CaB_6 在铜中的含量对基体无害，所以其加入量没有严格限制，可根据熔铜情况确定。当加入量超过 0.3% 时，兼有脱氢效果。

用 CaB_6 脱氧后，铜中很少发现 Ca 的残留。残留的硼多富集在晶界上，可大大地提高铜的硬度、强度和软化温度。用 CaB_6 脱氧的铜铸件，氧含量可控制在 20×10^{-6} 以下。

CaB_6 容易受潮，要注意保管。CaB_6 很轻，脱氧时要用铜铂包好，压入铜液深处。CaB_6 是良好的脱氧剂，但较贵。

8.1.3 浇注

铜液脱完氧后，准备浇注。浇注前，要先铸一个手指粗细的小样，检验铜液脱氧程度是否良好。如果指形样凝固后铜液收缩的较深，说明脱氧良好，可以浇注喷头了。如果指形样凝固后上涨了，说明铜液脱氧不完全，还需要追加脱氧剂。将指形样折断，看其断面，可准确判断脱氧效果。脱氧不完全的铜铸件氧孔多，将成为废品。

紫铜在浇注的过程中，要点燃从砂芯气孔中排出的气体。要挡住脱氧产物形成的熔渣，使其不能浇入铸件中。浇注完毕，要迅速在冒口的上方覆盖一层厚约30mm 的保温材料（干燥的木炭屑或炭化稻壳等）。

8.1.4 开箱

喷头凝固冷却后，打开砂箱，清除铸砂，铲除毛刺、飞边等。检查铸件质量是否合格。有的工厂，待铸件凝固，即将其投入水池中，趁铸件红热进行“水爆”，铸砂即全部清除掉。

外观合格的铸件，切除冒口和浇口，送机加工车间进行加工。切除冒口和浇口的工作，有的工厂在加工车间完成。

8.1.5 机加工与焊接

铸造喷头的机加工部位主要是车削与三层钢管焊接的坡口和加工氧孔。因氧孔与喷头轴线呈一定的倾斜角度，加工氧孔时需用特制的工装胎具。

机加工完毕，要进行水压（或气压）检验，检验喷头是否漏水。质量合格，要进行三层钢管的焊接。焊后，进行第二次水压检验。检验合格，要对外层钢管与喷头的铜钢焊缝进行 X 光探伤。探伤合格的产品，进行外观处理，包装出厂。

8.2 锻压组装式喷头

前面已经介绍，锻压组装式喷头在 1967 年就已经进入我国，其设计结构图多次出现在国内的书刊上，有的单位曾进行过仿制，但没有成功。锻压组装式喷头的加工制造技术，主要是钎焊技术，和与氩弧焊焊接技术的协调配合上，有一定的难度。近年来，国产的锻压组装式喷头已在部分钢厂应用于生产。

图 8-3 所示为转炉锻压组装式喷头，图 8-4 所示为电炉锻压组装式喷头。下面以转炉喷头为例，介绍锻压组装式喷头的制造工艺。

8.2.1 喷头头冠的锻压

锻压组装式喷头可以分解为头冠、氧管、氧气盘、导水板、外管、中管和内管（见图 8-3）7 部分。其中头冠最为重要，它必须锻压成型，如图 8-5 所示。它要求纯度高、密度高、晶粒细小，具有较高的强度和导热性能。头冠与火焰接触，它的质量直接影响到喷头的寿命和使用性能。

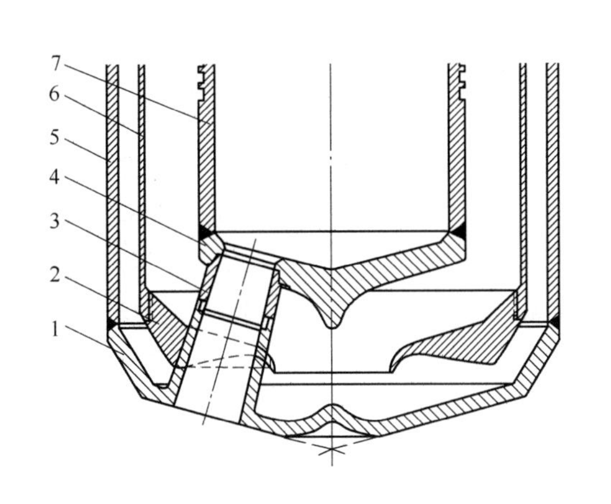

图 8-3 转炉锻压组装式喷头
1—头冠；2—导水板；3—氧管；4—氧气盘；
5—外管；6—中管；7—内管

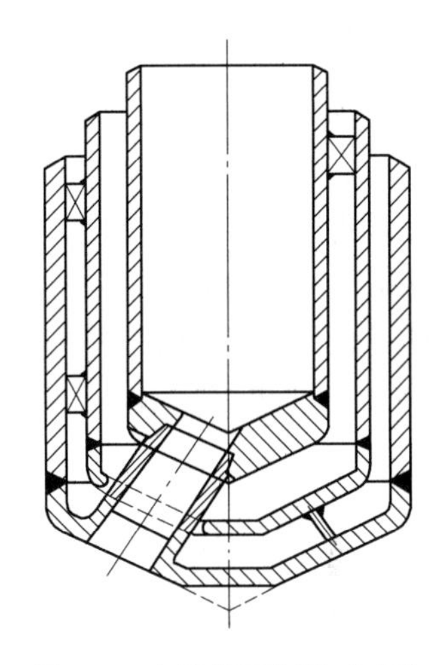

图 8-4 电炉锻压组装式喷头

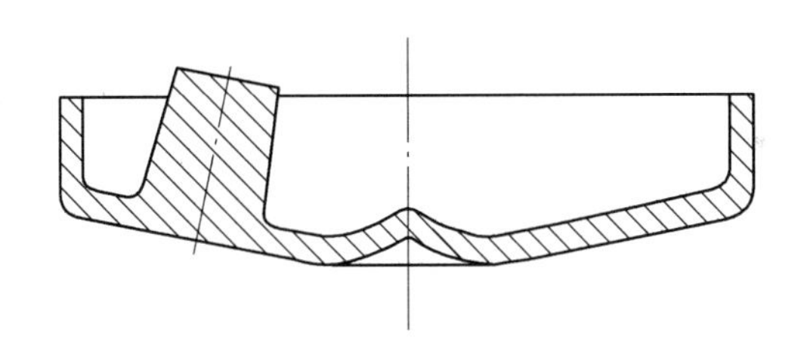

图 8-5 锻压的头冠

头冠采用大吨位的油压机，在合金模具中锻压成型。

8.2.2 组合部件的加工

氧管、氧气盘和导水板三种部件，可以采用锻压件，也可以采用非锻压件。氧管和氧气盘要采用紫铜材料，导水板可以采用较便宜的黄铜材料。

各个部件的加工精度要求较严格，若装配尺寸太紧，钎焊时焊料进不去；若太松，则焊接强度受影响。

8.2.3 喷头的装配

各个部件加工好后，即可进行装配。锻压组装式喷头如图 8-6 所示（也可见图 8-3）。先将导水板装在头冠上，两者之间可以焊上，也可以采用其他固定方式。然后将氧管装在头冠上，再将氧气盘安装在氧管上。氧管与头冠和氧气盘之间的连接部位要装配钎焊料。

8.2.4　钎焊

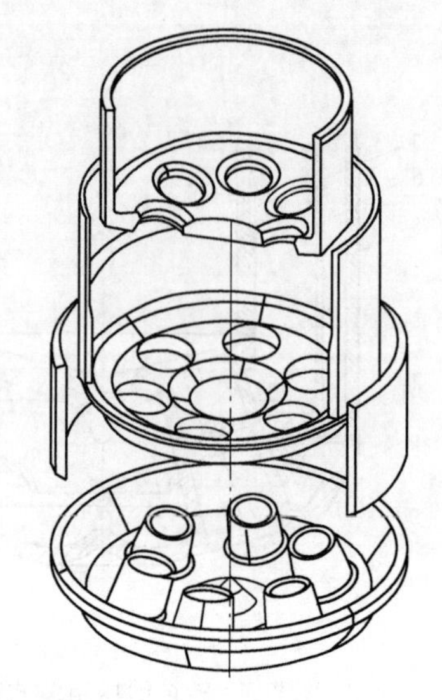

图 8-6　锻压组装式喷头的装配

钎焊通常在箱式电炉中进行。钎焊技术的关键是钎焊料的选择和钎焊温度的控制。

紫铜件之间的钎焊料通常为银基焊料，较贵。其钎焊温度一定要高于氩弧焊的焊接温度。

也有的钎焊不是在炉中进行的，而是用火焰枪边加热工件边熔化钎料，通过毛吸现象，填充焊缝。

8.2.5　焊接钢管

喷头本体包括头冠、氧管、氧气盘和导水板。钎焊成一个整体之后，通过氩弧焊，将内管与氧气盘焊接在一起，将外管与头冠焊接在一起，将中管通过螺纹与导水板连接在一起。喷头的组装则全部完成，通过水压和 X 光检验之后，即可出厂。

8.3　锻铸组合氧枪喷头

锻压组装式喷头在西方称为锻造喷头。其原来只有铸造喷头和锻造喷头两种生产工艺。刘天怡博士在乌克兰国家冶金学院留学期间开发出来一种全新的氧枪喷头生产工艺——锻铸结合氧枪喷头，如图 8-7 所示。

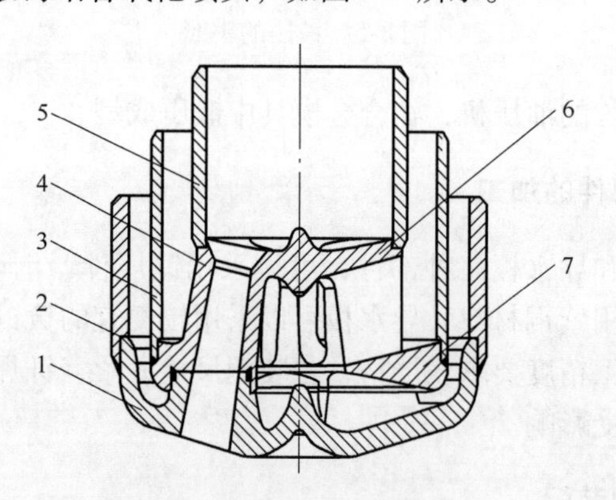

图 8-7　锻铸结合氧枪喷头

1—头冠；2—外管；3—中管；4—氧管；5—内管；
6—氧气盘；7—导水板

新工艺将氧枪喷头分解为两部分：喷头头冠和喷头内体。喷头头冠采用一级无氧铜锻压成型。喷头内体包括导水板、氧管和氧气盘，采用铸造方法浇注成一个整体。喷头头冠和喷头内体通过水平接口钎焊在一起。

8.3.1　喷头头冠的锻压

喷头头冠如图 8-8 所示，采用国标一级无氧铜（牌号 T_1，$w(Cu) \geq 99.95\%$，$w(O) \leq 0.001\%$）锻压成型。因头冠与火焰接触，所以它的纯度、密度、强度、导热性能和金相组织等各项指标都要求达到最好。

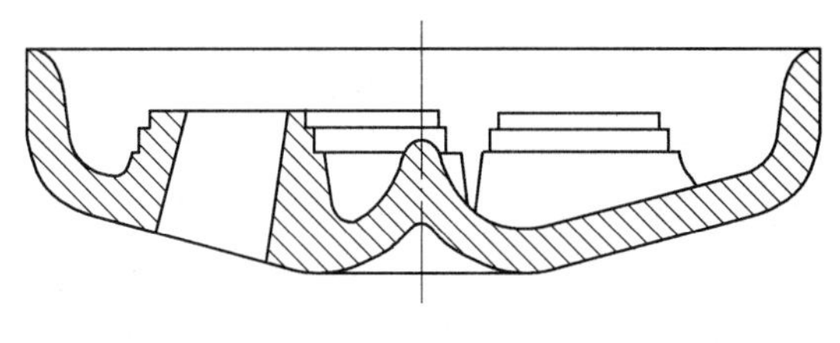

图 8-8　喷头头冠

8.3.2　喷头内体的铸造

喷头内体如图 8-9 所示，将氧管、氧气盘和导水板铸成一个整体，极大地简化了喷头的装配工序。

因为喷头内体不与火焰接触，所以喷头内体可以是铸铜件，也可以是铸钢件。采用铸钢件降低了喷头的生产成本，也节省了宝贵的铜资源。

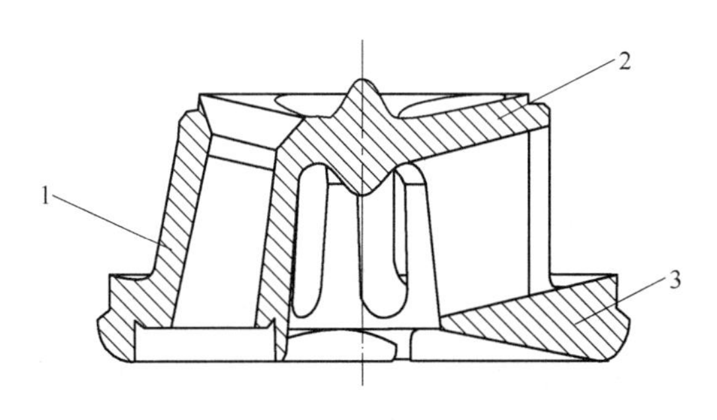

图 8-9　喷头内体
1—氧柱；2—氧气盘；3—导水板

8.3.3　加工与钎焊

喷头头冠与内体的连接部位，因其配合尺寸公差要求较严，要用数控铣床进行加工。

钎焊在箱式电炉中进行。因铜质的头冠与钢质的内体之间属于异种金属的焊接，所以要采用特殊成分的钎料。钎焊温度的控制也较为严格。

钎焊后要对氧孔做最后的精加工，然后焊接三层钢管。

锻铸结合氧枪喷头采用锻铸结合、铜钢结合的生产工艺，既吸收了铸造和锻造两种工艺的优点，又综合地利用了铜钢两种金属的长处，是氧枪喷头生产工艺的一大创新。其优良的性能和较高的使用寿命，必将对我国氧枪喷头的生产，产生里程碑式的影响。

锻铸结合氧枪喷头已获国家专利，专利号 ZL200520133604. X。

8.4　氧枪喷头的质量和性能

铸造喷头的优点是结构合理，任何复杂的形状都能够铸造出来；制作成本较低，适合大批量生产。其缺点是喷头的纯度、密度、导热性能很难满足高寿命的要求；紫铜在铸造过程中产生的气孔、疏松、裂纹等缺陷，影响使用寿命；氧孔出口部位容易“倒棱”（熔蚀成喇叭口状），影响氧枪的吹炼效果。

锻压组装式喷头的优点是材质致密，纯度高，导热性能好，喷头寿命较长。其缺点是部件多，加工工艺复杂，制作成本较高，难以推广应用。另外，焊缝较多，存在安全隐患；导水板是后装上去的，导水板与氧管之间存在缝隙，影响喷头的水冷。

上述两种喷头的共同弱点是全部用紫铜制造，成本受紫铜价格的影响较大；紫铜较软，喷头在使用过程中容易变形，影响氧枪的使用性能。

锻铸结合氧枪喷头的优点是结构合理，材质的纯度高、密度高、晶粒细小、导热性能好，喷头寿命较长。另外，铜钢结合的生产工艺，使喷头的变形小，氧枪的性能能长时间的保持稳定。其缺点是钎焊的接口部位公差尺寸要求较严，增加了加工成本；铜钢异种金属的钎焊技术较难。

氧枪喷头的质量包括两个方面，即铜质喷头本体的制造质量和铜头与钢管的焊接质量。喷头的损坏主要是两个部位，一个是氧孔周围的熔蚀，另一个就是外管焊缝处的漏水。因此，喷头的焊接，特别是喷头外管的焊接质量十分重要。

喷头外管如果焊不住，焊口脱落，喷头就容易掉入炉中，大量的冷却水涌入炉内，由此引发的转炉爆炸事故，国内外都发生过。因此，喷头外管的焊接质量一定要保证。除了水压检验之外，外管的焊缝还要进行 X 光探伤。

喷头与钢管的焊接国内外通常采用的是氩弧焊。铜与钢焊接存在的主要问题是，容易产生热裂纹、气孔、未焊透和未熔合等缺陷，必须避免。

氧枪喷头最主要的检验是水压试验，打水压 2. 2MPa，20min 不得渗漏，方为合格。

9 氧枪操作和安全使用

9.1 氧枪操作

氧枪操作涉及两个方面，一是控制和调整氧枪枪位，二是控制和调整氧气压力与流量。

调整氧枪枪位可以调节氧气射流对熔池的相互作用。确定合适的枪位主要考虑两个因素：一是氧气射流对熔池要有一定的冲击面；二是在保证不损坏炉底的前提下，对熔池要有一定的冲击深度。枪位过高射流的冲击面积大，但冲击深度减小，熔池搅拌减弱，渣中 TFe 含量增加。枪位过低，冲击面积小，冲击深度加大，渣中 TFe 含量减少，不利于化渣，易损坏炉底。因此确定合适的枪位十分重要。

调整氧气压气与流量，可以适应降碳、升温、化渣的需要，控制吹炼时间的长短。

氧枪参数确定后，氧枪枪位可以通过式（5-17）、式（5-18）的经验公式进行计算，也可以通过氧枪试验室进行测定。但在生产中，钢厂主要是通过长期的生产实践总结出适合于本厂的氧枪枪位。因此，各厂的氧枪枪位都有所不同。

9.1.1 低枪位操作

低枪位操作，氧流对熔池的冲击力大，冲击凹坑深，冲击面积小，熔池内部搅动强烈。气-炉渣-金属液乳化充分，脱碳速度加快。此时如提高供氧强度，则吹炼时间短，热损失相对减少，升温速度快。由于脱碳速度快，FeO 的消耗量增多，熔渣中的 TFe 含量减少，导致炉渣返干，长时间的低枪位操作，容易引起金属喷溅。

9.1.2 高枪位操作

高枪位操作，氧流对熔池的冲击力减小，冲击深度变浅，反射流股增多，冲击面积加大，加强了对熔池液面的搅动，而熔池内部搅动减弱，脱碳速度降低，因而渣中的 TFe 含量增加。长时间的高枪位操作，渣中的 FeO 增加到足够高时，容易引起喷溅。由于搅拌力弱，降碳速度慢，吹炼时间长，热损失增加，升温速度降低。

过高的枪位称“吊吹”，氧流的动能吹不开熔池液面，只是从表面掠过，会使渣中 TFe 积聚，易产生爆发性喷溅，应该禁止吊吹。

了解了枪位对操作指标的影响，就可以在吹炼的不同时期，根据吹炼的任务，通过控制枪位和供氧强度，来调整渣中 TFe 含量和升温降碳速度。

9.1.3　确定开吹枪位

开吹枪位应比过程枪位高些，确定开吹枪位应达到早化渣、多去磷、保护炉衬的目的。开吹前必须了解铁水的温度和成分，测量液面高度，了解总管氧压以及所炼钢种的成分和温度要求，确定合适的开吹枪位。

如果铁水中 Si、Mn 含量稍高，铁水温度偏低，开吹枪位可低些。低枪易于点火，Si、Mn 氧化形成的初期渣流动性好。因为碳还没有大量氧化，供氧强度可低些。

如果铁水中 Si、Mn 含量偏低，铁水温度较高，开吹枪位可高些。铁水温度高，碳的氧化来得早，渣中 FeO 含量偏低，SiO_2和 MnO 的含量又低，炉渣容易“返干”，枪位应高些。随着碳的大量氧化，供氧强度应逐渐提高。

9.1.4　控制过程枪位

转炉开吹后，Si、Mn 大量氧化。因熔池温度较低，激烈地脱碳还没有开始，渣中 FeO 含量偏高，炉渣的流动性较好，此时加入第一批料、第二批料，化渣速度较快。随着炉温逐渐升高，碳开始大量氧化，渣中 FeO 含量降低，炉渣开始“返干”。过程枪位的控制原则是，炉渣不返干、不喷溅、快速脱碳、良好脱硫、均匀升温。在碳的激烈氧化期间，尤其要控制好枪位。枪位过低，会产生炉渣返干，造成严重的金属喷溅；枪位过高，渣中 FeO 含量较高，脱碳速度又快，也会引起金属喷溅。

9.1.5　控制后期枪位

吹炼后期，操作枪位要保证出钢温度和钢液成分达到目标控制要求。根据炉渣的流动性、钢种要求、脱磷脱硫情况来决定提枪或降枪。在吹炼末期要降枪，加强熔池搅拌，使钢液成分和温度均匀，降低渣中 TFe 含量，减少铁损，提高金属收得率。

我国大多数钢厂都采用恒流量分阶段变枪位操作，也有的钢厂采用变流量变枪位操作。

9.2　氧枪使用安全

氧枪中的纯氧和水，在炼钢的环境下，都是很危险的物品，氧枪使用的安全，极其重要。

氧气可以引起强烈的燃烧，造成火灾。水与钢液相遇，可以引起凶猛的爆炸。此种意外，一旦发生，不仅损坏设备，耽误生产，而且常有伤人和致命的危险。因此，炼钢工作者对氧气炼钢的安全问题，应该十分重视。

9.2.1 氧气的燃烧与爆炸

此种事故在全国曾多次发生。

20 世纪 70 年代，鞍钢第二炼钢厂的氧气顶吹平炉的氧气管道突然着火，顷刻间就烧掉十几米，幸亏技术人员迅速关闭了氧气总阀门，才没有造成更大的险情。80 年代，鞍钢某厂氧气管道大修后，开阀送氧时，突然发生爆炸，三名操作人员当场死亡。事后检查，阀门和管道爆裂十分严重，一个破损的阀门飞到了几十米之处。此次事故不久，鞍钢第三炼钢厂的转炉阀门控制室也发生火灾。大修之后的阀门组全部被烧毁。而这些阀门和管道还全部是新更换的不锈钢材质的。可见不锈钢的管道和阀门是不能避免氧气着火的，而且燃烧起来速度更快。

大家知道，燃烧是一种氧化现象，氧气是助燃剂，燃烧的发生必须具备三个要素：可燃物、氧气、着火温度。上述三要素，缺一不可。要防止事故，就要在此三要素上下工夫。

第二要素氧气，是炼钢的必需物质，是必需的。

第一要素，包括氧枪本身、输氧管道以及其他外来物品。氧枪和输氧管道也是必需的。其他外来可燃物品，包括下列各项：

（1）油脂。氧枪和氧气管道在制造和安装时，使用的润滑油脂，未彻底清除，油手亦可沾污。

（2）橡胶管碎屑。可弯曲橡胶管，使用日久，常发生剥落现象，产生碎片及粉末。

（3）纤维物品。纸屑、木屑等类物品，偶然进入管内。

（4）石墨粉。炼钢炉附近空气中，常悬浮由铁水产生的石墨粉。如氧枪因快速关闭氧气阀门，产生暂时低压时，石墨粉可随空气进入氧枪及邻近输氧管内。另外，备用氧枪存放日久，管内亦有积累石墨粉的可能性。

（5）炉渣、铁粉。炼钢炉内，含有炉渣粉和铁粉，如果氧枪在炉内压力突减，此等粉状物，可吸入枪内及临近氧管内。

这些外来可燃物品，应设法避免和清除。

氧枪和输氧管通常是用碳钢制成的。碳钢在通常的状态和温度下是不能燃烧的，但在高温下是可以燃烧的。所以，氧枪和输氧管道会由于局部的瞬时高温而引起燃烧和爆炸。

这就需要论述燃烧的第三要素着火温度。产生高温的原因有：

（1）氧气在管道内流速过高，因摩擦产生大量热能。

（2）氧流在管道急转弯处或阀门处，可因冲击管壁，产生高温。

（3）管道接口处，因制造工艺不好，可存有突尖或粗糙之处。这些地方，因摩擦过强，可产生高热。

（4）管道内壁如生锈，即可增大摩擦，产生较多热量，更可减小管道有效断面，增高氧气流速。

（5）管道内如有金属碎屑或砂石，在高速氧流的带动下，冲击管壁，造成火花，引起燃烧。

氧火在管内一旦引发，会迅速软化管壁，造成破裂和爆炸。爆炸时熔铁飞溅，伤人伤物。氧管一旦破裂，高纯高压氧气大量外溢，附近物品迅速燃烧，造成火灾。

这就要求在氧气管道和氧枪的设计、制造和安装调试过程中，避免局部的，哪怕是瞬时高温的产生，从而防止氧气的燃烧和爆炸。

氧气炼钢就是在炼钢炉内，氧气与铁、碳、锰、硫等可燃物发生的可控制的燃烧过程。如果氧气在管道内、氧枪内、炼钢炉内发生意外的、不可控制的燃烧过程，就是事故。炼钢工作者的责任就是让可控制的氧气炼钢燃烧过程进行得更加完美，并避免不可控制的燃烧事故的发生。

9.2.2　转炉内氧枪漏水引起的爆炸

转炉氧枪在吹炼过程中，由于焊缝开裂、喷头烧损，引起渗漏、滴水，是常有的事，通常不会发生事故。发现了及时更换新枪，可以继续炼钢。

但是，如果由于焊接质量太差，在吹炼过程中，喷头与氧枪枪体脱落，或其他原因，大量冷却水漏入炉内而未被发现，操作者又错误地摇炉，冷却水和钢渣迅速混合，顷刻间转炉即会发生巨大爆炸，引发特大型恶性事故，造成大量人员伤亡和财产损失。1999 年，北方某钢厂发生的转炉爆炸事故，即有数十人伤亡，设备损坏而停产，造成了巨大损失。

钢液与水相遇，在适当条件下，水因迅速受热顷刻汽化，体积急剧膨胀，形成爆炸。这种爆炸，也称“汽炸”。

汽炸的物理过程，尚未完全明了，但已知道，水与熔铁接触后，下面各点相继发生：

（1）熔铁破裂为细粒，分布在一个体积不太大的水中。熔铁如何破裂为细粒，有许多学说，尚无定论。

（2）熔铁的热能迅速传到水中，使水的温度和压力急剧增高。水在遇热的状态下，暂时存在。

（3）遇热的水顷刻汽化，体积剧增，发生爆炸。

（4）局部的小爆炸，可引起连串的大爆炸。

（5）爆炸的破坏性，来自压力、高温和飞溅的熔铁。

预防汽炸，就是要避免水与熔铁接触和混合，下面各条原则必须严格执行：

（1）当发现氧枪漏水时，首先关闭水阀，然后快速提枪出炉。

（2）转炉熔池面上，已有积水时，万万不可摇炉，此时熔池上层已固结，如果摇炉，就可把上面的积水和下面的熔铁混合起来，形成爆炸。应待炉体的热量将全部积水蒸干后，方可进行下步操作。

（3）更换新枪，重新开始吹炼。

（4）如果炉内的钢水已经凝固冻结，形成冻炉，则应按照冻炉重熔工序进行操作。

（5）如发现烟罩漏水，可采取下列措施：

1）先用一钢板盖住炉口，避免水漏入炉内（此钢板当备用，以防万一）。

2）如炉内无积水，可倾转炉身避水。

3）关闭进水阀，处理烟罩。

9.2.3 氧气管道的设计与施工

氧气管道的设计与施工，应遵守下列原则：

（1）安全流速。氧气的流速应按原冶金部氧气管道设计规范的下限选取，流速越低，使用越安全。根据氧气的流速、管道使用压力和氧枪的供氧量，设计计算出管道的直径。

（2）氧气管道应避免急转弯，转弯处要平缓过渡。避免氧气流超速撞击主管壁。如果急转弯不能避免时，受冲击的管件要选用铜合金件，免除火花的产生。

（3）清洁施工。氧气流经的管道内壁，要用四氯化碳清洗，不得含有任何油污和异物。

管道焊接时，不准有渣粒、铁粒和任何其他物品进入管道内。接缝处亦不准有焊肉尖刺等出现。

（4）管道的材质与干氧。管道的材质，碳钢即可，不必采用不锈钢管。只要保证管道清洁、安全流速和干氧，即可保证使用安全。

干氧是必不可少的，以免管道生锈。在我国，各炼钢厂已采用干氧。

（5）阀门。氧气管网上设置的各种阀门，都要采用氧气专用阀门，严防油污。有条件可选用铜质阀门，铜质阀门最为安全。

（6）管道吹扫。氧气管道安装完毕，要用高压蒸汽进行全程吹扫，清除任何可能遗留的颗粒和遗物。切不可用压缩空气进行吹扫，因为压缩空气含有油污。

9.2.4　氧气主管道通氧

输氧管路及氧枪系统安装调试完毕，在正式生产之前，氧气主管道要先通氧。主管道通氧是一件大事，务必小心从事。

20 世纪 80 年代，某厂转炉扩容大修改造，试生产前，氧气主管道通氧，氧气管网通廊发生大爆炸，造成 9 人当场死亡的特大惨剧。冶金部急召各地用氧专家处理此次事故（作者是主要参与者之一），经过周密侦查和计算，查出事故原因如下：

（1）为了赶进度，当事的甲、乙双方相互迁就，马虎施工，管道中遗留众多杂物。事后检查，竟然从管道与阀门的连接处取出板手、破布、渣屑等物。

（2）氧气主管道的主阀门错误的选用闸板阀，燃烧爆炸就是在此处开始的。阀门打开一圈半，高速氧流从狭窄的缝隙中喷出，摩擦生热，约 10min，阀门变红而燃烧爆炸。巨大的火龙直喷而出，几十米长的阀门室，顿时变成一片火海，操作者及看热闹的来不及逃生。

（3）氧枪的氧气出口阀门全部打开，想借主管道通氧之际，吹扫管道，致使主阀门前后造成巨大的压差，形成高速氧流而爆炸。

正确的主管道通氧操作，应按下列顺序进行：

（1）确认主、支管道已用蒸汽吹扫干净。

（2）关闭氧枪切断阀。

（3）向氧气主管道中充氮气。

（4）从氧枪中放出氮气。

（5）向主管道中充氧气。

（6）从氧枪中放出氮、氧混合气体。

（7）继续向主管道中充氧气，从氧枪中不断排放气体，边排放边化验，氧气的浓度越来越高，当氧气的纯度达到使用要求后，关闭氧枪阀门，主管道通氧完毕。

9.2.5　氧枪的设计、制造与安全

氧枪的安全使用与氧枪的结构设计和制造质量密切相关，以转炉氧枪为例，安全要点总结如下：

（1）中心氧管的氧气流速，设计规范要求是 40 ~ 60m/s，通常设计计算取 50m/s，为保证安全以下限为好。

（2）为保证氧枪有足够高的使用寿命，就要保证氧枪有足够高的水冷强度。冷却水的进水速度不宜大于 5m/s，回水速度要大于 6m/s，最好能达到 9m/s 以上。冷却水的进出水温差不能大于 30℃。

（3）氧枪结构的设计原则是，既要保证冷却水与氧气在枪体内的良好密封，又要保证每层钢管之间，在炼钢炉内高温受热膨胀的条件下能自由伸缩，从而消除热应力给氧枪造成破坏的隐患，并方便氧枪的检修与维护。枪体密封的方式有多种多样，最常用的密封方式是采用多层 O 形橡胶圈密封。欧洲多在喷头部位密封，美洲多在枪尾部位密封。老式的密封方式是采用压盖和石棉盘根密封，这种方式既费事又不安全，已被淘汰。至于把钢管之间焊死的做法更不可取。

（4）冷却水管路和氧气通道都要畅通，尽量减少阻力损失。

（5）氧枪的进氧支管通常是弯曲的，为避免高速氧流撞击管壁引起火花，进氧支管最好采用铜管。而采用不锈钢管并不能保证安全。

（6）双流道氧枪是由四层钢管组成的，中心主流氧管没有冷却水冷却，氧孔的热辐射威胁其使用安全，靠近喷头的部位要设计一段一米多长的铜管。

（7）氧枪内管和输氧管及配件如有油污，在安装以前或安装过程中必须清除。安装完毕后，再清除油污，就十分困难了。

（8）氧枪属于压力容器，制枪时要确保焊接质量，喷头外管与枪体的焊接尤为重要。这一道焊缝通常要做 X 光探伤检查，以保证氧枪使用安全，万无一失。

（9）氧枪装配或检修完毕，要进行水压试验，各个部位不准有任何渗漏。这项工序一定要认真负责，一切合格方可使用。

（10）氧枪除更换喷头外，枪体还要定期检查和维修。生锈和变形的钢管或部件要及时更换。

（11）氧枪装配或检修完之后，要把喷头和进氧法兰、进水法兰、回水法兰包扎好，再行存放，以免进入杂物。

9.2.6　氧枪使用原则

（1）备用枪使用以前，应仔细检查管内有无石墨、纸屑、炉渣、铁粉等杂物。枪内没有污物时方可使用。

（2）输氧管中，在接近氧枪处，可装置过滤器，时常取出，检查氧气是否洁净，有无砂粒、锈屑等物。

（3）下枪至炉内预定高度，开启氧阀吹氧。

（4）提枪时关闭氧阀，当缓缓行之，不可急闭，免生暂时低压现象。

（5）提枪时，氧阀不可立即关闭，等喷头远离熔池和泡沫渣层以后，再缓缓关闭。氧气流量减低后，提枪动作不可停顿，以免炉尘进入枪内。

（6）双流道氧枪提枪后，点吹前，氧枪不可停留在炉内。因为主氧管是没有水冷的，氧孔的辐射热即可造成主氧管变软、变红、着火。

（7）提枪时如发生故障，暂时在炉内停顿，氧气决不可关闭。此后再吹氧时当换一新枪，旧枪必须彻底检查后再用。

(8) 当氧枪结瘤不能提出炉外，或必须把喷头的结瘤烧掉时，应提枪至远离熔池的位置，再关水烧枪。

(9) 吹氧时如果发生炉渣沸腾，淹没喷头的事件，提枪以后，务必检查有无炉渣及铁粉进入枪内，不可贸然再用。

(10) 喷头有时误入熔池，冻结于内。如不漏水，则当立刻关闭给水。

(11) 喷头误入熔池，造成氧孔堵塞，不能开氧，必须立刻提枪，更换新枪。

(12) 可弯曲的橡胶管，应定期检查有无剥落现象，应勤换，不可使用过久。

氧枪工作者的任务，实际上就两项：其一是设计出的氧枪要有良好的性能，尽可能地满足炼钢工艺的要求；其二就是设计出的氧枪要有足够高的使用寿命，不要影响生产，并保证使用安全。

9.3 对氧枪氧管材质问题的探讨

随着我国钢铁工业的快速发展，氧枪的重要性越来越突出。近年来氧枪的氧管材质越来越受重视，许多钢厂都采用了不锈钢管（1Cr18Ni9Ti），主要是为了杜绝回火燃烧，但不锈钢管与低碳无缝管哪一个更适合做氧管材质？本节从氧气管道的燃烧机理、着火源、材质选用、氧气流速以及有关安全问题进行探讨。

9.3.1 氧气管道的燃烧机理

9.3.1.1 铁的燃烧

氧气管道发生的安全事故，一般均为着火燃烧和燃爆。氧气是强助燃气体，当温度达到钢管燃点时，铁与氧就进行燃烧反应。铁在氧气中一旦燃烧起来，其燃烧热非常大，温度急剧上升，呈白炽状态。燃烧生成物为熔融状态的氧化铁。只要氧继续供给，燃烧就会连续进行。

金属燃烧分为两相：着火和燃烧。着火是第一相，是在燃烧之前；燃烧是第二相，是金属与氧急剧化合，产生光和热。

9.3.1.2 金属材料的燃烧特性

金属在氧气中非常容易燃烧，氧气纯度愈高，燃烧速度愈快；氧气压力愈高，金属着火点愈低。铁的粉粒愈小，着火点愈低，见表9-1。

表9-1 铁的粒度与着火点的关系

铁的粒度/μm	74	147	297 ~ 590	590 ~ 840	840 ~ 2000	铁块
着火点/℃	315	382	392	408	421	842 ~ 948

氧气管道开始着火燃烧，管壁要达到800 ~ 900℃高温。

常用金属材料的燃烧特性见表9-2。

表9-2 常用金属材料燃烧特性

金属名称	空气中常压下燃烧温度/℃	不同氧气压力下燃烧温度/℃			抗燃烧能力（级次）	燃烧速度（级次）	热导率 /W·(m·K)$^{-1}$
		3.0MPa	7.0MPa	12.6 MPa			
铜	1003~1085	886~904	836~854	806~824	1	4	106~407
不锈钢	1367~1380		—	—	2	2	24.5
低碳钢	1278~1290	1106	1018	92.8	3	3	48
铁	931~948	826~842	741~758	592~630	—	—	—
铝	661~678				4		

对金属材料燃烧特性主要考虑以下4个条件：

（1）燃烧温度：燃烧温度愈低，愈容易着火。

（2）抗燃烧能力：共分4级，1级抗燃烧能力最强，4级最弱。抗燃烧能力愈强，愈不易燃烧。

（3）燃烧速度：分4级，1级燃烧速度最快，4级不扩散燃烧。

（4）热导率：热导率大，散热快，燃烧速度慢。

金属的抗燃烧能力取决于以下因素：达到着火点所必需的活化能、金属的热导率、达到着火点前金属表面形成氧化物特性、金属的质量和形状。

9.3.1.3 常用管材的抗燃烧性能比较

（1）铜管。铜管摩擦不起火，抗燃烧能力最强，不扩散燃烧。铜管在燃烧前先熔化，因而使燃烧不能继续进行。在着火能消散之后，马上就会停止燃烧。铜管热导率大，抗腐蚀性能好。但铜管价格较高，强度低，焊接性能不好。为提高焊接性能，可采用脱氧铜（TU1 含铜99.97%，TU2 含铜99.95%）。白铜（铜镍合金，含镍约10%）焊接性能好，可与碳钢及不锈钢焊接，但价格更高。

（2）碳钢和不锈钢管。碳钢管燃烧温度稍低，燃烧速度快，抗燃烧性能差。不锈钢燃烧温度比碳钢高，着火较困难，但一旦燃烧起来比碳钢的燃烧速度还要快些、激烈些。碳钢管和不锈钢管在着火能消散之后仍继续燃烧，直到供氧不足难以维持燃烧或由于热量消散使反应温度低于燃点时，燃烧才会停止。不锈钢管的抗燃烧能力介于碳钢和铜管之间。当有足够的氧且燃烧热不能急速消散时，碳钢管和不锈钢管都会在氧气中扩散燃烧。

（3）铝管。铝管在氧气中燃烧得非常急速，抗燃烧能力最差，一般不选用。

9.3.2 氧气管道燃烧的条件及产生火源的因素

9.3.2.1 W. Wegener 试验的主要结果

W. Wegener 用不同物质在不同流速的氧气流中进行多次着火燃烧试验，主要结果如下：

(1) 氧气流中掺入铁锈、高炉灰和沙子。在始端压力2.8MPa、流速53m/s，末端压力1.7MPa、流速85m/s 的情况下，直管和弯管均无燃烧现象发生。

(2) 掺入氧化铁皮（FeO）。在直管段不燃烧，但在弯管中当流速达到53m/s时，即发生燃烧。

(3) 掺入焊渣。当流速为44m/s 时，直管和弯管都发红了，但无燃烧现象发生。

(4) 掺入焦炭和烟煤。掺入焦炭时，当流速达30m/s 时，直管和弯管开始发红，待流速达到53m/s 时发生燃烧。掺入烟煤时，流速为13m/s 时，直管段就燃烧。

上述试验结果表明，当氧气管道中只有不可燃烧物质颗粒时，即便是在比较高的氧气流速下，管道也没有燃烧的危险。但有可燃物质颗粒时，只要达到一定流速，管道就可能燃烧。可燃物质的着火点愈低，引起氧气管道燃烧的氧气流速愈低。

这些试验结果是各国探讨和修订氧气管通规范的重要依据。

9.3.2.2　氧气管道燃烧的先决条件

经上述试验和各国实践证明，氧气管道发生燃烧事故的先决条件是在氧气管道中存在可燃物质颗粒。

氧气管道的燃烧分两个阶段：第一阶段，氧气管道中低着火点的可燃物质粉末在着火源温度达300～400℃时先着火燃烧；第二阶段，可燃物质粉末的燃烧速度很快，能在短时间内放出大量热量，使管道局部产生800～900℃高温，导致氧气管道燃烧。

只靠摩擦生热升温，产生热量较小，要形成800～900℃的高温是困难的。低着火点可燃物质主要是Fe 和FeO 粉末。

9.3.2.3　产生着火源的因素

即便是在氧气管道中存在低着火点的可燃物质粉末，如果没有着火源，管道也不会发生燃烧事故。着火源是氧气管道燃烧的必要条件，在氧气管道系统中，产生着火源有以下三个因素：

(1) 固体颗粒的撞击和摩擦。因摩擦产生温升的高低，与氧气流速和固体颗粒的特性、形状及密度有关。氧气管道中的固体颗粒被氧气流带着运动，与管壁产生撞击和摩擦而发热升温。氧气流速愈大，颗粒的加速度愈大，摩擦产生的热量愈多，就愈容易达到可燃物质粉末的着火温度。当流速降低至一定程度，仅因摩擦而发热升温是不可能达到着火温度的，因此，限定氧气流速是避免管道发生燃烧事故的有效措施。

(2) 绝热压缩升温。当氧气管道阀门快速开启时，阀后原来处于低压的氧气受到阀前高压氧气的急剧压缩，在理论上可能产生接近于绝热压缩的温度。

（3）电位差火花放电。在氧气管出口或调压阀处，可能有超音速流动的气流而形成静电。当氧气完全干燥又带有金属微粒或尘埃时，就特别容易使静电激弧，在此情况下，气体质点与管壁间的电位差可能达到6000～7000V。试验时甚至当电位差只有2000～2500V时，就出现了火花放电。

从上述着火源产生的因素可以看出，氧气管道直管段和弯头处产生着火源只有摩擦升温一个因素，而在阀门和调压阀处这三个着火源因素都会存在。而且此处氧气流速最高，因摩擦升温引起着火的危险更大。从国内外实践经验看，氧气管道燃烧事故多发生在阀门处。为避免事故发生，在设计上应严格按规范要求选用阀门材质和形式，阀后及调压阀前后应设不锈钢或铜短管。

9.3.3　氧气管道的流速

关于氧气管道流速，世界各国长期沿用在氧气压力3.0MPa下，允许流速8m/s。我国在1988年以前规范规定也是如此。自德国《氧气在钢管中容许流速的研究》报告发表后，世界各国认识到氧气在钢管中的流速是可以提高的，因此，许多国家均修改氧气管道规范，提高了流速。

目前几个主要国家规定的氧气允许流速见表9-3、表9-4。

表9-3　我国《氧气及相关气体安全技术规程》（GB 16912—2008）对氧气流速规定

压力/MPa	规定流速/$m \cdot s^{-1}$
>10	6（铜管）
3.0～10	10（不锈钢）
0.6～3.0	15（碳钢）
	25（不锈钢）
0.1	按允许压力降确定

表9-4　几个主要国家规定的氧气允许流速

国家	德国	美　国	英国	法国	原苏联	日　本
规定的允许流速	0.1～4MPa，25m/s； 4MPa，8m/s	1.4MPa，61m/s； 2.1MPa，36m/s； 2.8MPa，24m/s； 3.5MPa，20m/s	2.1MPa，40m/s； 2.8MPa，15m/s； 4MPa，8m/s	4MPa，25m/s	1.6MPa，30m/s； 1.6～4MPa，16m/s； 4～10MPa，8m/s	日本氧气公司： 4MPa，25m/s； 新日铁： 在允许压力下15m/s

从以上对比数据可明显看出，我国规定的氧气流速均低于表9-4所列各国流速。

国外规定的氧气流速仅限于碳钢管，不包括不锈钢管和铜管。而GB 16912—

2008 中，对不锈钢和铜管也有限定。

9.3.4　氧气管道材质的选择

9.3.4.1　国外的选材情况

在国外输送氧气压力约 3MPa 的厂区管道包括管件都是采用碳素钢管，氧压机入口管道也是采用碳素钢管。氧压机各段的连接管道，各国的做法不一致，德国、日本采用不锈钢管，其理由是，压缩温升高（160～180℃），不锈钢可提高流速，缩小管径，无铁锈进入气缸。而美国则采用碳钢管。

调压阀组前后流速变化大，一般采用一段不锈钢管，也有的采用脱氧铜管。炼钢车间供氧主干管采用碳钢管，但通往每个转炉的氧枪管道采用铜管。

9.3.4.2　国内规范规定

按 GB 16912—2008 规定，氧气压力为 0.6～3MPa 的氧气管道，可以采用碳钢无缝钢管，但在氧压车间内部必须采用不锈钢管。对氧气站站区内、氧气球罐区及炼钢车间的供氧主管未作特别规定，因这些场合供氧压力 3.0MPa，从规范理解上讲可以采用碳钢无缝钢管。

从以上资料可以看出，国内规范，对 0.6～3MPa 的氧气管道所采用的材质，除氧压车间较高外，与其他各国规定基本一致。

9.3.5　对氧气管道材质选用的意见

9.3.5.1　着火原因

氧枪氧管起火的唯一原因是回火。回火的原因有两种：一是在副枪取样时，为了能精确地取得良好的数据，必须将氧枪的氧压降低到原氧压 70% 以下，当氧压在瞬间发生较大变化时，喷头气道将形成瞬间的负压，有可能将炉渣吸入氧孔，引起燃烧；二是在点吹前，关氧点设置偏差或手动关氧，在泡沫渣中关氧，喷头氧孔吸渣，点吹时开氧引起燃烧。炉渣的温度都在 1550～1600℃以上，这个温度对于不锈钢或者是碳钢，其温度都足够引起燃烧，而且不锈钢一旦燃烧起来比碳钢的燃烧速度还要快些、激烈些。

9.3.5.2　氧气的影响

送氧管道采用不锈钢主要是为了防锈，也就是降低管道中生成异物颗粒的可能。目前国内钢厂采用的都是干氧，生锈的可能几乎没有，即使采用湿氧，因氧枪的使用形式，自然落差排除及高速吹扫，氧管内没有存储水分的可能。理论上微观产生锈蚀的颗粒，其大小也远远大于 74μm，没有燃点。

9.3.5.3　氧枪形状的影响

氧枪氧气管道由两部分组成：一是枪尾弯管；二是枪身直管。直管段如上所述，没有燃烧的条件，但在修理氧枪或更换喷头时，氧气弯管内有残留异物的可能，有燃烧的条件。在氧气管道的管件（弯头、变径管及三通）处，由于流速急剧变化，当气流中有可燃物质存在时，将产生剧烈摩擦，导致燃烧事故发生。为避免此类事故发生，主要靠限制氧气流速和提高管件的制作质量。

9.3.5.4 氧气流速的影响

根据我国《氧气及相关气体安全技术规程》（GB 16912—2008）在 0.6～3.0MPa 时，不锈钢及碳钢都是可以使用的，氧枪使用的压力的上限就是在这个范围之内。

我国氧枪制作在历史上并未有行业标准。在 1980 年以前，氧枪根本没有专业制造厂商，在 1990 年前后，冶金工业部曾经希望设立行业标准，包括氧枪制作的材质、各吨位氧枪的三层管直径、各配件的使用年限等标准。但随着冶金工业部的解散，再没有国家管理部门过问此事，目前各制造商都是参照其他行业的标准进行工艺设计，就氧枪氧管材质而言，惯例是直管段采用碳钢无缝管，氧气弯管采用不锈钢管。曾经有西北某钢厂采用过紫铜管制作氧枪氧管，但是其造价太过高昂，很快就放弃了。

综上所述，对采用碳钢的氧气管道，有的工程设计中为提高管件的安全性，一律采用不锈钢管件，但 GB 16912—2008 中并无此要求。作者认为，只要按规范规定选取氧气流速和保证管件的制作质量，对碳钢氧气管道没有必要采用不锈钢管件。因为不锈钢管件要比碳钢管件造价高 10 倍以上，从经济上考虑采用碳钢管件是合理的。

9.4 水锤现象

近年来，在转炉炼钢中氧枪经常遇到一种突然的破坏性损毁，其造成的典型破坏形式如图 9-1 所示。最早提出此问题的是鞍钢一炼钢厂，早在 10 年前就发现有类似破损，我国很多钢厂都发生过此类问题。根据统计，这类问题以北方钢厂居多，且冬季发生的几率更大。为此，作者与美国白瑞金属公司的张一中博士以及北京大学力学实验室、东北大学等多位专家探讨，得出结论是由“水锤”现象引起的。

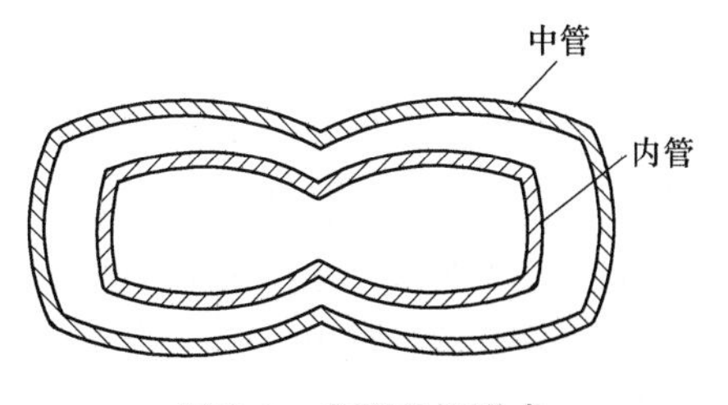

图 9-1 典型破坏形式

水锤又称水击。水或其他液体在输送过程中，由于阀门突然开启或关闭、水泵突然停车、骤然启闭导叶等原因，流速发生突然变化，同时压强产生大幅度波动的现象。长距离输水工程都必须进行必要的水锤分析计算，并对管路系统采取水锤综合防护计算，根据管道纵向布置、管径、设计水量、功能要求，确定空气阀的数量、形式、口径，并确定保护措施。

在以下情况，容易引起水锤现象：

（1）启泵、停泵、用启闭阀门或改变水泵转速、叶片角度调节流量时；尤其在迅速操作、使水流速度发生急剧变化的情况。

（2）事故停泵，即运行中的水泵动力突然中断时停泵。较多见的是配电系统故障、误操作、雷击等情况下的突然停泵。

水锤破坏主要的表现形式有：

（1）水锤压力过高，引起水泵、阀门和管道破坏；或水锤压力过低，管道因失稳而破坏。

（2）水泵反转速过高或与水泵机组的临界转速相重合，以及突然停止反转过程或电动机再启动，从而引起电动机转子的永久变形，水泵机组的剧烈振动和连接轴的断裂。

（3）水泵倒流量过大，引起管网压力下降，水量减小，影响正常供水。

水锤有多种分类方式，按产生水锤的原因，可分为关（开）阀水锤、启泵水锤和停泵水锤；按产生水锤时管道水流状态，可分为不出现水柱中断与出现水柱中断两类。所谓水柱中断，就是在水锤过程中，由于管道某处压力低于水的汽化压力而产生，不出现水柱中断，水锤压力上升值通常不大于水泵额定扬程 H_R 或水泵工作水头 H_0，称正常水锤。出现水柱中断，当水柱再弥合时，水锤压力上升值较高，常大于 H_R 或 H_0。这是引起水锤事故的重要原因，故称非常水锤或断流空腔弥合水锤。

根据氧枪损毁的特征判断，氧枪中出现的应该是断流空腔弥合水锤而不是正常水锤，因为正常水锤产生的破坏在水力学中是向外的扩张，而断流空腔弥合水锤是向内的收缩。氧枪在设计时内管（氧管）的壁厚都大于或等于中管，另外内管的直径比中管小，其力学强度要大于中管。所以中管的变形幅度及发生时间都要先于或大于内管，才能造成如图 9-1 所示的结果。

在水力学上对于水锤的防护措施有：

（1）降低输水管线的流速，可在一定程度上降低水锤压力，但会增大输水管管径，增加工程投资。

（2）输水管线布置时应考虑尽量避免出现驼峰或坡度剧变。

（3）通过模拟，选用转动惯量较大的水泵机组或加装有足够惯性的飞轮，可在一定程度上降低水锤值。

（4）设置水锤消除装置。

在氧枪设计中，第 1 条限于氧枪的功能无法调整。而喷头中水加速是为了水冷，其形状及特征也不可更改，所以第 2 条也不适用。而第 3 条在钢厂的原始设计中已经定好，其原理就是缓开缓关阀门，可以通过定制操作规程来完善。第 4 条设置水锤吸纳器，理论上可以考虑，只是目前还没有先例。

在水力学上，安装水锤吸纳器的条件如下：当扬程在 50m 以上、压力 0.5MPa 以上时，建议长管道下方及逆止阀上方转角处各安装一个水锤消除器。氧枪中的扬程虽然没有这么长，但是压力要大得多，如果要安装的话，可以在枪尾的合适部位安装。

水锤的产生主要是由于水的压力变动及紊流造成的，在我国北方的冬季，即使在氧枪的使用中，其枪管的一部分也要暴露在 0℃ 以下的冷空气中（外管），从微观角度来说，靠近外层的水流有瞬间结冰的可能，产生微小的冰晶，当冰晶附在外管壁上或混入水中未溶化的瞬间，都会给水流带来紊流的影响，产生水波的紊乱，进而产生水锤现象。

综上所述，为了避免水锤的发生，尽量缓开缓闭阀门，而且做到进水回水阀门同步，至于安装水锤吸纳器，鉴于没有先例，作者建议不予考虑。

参考文献

［1］刘志昌．氧枪的研究与设计［J］．钢铁，1988（8）．
［2］刘志昌，陈峨，张雁波．大型复吹转炉双层分流氧枪的研制［J］．钢铁，1993（5）．
［3］首钢炼钢厂．顶吹转炉三孔喷枪［M］．北京：冶金工业出版社，1973.
［4］吴凤林，蔡扶时．顶吹转炉氧枪设计［M］．北京：冶金工业出版社，1982.
［5］谭牧田．氧气转炉炼钢设备［M］．北京：机械工业出版社，1983.
［6］佩尔克．氧气顶吹转炉炼钢［M］．北京：冶金工业出版社，1980.
［7］巴普基兹曼斯基．氧气转炉炼钢过程理论［M］．上海：上海技术科学出版社，1979.
［8］刘志昌，李仁志．鞍钢150吨复吹转炉单流道双流氧枪喷头的研制［J］．钢铁，1989（3）．
［9］杨文远，张德铭，刘志昌，等．转炉二次燃烧氧枪的开发与应用［J］．钢铁，1994（4）．
［10］赵荣玫．国外氧枪喷头端底结构与冷却［J］．炼钢，1994（2）．
［11］武钢第二炼钢厂．复吹转炉溅渣护炉实用技术［M］．北京：冶金工业出版社，2004.
［12］本书编委会．炼钢-连铸新技术800问［M］．北京：冶金工业出版社，2003.
［13］王雅贞．氧气顶吹转炉炼钢工艺与设备［M］．北京：冶金工业出版社，1983.
［14］李承祚，张飞虎，孙达庚，等．氧气转炉锻压组合式氧枪喷头的研制与应用［J］．冶金设备，2002（2）．
［15］王雅贞，李承祚．转炉炼钢问答［M］．北京：冶金工业出版社，2003.

后　记

在本书出版之际，我要特别感谢我的老师张一中博士。

张一中博士原籍河北省元氏县，曾就读于西南联大，1947 年毕业于清华大学，1948 年赴美国华盛顿大学攻读研究生，获博士学位。毕业后在美国美联钢铁公司工作多年，后转入美国白瑞公司（Berry Metal Company），曾任研究部主任。白瑞公司是美国最大的氧枪和燃烧器专业生产厂家。1980 年 3 月，张博士随同白瑞公司代表团来华进行技术交流，我与张老师相识。

张一中博士在氧枪和燃烧器的理论研究、设计及制造工艺方面具有深厚的造诣，拥有多项技术专利，是杰出的冶金学家。在鞍山热能研究院设备研制厂组建前后，张一中博士寄来了大量资料和信件，给了我们很大的指导和帮助。1988 年和 1989 年，我两次赴美，听张博士授课。他从氧枪理论、设计计算到生产制造，结合模型和实物，详细讲解，使我受益匪浅。回国时，我带回了大量氧枪图纸、资料和样品，直接与世界顶级氧枪技术接轨，填补我国氧枪专业化生产的空白，为祖国钢铁工业服务。

本书初稿承蒙张一中博士审阅。

张一中博士热爱祖国，关心祖国的社会主义建设，并积极为祖国服务。借本书出版之际，向张一中博士表示诚挚的谢意。

我还要向鞍山热能研究院原党委书记慕玉生表示衷心的感谢。在计划经济年代，第一个创建氧枪专业化生产线，进行市场化运作，慕书记表现出了超前的意识和运筹组织能力，在资金筹集、人员调进、生产组织等方面，给予大力支持，使氧枪生产线得以迅速发展壮大。我也要感谢鞍山热能研究院我的同事们，是我们的共同奋斗创造了历史。在 20 世纪 80 ~ 90 年代，我们一起为祖国的氧气炼钢事业做出自己的贡献。

最后，我还要感谢大连汉森金属有限公司（www. hansenmetal. com）。该公司创新了高性能的锻铸结合氧枪喷头和多锥度锥体氧枪的生产技术。本书中涉及的一些产品的研发都是在该公司完成的。同时，本书的出版也得到了该公司的热情支持和帮助。

作　者

2008 年 1 月